国家社科基金
后期资助项目
GUOJIA SHEKE JIJIN HOUQI ZIZHU XIANGMU

中国实现碳达峰目标的可行性评估与实践路径

Feasibility Assessment and Practical Path for
China to Achieve its Carbon Peak Goal

王 勇 著

中国财经出版传媒集团
经济科学出版社
Economic Science Press

国家社科基金后期资助项目
出版说明

　　后期资助项目是国家社科基金设立的一类重要项目，旨在鼓励广大社科研究者潜心治学，支持基础研究多出优秀成果。它是经过严格评审，从接近完成的科研成果中遴选立项的。为扩大后期资助项目的影响，更好地推动学术发展，促进成果转化，全国哲学社会科学规划办公室按照"统一设计、统一标识、统一版式、形成系列"的总体要求，组织出版国家社科基金后期资助项目成果。

全国哲学社会科学规划办公室

目　录

第一篇　国家层面的可行性评估

第二篇　全球层面的国际比较

第三篇　地区层面的实践路径

第四篇　行业层面的实践路径

第一章　绪　　论

第一节　选题背景与研究意义

一、选题背景

第一，为应对全球气候变化，中国向国际社会做出 2030 年实现碳排放达峰的郑重承诺。中国二氧化碳排放量自 2006 年起已居世界首位，排放总量比美国高一倍。国际碳排放研究机构（Global Carbon Project）的研究数据表明：2016 年，中国二氧化碳排放量占世界二氧化碳排放总量的30%，已远超排在第二位的美国（15%）和第三位的欧盟（10%）；中国的人均二氧化碳排放量（7.2 吨）也已超过欧盟（6.8 吨）。近年来，中国能源消耗量和温室气体排放量迅速增长，这主要是由于中国在全球经济体系中的地位愈加重要。为了推动世界各国主动采取措施降低二氧化碳排放量，并积极应对全球气候变化，作为世界第一大碳排放国的中国和第二大碳排放国的美国于 2014 年 11 月 12 日在北京联合发表了《气候变化联合声明》。根据声明，中国的二氧化碳排放将于 2030 年左右达到峰值，而且将努力实现早日达峰。除此之外，中国还承诺非化石能源占一次能源消费的比重到 2030 年要提高到 20% 左右。随后，中国在向联合国提交的"国家自主决定贡献"以及《巴黎协定》中都重申了要在 2030 年实现碳排放达峰的目标。中国做出碳排放达峰的承诺不仅展现了中国在应对气候变化领域的果断决心，更凸显出了中国负责任的国际大国形象，为全球应对气候变化作出了积极表率，得到了国际社会的广泛关注和赞赏。

第二，实现 2030 年碳排放达峰是中国政府低碳发展顶层设计的核心目标。低碳发展是目前中国重要的宏观发展战略。为此，国务院制定并实施了《能源发展战略行动计划（2014—2020 年）》《"十二五"控制温室气体排放工作方案》《国家应对气候变化规划（2014—2020 年）》等一系列政策规划，在这些低碳发展顶层设计中，碳排放达峰始终是核心目标。为支持中国在 2030 年前后二氧化碳排放达到峰值，中国政府鼓励部分地区展现领导力，率先达到碳排放峰值。由此，"率先达峰城市联盟"宣告成立，由北京、深圳、广州、四川等 11 个省份共同发起。随着各地区对节能减排的不断重视及相关政策的实施，"率先达峰城市联盟"的规模也在不断扩大。中国还要求多个行业采取行动控制二氧化碳排放，特别是高耗能产业，在 2030 年左右达到碳排放峰值。总体来看，碳排放达峰已经成为中国低碳发展的核心内容，中国正在采取更加有力的行动推动二氧化碳减排，最终实现碳排放达峰。

第三，实现 2030 年碳排放达峰是中国未来经济结构转型与可持续发展的必然选择。中国应对气候变化和长远可持续发展过程中必须要实现温室气体排放达到峰值，中国考虑这样的国家自主决定贡献一方面是国际气候谈判的客观要求，另一方面是中国国家发展转型的内在要求，更是解决当前发展所引起的环境和社会问题的现实要求。当前，我国以资源依赖型、重化工业产能扩张为驱动的粗放发展方式已难以为继，必须向创新驱动型、内涵提高的绿色低碳发展方式转变。中国明确二氧化碳排放要在 2030 年达到峰值的宏伟目标，表明了中国政府将要走绿色低碳发展道路的坚定决心，实现这一目标毫无疑问将要付出巨大艰苦的努力，也将倒逼各地经济发展方式转变和产业结构的进一步调整，从而将加快向低碳经济转型。实现碳排放达峰下的经济结构与产业结构转型，意味着中国将从能源强度和碳排放强度控制转向能源消耗总量和碳排放总量控制，最终实现经济增长与能源消耗"脱钩"，这也是中国经济长远发展的必然选择。

第四，实现 2030 年碳排放达峰对中国来说存在着巨大的现实挑战与不确定性。中国承诺碳排放达峰给国内能源结构、产业结构调整带来巨大的转型压力和挑战，包括经济、能源和技术上的协同和权衡。目前，中国处于工业化和城镇化的快速发展过程中，扩大投资和增加制造业产品出口仍然是经济快速增长的主要驱动力，这些举措带动了对水泥、钢铁等产品的需求，从而使高耗能原材料产业比重增加，进一步促使能源消费得到较快增长。未来很长一段时间仍将是我国新常态下长远发展的重要阶段，中国实现碳排放达峰的首要前提应该是考虑如何平稳地实现低碳转型，同时也要避免对社会和经济发展造成严重不利的影响，而过度的碳减排行为将使得经济发展遭遇"硬着陆"从而丧失经济竞争力，并由此引发经济萧条和社会动荡。碳排放达峰将使得高燃煤消耗企业被加速关停或被高成本逼停，同时，碳排放总量控制目标将反过来约束地方政府的诸多经济行为，这也将进一步推动解决老百姓关心的环境污染问题，而怎样解决碳排放约束、充分就业和实现政府必要财政收入将成为更严峻的难题。

综上所述，未来一段时间内，国际、国内政治经济形势仍然面临许多不确定性，尤其是中国目前仍然处在工业化和城镇化过程中，中国的经济发展呈现区域不平衡特征、经济发展深受压缩型环境影响，要达到碳排放峰值无疑具有极大的挑战。虽然中国承诺将在 2030 年左右实现碳排放达到峰值，但是，在以 2030 年为中心实现峰值的时间范围内，有若干关键问题是需要认真研究和明确回答的：

科学问题一（国家层面）：中国能否在 2030 年左右实现碳排放达峰？碳排放达峰将产生怎样的外在经济冲击？达峰目标如何分摊到各地区、各行业？达峰的最优路径是什么？

科学问题二（全球层面）：与其他国家的减排目标相比，中国的碳达峰目标减排力度如何？

科学问题三（地区层面）：一线城市和碳排放重点省份能否实现碳排放同步或提前达峰？

科学问题四（行业层面）：碳排放重点行业能否实现碳排放同步达峰或提前达峰？

以上四个问题是中国碳排放达峰研究中的核心问题。能否很好地回答并解决以上这些问题不仅对于理顺中国碳排放达峰的逻辑关系意义重大，更对实现中国 2030 年碳排放达峰具有重要的前瞻性指导意义。

二、研究意义

1. 理论意义

第一，通过搭建中国碳排放达峰的系统分析框架，有助于为中国碳排放达峰研究奠定逻辑分析基础。中国目前面临着突出的社会、环境等多重问题，解决这些问题需要新的思路和视野，实现绿色低碳发展、尽快实现二氧化碳排放达峰是政府管理部门和学术界的共识。实现二氧化碳排放达峰的宏观目标需要系统的理论分析架构，这是目前研究所欠缺的。本书基于国家层面、地区层面和行业层面搭建的多维度碳达峰分析框架为推动中国碳排放达峰研究奠定了深入的逻辑分析基础。

第二，通过对多种统计方法的改进、创新与应用，有助于为中国碳排放达峰研究奠定数理方法基础。根据研究内容的适用性和研究方法的前沿性，本书在研究过程中使用了较多的统计分析方法，包括 STIRPAT 模型、零和收益 DEA 模型、CGE 模型、多目标决策模型等，本书对这些方法进行了改进、创新与应用，为中国碳排放达峰的实证分析奠定了较好的数理方法基础。

2. 现实意义

第一，通过对国家层面碳排放达峰的系统分析，有助于从"宏观维度"对中国碳排放达峰路径的制定提供定量信息支持。本书将基于中国整体维度对中国实现碳排放达峰提供多情景预测，定量测度碳排放达峰的经济影响，将中国碳排放的峰值目标进行区域分解和行业分解，并制定可行的达峰路径。并且，将中国碳达峰目标与其他国家的减排目标进行对比分析。国家层面的系统分析能为各级政府及相关管理部门制定未来碳排放管理规划提供定量支持。

第二，通过对地区和行业层面碳排放达峰的系统分析，有助于从"中观维度"对中国碳排放达峰提供数据和决策参考。国家层面碳排放达峰目标的"顶层设计"需要地区和行业层面的"底层落地"才能最终实现。本书选择对一线城市和碳排放重点省份进行地区层面碳达峰分析，选择工业、电力、交通运输业进行行业层面碳达峰分析。地区层面和行业层面的碳达峰分析有助于为中国最终实现宏观层面的达峰目标提供中观维度的可行性操作参考。

第二节　国内外研究现状及评述

基于中国实现 2030 年碳排放达到峰值的宏观目标，近年来，关于中国碳排放峰值的研究也得到了学术界的广泛重视，目前研究以国内研究机构和学者为主开展，并逐渐得到国外学术界的关注。国内研究方面，很多学者做了大量关于中国碳排放峰值的理论与实证研究，相关研究成果极大地促进了中国碳排放达峰的理论进步与实践发展。国家发改委（能源研究所、气候战略中心）、国家应对气候变化战略研究和国际合作中心、清华大学、中科院、中国社会科学院工业经济研究所、厦门大学等政府机构和相关高校引领了关于碳排放峰值的研究。国外研究方面：学术期刊（*Nature*，*National Science Review*，*Renewable and Sustainable Energy Reviews*，*Energy*，*Journal of Cleaner Production*）相继发表了诸多关于中国碳排放达峰的优秀研究成果，一些期刊（*Advances in Climate Change Research*）于 2014 年组织了中国碳排放峰值主题（Special Topic on China's Carbon Emissions Peaking）。已有研究为本书提供了坚实的基础，本书的研究设计和构思是对前人研究的继承和发展。为保证研究的顺利进行，有必要对国内外的已有研究进行系统归纳。

一、中国碳排放达峰的若干理论与现实问题研究

中国实现碳排放达峰伴随着一系列理论与现实问题，对这些问题进行系统性分析有助于厘清中国碳排放达峰的逻辑关系。碳排放达峰的基本理论与现实问题研究包括碳排放达峰的起源、现实与未来，分别对应中国碳排放达峰的气候外交、中国碳排放达峰的现实挑战及中国应对气候变化的政策。此外，中国碳排放达峰的时间及经济学分析等问题也得到了学术界的关注。

（1）中国碳排放达峰背后的气候外交。中国参加全球气候谈判的历史由来已久，作为《联合国气候变化框架公约》（UNFC-CC）的缔约方，中国积极参与了历次气候谈判，为推动联合国气候变化大会取得的成果发挥了重要作用。近年来，随着全球气候变化的情况越来越严重，中国作为主要的碳排放大国，将面临巨大的国际减排压力。在 2009 年的哥本哈根气候变化大会召开前夕，中国正式对外宣布了控制温室气体（主要为二氧化碳）排放的行动目标，决定到 2020 年中国碳排放强度比 2005 年下降 40% ~45%。2014 年 11 月 12 日，作为世界前两大碳排放国的中国和美国发表了气候变化联合声明，该声明中，中国承诺二氧化碳排放将于 2030 年左右达到峰值，并计划到 2030 年将非化石能源占一次能源消费比重提高到 20% 左右。学术界围绕中国参加气候谈判到中国最终做出碳排放达峰承诺进行了广泛的探讨，包括全球减排谈判，中国气候谈判的历程、立场、策略，中美气候谈判的博弈等具体问题，这些关于中国气候外交等具体问题的分析，为理解中国承诺碳排放达峰提供了基于政治和外交的双重逻辑视角。

（2）中国碳排放达峰面临的现实挑战。在应对气候变化方面，中国当前发展阶段的特征和中国国情决定了中国面临着要比西方发达国家更为严峻的挑战。总体上看，中国能源结构调整困难重重、电力行业低碳转型难度较大、城镇化进程推动交通和建筑能源需求快速增长等风险和挑战也极大制约了中国实现碳排放达峰目标的实现。随着中国明确提出碳排放达峰，中国已经进入了低碳经济时代，低碳经济下的中国面临的现实挑战也非常多，包括产业结构调整不到位、能源结构以煤炭为主、能源利用属高碳消耗、低碳技术潜力不足等。同时，中国参加全球气候治理同样面临着

长远利益与短期发展空间的冲突、治理意愿与治理能力之间的矛盾、对气候变化的脆弱性相对较低、言语与行动间的差距等现实挑战。

（3）中国应对气候变化的政策规划。近年来，随着中国将节能减排、碳排放达峰等规划上升到国家战略层面，中国应对气候变化的政策也得到了广泛关注。何建坤（2010）建议，中国要加强企业的自主创新，尤其要抓住低碳技术在全世界快速发展的机遇，将企业自身动力与国家政策激励相结合，打造中国低碳发展的核心竞争力。李俊峰等（2016）认为，中国应对气候变化政策的思路和总体目标应该是以碳排放峰值为先导，建立切切实实的倒逼机制，统筹规划持续推进能源结构的优化和增长方式的转变。刘长松（2015）指出，为实现2030年的碳排放峰值目标，提高能效和改变能源结构是关键。刘（Liu，2015）等指出中国实现2030年碳排放达峰应该重点关注区域目标和改进市场机制。托马斯贝瑙尔（Thomas Bernauer，2016）等基于中国的调查研究了民间社会组织参与气候政策，制定了可能有助于加强公众对气候政策的支持。

综上所述，中国碳排放达峰的气候外交、现实挑战、政策规划等问题是研究碳排放达峰的理论出发点和逻辑基础，目前的研究在内容深度和宽度上取得了显著成果，但还需要在相关问题上形成研究共识、在碳排放达峰的经济学分析等拓展问题上进行深入探讨。

二、国家层面的碳排放峰值研究

国家层面的中国碳排放峰值研究主要从两个方面进行，包括中国碳排放达峰的预测和中外碳排放达峰的比较研究。

（1）中国碳排放达峰的预测。中国碳排放达峰的预测得到了最为广泛的关注，绝大多数研究基于情景分析进行预测。从具体数理方法来看，基于 EKC、IPAT（又称"Kaya 恒等式"）、STIRPAT、IAMC 等方法的应用研究较多，也有部分学者基于投入产出分析（IOA）、灰色预测、DEA 模型、神经网络、最优控制等其他方法进行碳排放峰值预测。从预测的年份来看，不同研究关注的时间点有所差异，预测时间包括2020年、2030年、2040年、2050年，其中对2030年的预测研究较多，这与中国制定的2030年实现碳排放达峰的宏观目标有关。

（2）中外碳排放达峰的比较。中外碳排放达峰的对比预测也是学术界研究的重点，主要研究有中美对比，研究内容涉及中美两国的减排目标比较、中美两国温室气体排放趋势及减排潜力等；中国与其他发达国家对比，包括发达国家工业部门碳排放对我国的启示，不同国家城市化与碳排放关系，发达国家碳排放达峰的规律，中国与 G7 国家（美国、日本、英国、德国、法国、意大利和加拿大）碳排放达峰对比以及其他中外达峰对比研究等。

综上所述，目前关于国家层面的碳排放峰值研究还存在以下几点不足：碳排放峰值的情景分析中，情景的分类标准并不统一；不同研究对碳排放峰值的预测结果差别较大；基于不同研究方法的研究结论缺少可比性。此外，西方发达国家的碳排放达峰的总结有待深入。

三、区域层面的碳排放峰值研究

对于各区域来说，二氧化碳排放峰值的测算和研究的主要意义并不仅仅在于获得明确的峰值数量和峰值年份，更重要的是通过测算来设定一个科学合理的峰值排放目标，结合当地的发展现状和趋势，帮助地方政府厘清思路，以出台相应的配套政策，形成减排倒逼机制，促使各地区更快实现经济发展方式的转变，并最终实现低碳发展。从这个角度讲，区域层面的碳排放峰值研究的重要性不亚于国家层面的研究。目前，区域层面的碳排放峰值研究主要集中在两个方面：区域碳排放峰值预测和区域减排目标分解。

（1）区域碳排放达峰预测。在区域碳排放峰值预测中，部分研究聚焦具体地区的峰值预测，如对江苏、北京、广东、新疆、江西、重庆、郑州、长江经济带、台湾地区等的研究；部分研究则侧重不同地区的碳排放达峰比较，如省际间碳排放峰值的比较、东西地区碳排放峰值的比较等。

（2）区域碳排放峰值（减排）目标分解。区域碳排放峰值（减排）目标分解来源于全球层面的国家减排目标分解，分解方法主要基于责任原则、平等原则、效率原则和能力原则等，现行各类国际分配方案实质上是这些不同原则的组合。结合中国实际的区域减排目标分解方法的差异，如王金南等（2011）通过 CRBDM 模型计算提出中国 2020 年二氧化碳排放总量省级分解方案，柴麒敏等（2015）以温州市为例提出了碳强度和总量双控目标下区域指标分解方案，王勇等（2017）基于零和收益 DEA 模型对中国碳排放峰值目标进行了省区分解。也有学者基于信息熵、CGE 模型为基础提出了碳排放总量的区域分解方法。

综上所述，总体来看，目前关于区域层面的碳排放峰值研究较少，碳排放量较大的一些重点区域并未得到充分研究；区域层面的温室气体排放量和排放峰值测算尚没有统一的方法，在计算方法、计算范畴上也存在不同做法。尤其是，城市层面的碳排放数据来源和数据处理是目前区域碳排放峰值研究的主要难点。区域碳排放峰值目标分解目前也并没有统一的分解方法。

四、行业层面的碳排放峰值研究

行业层面的碳排放峰值研究也被称为部门层面的碳排放峰值研究，目前主要集中在两个领域：行业碳排放峰值预测和行业减排潜力分析，两者联系紧密，行业碳排放峰值预测是行业减排潜力分析的基础。行业层面的碳排放峰值研究大多集中在几大碳排放重点行业，如工业、电力、农业、交通运输等。

（1）工业碳排放峰值研究。工业是行业层面碳排放峰值研究的主要行业，这是由工业的高碳排放特性所决定的，工业是主要的碳排放行业，工业碳排放占全国碳排放总量的70%以上，有效控制工业碳排放水平是实现碳达峰目标的关键，保障工业经济增长和低碳发展的平衡性尤为重要。对工业碳排放峰值和减排潜力的研究方法有所差别，如经济核算、动态行为分析模型、STIRFDT 模型和其他方法，另外还有研究关注国外发达国家的工业碳排放峰值。

（2）其他行业碳排放峰值研究。其他行业的研究中，刘贞等（2014）基于成分数据降维的政府干预产业结构预测模型，结合灰色预测法研究了产业结构优化对电力行业碳减排的影响；吴贤荣等（2015）通过农业经济核算体系构建了农业碳减排潜力指数；华恩静和林波强（Renjing Xua & Boqiang Lin，2017）考察了区域层面制造业二氧化碳排放的驱动力；纪建悦和孔胶胶（2012）则提出核算海洋交通运输业的 STIRFDT 模型，对我国海洋交通运输业的碳排放数值及峰值进行预测。此外，也有部分研究对全行业口径的碳排放峰值进行了比较分析。

综上所述，目前基于行业层面的碳排放峰值研究大多数集中在工业领域，对其他行业的研究相对较少。尽管如此，对不同行业碳排放峰值的全面研究仍然具有显著的现实意义，有助于实现中国碳排放达峰基于行业层面的路径安排。而行业层面的碳排放达峰对自身产出的影响、产业结构调整对碳排放达峰的影响、行业层面的碳排放峰值目标分解等内容也需要得到重点关注。

五、能源消费层面的碳排放峰值研究

中国承诺 2030 年二氧化碳排放达峰的时间及达峰的量是有条件约束的，这个约束条件就是非化石能源消费占一次能源消费总量的比例约为20%，这一约束既取决于非化石能源的消费量又取决于化石能源的消费量，还取决于二者总量。目前，全球二氧化碳的排放绝大多数通过能源消费的方式进行，改善能源消费结构、降低化石能源的消费比例可以有效降低二氧化碳排放量。因此，基于能源消费层面的碳排放峰值研究也得到了广泛关注。

（1）能源消费碳排放的峰值预测。牛舒文等（Shuwen Niu et al.，2016）将经济增长、能源强度和能源利用率进行了组合，研究中国能源碳排放峰值；元贾海等（Jiahai Yuan et al.，2014）构建了中国 2050 年能源消耗和相关的二氧化碳减排情景；王宪恩等（2014）基于扩展 STIRPAT 模型，对能源消费碳排放进行预测，峰值时间分别为 2029 年、2036 年、2040 年和 2045 年；王志轩（2014）根据《国家应对气候变化规划（2014~2020 年）》《能源发展战略行动计划（2014~2020 年)》等政策目标进行了能源碳排放峰值预测；毕超（2015）采用能源系统优化模型对 2015~2050 年能源消费的总量和结构进行了测算，提出了能源消费二氧化碳排放于 2030 年达到峰值的能源消费方案；郝宇等（2016）从节能减排和降低能源消耗强度的角度，利用情景分析法预测 2030 年中国能源消费、能源消耗强度和碳排放量。

（2）具体能源消费的碳排放预测。王至轩等（ZhiXuan Wang et al.，2014）对中国电力部门的碳排放峰值进行了预测研究；段（Duan H.，2016）基于中国碳排放达峰背景下，将光伏发电用于替代煤来探讨温室气体（GHG）减缓和温度效益；王和林（Wang T. & Lin B.，2017）对中国天然气的碳排放峰值进行预测；韩帅等（Shuai Han et al.，2016）对煤炭消费的相关研究进行了回顾；田立新和金汝蕾（2012）对未来煤炭的能源消耗总量和产生的碳排放进行预测分析；罗伯特·布莱查（Robert J. Brecha，2008）对化石能源的消费进行预测。

综上所述，考虑到能源消费是造成目前二氧化碳排放的主要来源，能源消费层面的碳排放峰值研究显得尤为重要。总体来看，目前关于能源消费层面的碳排放峰值研究范围较为广泛，但是关于具体化石能源（如石油、煤炭）消费的碳排放研究仍然相对较少，而能源消费结构改善造成的碳排放降低也需要得到重点关注。

六、中国碳排放达峰的路径选择及减排潜力研究

路径选择及减排潜力也是碳排放达峰研究的重要内容，对完善碳排放达峰的系统性研究具有重要意义。

（1）碳排放达峰的路径选择。碳排放达峰的实施路径目前尚无统一的

研究范式，不同的研究结合具体研究对象差别较大，如余泳泽（2011）将节能与减排结合起来，构建了我国节能减排效率的矩阵图，据此分析我国节能减排的实施路径；丰超和黄健柏（2016）则对三次产业和各省份的不同组合分别基于优先发展、提升技术和优化管理等方面制定具体减排路径；柴麒敏和徐华清（2015）使用 IAMC 模型对中国实现碳排放总量控制和碳排放达到峰值的四种路径和不同情景进行了深入分析。

（2）碳排放的减排潜力。从研究对象上看，主要有行业维度的减排潜力研究和区域维度的减排潜力研究。行业维度的减排潜力侧重于碳排放量较大的几个行业，如工业、农业、化工行业、制造业、钢铁行业、水泥行业、非金属矿业等，区域维度的减排潜力则包括省际比较、具体地区（如北京、安徽、重庆等）。从研究方法上看，DEA 模型、经济核算、灰色预测等方法是目前应用较多的减排潜力研究方法。

综上所述，碳排放达峰的路径选择研究方法需要进一步完善，不同研究的可比性较差；减排潜力的研究中，基于公平与效率双重视角的行业减排潜力分析较少，减排潜力的评估方法有待统一。

七、现有研究评述总结及未来研究方向

上述国内外研究为中国碳排放峰值研究奠定了研究基础，为本书的研究提供了启示。但是纵观这些国内外研究文献，仍存在诸多局限性。总体来看，目前关于中国碳排放峰值研究在以下几个方面有待提高：

（1）发达国家碳排放达峰的经验及规律有待深入总结；

（2）碳排放峰值的预测方法在一致性、系统性和深入性等方面需要进一步完善；

（3）中国碳排放达峰预测的情景分类需进一步细化，以更为全面地反映未来中国发展的各种现实可能；

（4）碳排放峰值目标的分解方法需改进、完善；

（5）产业层面的碳排放峰值预测以及峰值目标分解的研究较少；

（6）中国碳排放达峰的经济影响需进一步考察。

目前研究存在的问题将成为本书的研究重点，基于当前研究现状，考虑到本书的研究目标、研究重点等，本书将对中国碳排放达峰进行多情景预测，在此基础上将峰值目标进行区域分解和行业分解，最后评估中国碳排放达峰的经济影响，在已有研究基础上将理论完善、数据整合、方法构建、实证分析等作为研究重点，为中国及各地区实行碳排放达峰管理政策的制定提供科学参考。

第三节 主要创新点及研究特色

本书基于中国实现 2030 年碳排放达峰的宏观目标，应用各类数理统计方法对中国碳排放达峰的相关科学问题进行全景式分析，围绕这一核心问题，本书的特色与创新之处体现在四个方面：研究内容的前沿性、研究角度的独特性、研究方法的创新性以及研究应用的实践性。

（1）研究内容：以碳排放峰值概念为核心，丰富中国碳排放研究的具体范畴。目前关于中国碳排放研究大多围绕碳排放的测算、影响因素等内容进行，对碳排放峰值的研究总体来看相对较少。在中国提出尽快实现碳排放达峰的国际承诺后，关于碳排放峰值的理论研究亟待完善。本书将碳排放峰值作为核心内容，从理论上完善当前的碳排放研究内容，为碳排放峰值的实证研究提供理论基础。

（2）研究角度：以可行性评估和达峰实践为重心，搭建碳排放峰值研究框架。碳排放峰值的研究内容较为宽泛，本书在综合考虑中国碳排放达峰的各类科学问题及目前中国的实际发展现状基础上，将中国碳排放达峰的可行性评估和达峰实践作为研究重心。首先从峰值预测、经济影响、目标分解、路径规划等方面进行可行性评估；其次基于全球层面对中国碳达峰目标进行国际比较；最后基于区域及行业视角进行碳排放峰值目标的实践分析，从而搭建了科学的中国碳排放达峰框架。

（3）研究方法：以数理模型的适用性为前提，完善中国碳排放峰值研究的方法体系。碳排放峰值研究涉及的数理方法很多，在详细阐述和分析不同方法的基本原理基础上，本书将进一步分析各种方法应用于碳排放达峰的适用条件。基于碳排放峰值研究的特点与内容，以有所取舍和部分改进的态度对相关数理模型进行深入分析，指出其存在的不足和缺陷，特别是模型所依据的假定是否符合现实状况，结合碳排放达峰的研究内容，改进相关数理方法，最终构建完善的碳排放峰值研究方法体系。

（4）研究应用：以实证结果为依据，为实现中国科学的碳排放达峰提供参考。为中国实现 2030 年碳排放达峰提供切实可行的路径规划是本书的实践落脚点。依据本书实证分析的主要结论，结合碳排放达峰的经济影响，基于区域和行业双重视角制定具体的碳排放达峰规划，提出中国碳排放达峰的时间节点，分析减排路径及政策效应，形成中国碳排放峰值目标管理、减排行动路线的研究报告。

第四节　研究思路与方法

一、研究思路

实现 2030 年碳排放达到峰值不仅是中国在全球气候谈判中的国际承诺，更是未来中国经济结构转型与可持续发展的必然选择。本书以中国碳排放达峰为核心，重点从国家、全球、地区和行业四个层面展开系统分析：第一，从国家层面对碳排放达峰的目标预测、达峰影响、目标分配、达峰规划进行分析；第二，从全球层面对中国碳达峰目标进行国际比较；第三，从地区层面对中国一线城市和重点碳排放省份的碳排放达峰进行分析；第四，从行业层面对工业、电力行业、交通运输业和建筑业碳排放达峰进行分析。由此，本书形成了中国碳排放达峰的国家层面评估→全球层面比较→地区层面实践→行业层面实践的研究逻辑，搭建了中国碳排放达峰可行性研究和达峰实践的主要分析框架。本书不仅从数理方法和逻辑分析层面推动碳排放达峰研究走向的深入，其研究结论也将为中国实现 2030 年碳排放达峰的中长期减排工作和任务分解提供数据和决策参考，为不同地区和行业实行碳排放达峰的目标管理积累经验，为应对碳排放自主达峰带来的经济影响提供前瞻性的信息参考。由此，本书的研究思路如图 1 – 1 所示。

二、本书的主要研究方法

1. STIRPAT 模型

用于第二章、第七章、第八章、第九章、第十章、第十一章的中国及各地区和各行业的碳排放达峰预测。STIRPAT（stochastic impacts by regression on PAT）模型是约克等（York et al. , 2003）在 IPAT 模型和 ImPACT 模型的基础上重新提出的预测模型，针对 IPAT 模型和 ImPACT 模型无法反映模型中存在的各个因素，因此本书对非均衡与非单调的函数关系的缺陷做了进一步修正，得出基于 STIRPAT 模型对中国未来碳排放达峰进行预测更为合理。

2. CGE 模型

CGE 模型用于第三章的碳排放达峰经济影响分析。CGE 模型是一个基于新古典微观理论且内在一致的宏观经济模型。由于 CGE 模型可以用来全面评估政策的实施效果，近年来许多国家开始运用该模型来评估能源

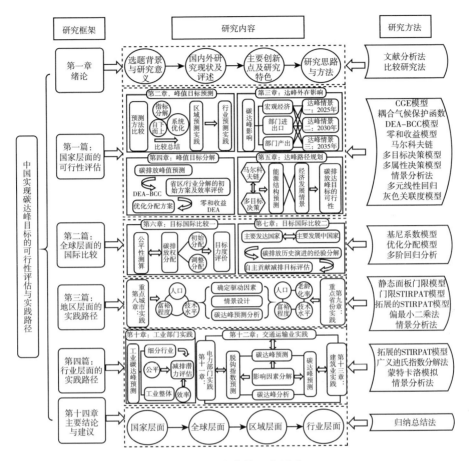

图 1-1　本书的研究思路

危机以及税收和贸易政策改革的成果。本书将基于 CGE 模型，对中国二氧化碳排放达峰对经济社会的影响进行定量测度。

3. 零和收益 DEA 模型

用于第四章的峰值目标的分解。零和收益 DEA 模型是林和戈姆等（Lins & Gomes et al.，2003）将博弈论思想与 DEA 模型相结合所提出的一种优化的 DEA 模型，其优点是能够很好地反映受控资源通过效率竞争方式进行配置的思想。在控制排放物总量的前提下，能够很好地应用于多个决策单元分配效率的评估研究中。

4. 情景分析

用于第三章的碳排放达峰经济影响和第四章的碳达峰预测。根据中国及各地区、各行业碳排放达峰规划，对主要的经济、社会发展的指标进行预测，从而设定不同的经济社会发展情景模式，提出关键的影响因素，依据不同情景结合各类预测模型进行碳排放峰值的预测研究。同时，对不同情景下碳排放达峰造成的经济影响进行分析。

5. 马尔科夫链

用于第五章对中国一次能源结构进行预测。马尔科夫过程是指一种过去状态对预测未来是无关（"无后效性"）的随机过程，根据俄国数学家马尔科夫（Markov）的随机过程理论提出。基于马尔科夫链的能源结构预测模型是指假设能源结构是时间齐次的马尔科夫链，通过预测样本内各期的一步转移矩阵，估算平均转移概率矩阵，在确定能源结构的初始状态后对能源结构进行预测的模型。基于一次能源消费结构的演进规律，本书采用马尔科夫链预测模型，对中国未来一次能源消费结构进行预测。

6. 多属性决策模型

用于第五章规划中国实现碳达峰目标和碳强度目标的最优路径。多属性决策的理论和方法在诸多领域中有着广泛的应用，如工程设计、经济、管理和军事等，是现代决策科学的一个重要组成部分。多属性决策在产业部门发展排序、经济效益综合评价、投标招标、工厂选址、武器系统性能评定、维修服务、项目评估、投资决策等领域应用广泛。多属性决策模型的实质是基于现有的决策信息，通过特定的方式对一组有限个备选方案进行择优或排序。

7. 广义迪氏指数分解（GDIM）

用于第十一章和第十二章对电力部门和交通运输业碳排放影响因素的分解规划。GDIM 模型不仅能克服已有指数分解模型的缺点，还能研究潜在影响因素对碳排放量的影响，且分解结果对不同因素之间的关联性做了区分，因此不会出现重复计算的现象，能够更加准确、全面地分析各因素对交通运输业的碳排放量变动的实际影响。

8. 蒙特卡洛模拟

用于第十二章对交通运输业碳排演化路径的预测。蒙特卡洛模拟是以概率为基础对模型的变量进行随机取值与组合的动态模拟方法，能够根据相关研究，通过设置各因素的假定值进而估计目标变量的未来趋势，其主要优点是在考虑不确定性的条件下根据各相关因素的历史演变情况对变量未来的趋势给出可能性最大的演化路径，使其预测结果更加科学合理。

| 第一篇 |

国家层面的可行性评估

第二章 峰值目标预测：碳排放达峰预测的方法比较与实践进展

碳排放过多导致的全球变暖已经受到世界各国的高度重视，国内外学术界对碳排放峰值研究有着共同的目标——尽快使全球碳排放达到峰值，中国更是明确提出了 2030 年实现碳达峰目标。总体来看，预测碳排放量峰值以及达峰实践是碳达峰研究中的重点内容，基于本书的研究主题，本章首先对目前关于碳达峰的预测及实践进行研究回顾，为本书的后续研究内容奠定了基础。

第一节 碳排放峰值预测的方法比较

碳排放峰值预测的研究手段通常是模型模拟。目前国内外应用到碳排放峰值预测研究的主要模拟方法大致分为三类：第一类是基于指标分解法的模拟，采用的模型主要有 IPAT 模型和 STIRPAT 模型（Stochstic Impacts by Regression on PAT）；第二类是自下而上的模拟方法，采用的模型主要为 LEAP 模型（long-range energy alternatives planing system）；第三类是基于系统优化模型的模拟，采用的模型主要包括 MARKAL-MACRO 模型、IESOCEM 模型（intertemporal energy system optimization and carbon emission model）和国家能源技术（NET）模型等。

一、指标分解法

指标分解法从影响碳排放的因素入手，首先将碳排放的影响因素进行分解，然后对碳排放驱动因素趋势分析进行模拟预测，比较有代表性的是 IPAT 模型、ImPACT 模型、STIRPAT 模型及其扩展模型。IPAT 模型又称为 Kaya 恒等式，它将环境影响（I）分解为人口（P）、富裕程度（A）和技术（T）三个要素作用的结果，由此形成了 IPAT 模型的一般方程式：

$$I = PAT \qquad (2-1)$$

方程（2-1）从人口规模、居民富裕程度和技术水平三个方面解释环境问题。在碳排放研究领域，环境影响（I）即为碳排放量，P 为人口数量、A 为人均地区生产总值（GDP）、T 为能源强度。IPAT 模型为探究人口、经济和技术对碳排放的影响提供了有效工具。随后，瓦格纳和奥苏贝尔（Waggoner & Ausubel）将技术水平进一步拆分，演变出 ImPACT 模型，即：

$$I = PACT \qquad (2-2)$$

其中，C 代表单位 GDP 对应的技术消耗量，T 表示单位技术的环境影响。然而，IPAT 模型与 ImPACT 模型尚存在一定局限性，即各因素之间是独立的，一个因素变化时，其他因素不受其影响而相应变化，不能反映社会经济"复杂耦合系统"的特征。

为了弥补这一缺陷，考虑到人口对环境的影响是非线性的，约克等（York et al.，2003）对 IPAT 模型进行改进，建立了 STIRPAT 模型，即：

$$I = aP^b A^c T^d e \qquad (2-3)$$

通过对数变化得到其加法形式的方程：

$$\ln I = m + b\ln P + c\ln A + d\ln T + \varepsilon \qquad (2-4)$$

与 IPAT 模型和 ImPACT 模型不同的是，STIRPAT 模型不是一个等式，而是一种随机模型，可用于经验检验假设。通常的做法是"利用历史数据根据最小二乘原理拟合出模型中各项变量的系数，然后再利用未来各变量的情景，来预测碳排放峰值"（李侠祥等，2017）。在 STIRPAT 模型的基础上，学者们又针对该模型的两点不足进行了改进。第一，由于研究区域或行业的特殊性，碳排放不仅受人口、居民富裕程度和技术水平这三种基础模型变量的影响，还受到实证研究对象所特有的、其他足够影响碳排放的影响因素的影响。在 STRIPAT 模型的基础上，学者们建立了与研究对象相适应的扩展的 STIRPAT 模型：

$$\ln I = m + b\ln P + c\ln A + d\ln T + fF + \varepsilon \qquad (2-5)$$

其中，f 是参数向量，F 是新加入的模型变量对数形式的一维向量。将扩展的 STIRPAT 模型中加入能够有效影响碳排放量的其他因素，使得模型解释更加全面、可靠。第二，由于经济和社会不断发展完善、清洁能源技术不断创新，只用一个固定不变的模型参数来刻画碳排放因子的影响程度是不合理的。部分学者的改进思路是在 STIRPAT 模型以及扩展模型的基础上考虑碳排放量是否受某模型变量的阶段性影响，使得根据历史数据模拟的模型更符合现实发展趋势。汉森（Hanse，1999）建立的静态面板门限模型提供了一个可实际论证的理论支撑，门限 – STIRPAT 模型及其扩展模型应运而生。该模型能在回归过程中加入设定的某个可分段值来验证研究对象环境数据的异质性，以提高预测结果的精确度。以门限变量为能源强度为例，单个门限效应下的门限 – STIRPAT 模型的具体形式为：

$$\ln C = m + b\ln P + c\ln A + d_1\ln T \times I(\ln T \leqslant \gamma) + d_2\ln T \times I(\ln T > \gamma) + \varepsilon$$

$$(2-6)$$

其中，$I(\cdot)$ 为示性函数，符合条件的为 1，否则为 0；为避免和示性函数混淆，CO_2 排放量则用 C 标记。

在指标分解法这一基本方法下，碳排放被分解成人口、人均 GDP、能源强度等一些因子之后，大多数采用情景分析法来预测未来年份的碳排放量，通过未来预测数据的趋势来判断碳排放峰值。情景参数设定有两种方式，一种是以与研究对象相关的现在发展现状和未来规划为基础，自主为模型变量设定未来可能实现的增量或者增长率参数，形成一个或多个情景，预测碳排放量。另一种是使用系统动力学（SD）模型，分析社会经济系统中的动态复杂性的系统建模和动态仿真方法，模拟模型中选择的所有变量的发展趋势，建立各种情景。蒙特卡洛模拟方法被用来动态预测二氧化碳排放量的变动，突破了传统情景分析法的静态局限，也避免了主观性造成的二氧化碳排放峰值预测的局限。但是，蒙特卡洛模拟方法对模型变量的分布假设很重要，往往在实证研究中缺乏对模型变量分布设定的理论支持，使得这一方法的使用上有所限制。

二、自下而上分析方法

用于估算未来能源需求和二氧化碳排放的建模方法可分为三类：自上而下、自下而上和混合模型。自上而下的模型考察了更广泛的经济，并纳入了由引起相对价格和收入变化的政策触发的不同市场之间的反馈效应。它们通常不提供能源生产或转换的技术细节。因此，传统的自上而下的模型无法很好地加入关于能源技术变量和未来的成本将如何变化的不同情景假设；相反，自下而上的模型可以详细描述当前和未来的技术，以适用于分析能源受技术或政策（例如效率标准）影响的特定变化，该方法是从分部门的历史数据出发，利用情景模拟方法来对未来的二氧化碳排放量进行预测。混合模型结合了"自下而上"的终端模型和"自上而下"的宏观建模，混合模型将在"三、系统优化模型"中进行介绍。

LEAP 模型是自下而上分析方法的典型代表之一，中文全称为长期能源战略选择规划系统（the Long-range Energy Alternatives Planning system），是由瑞典斯德哥尔摩环境研究所（stockholm environment institute，SEI）建立的。该模型是基于情景分析的经济—能源—环境复杂系统综合建模平台，主要优势在于考虑到了能源是横跨经济、环境、社会等多领域的复杂系统，而不是仅仅将其理解为单一系统，该平台使用了部门分析法及投入产出法相结合的能源需求分析方法，也考虑到了资源禀赋、资金投入及市场价格等作为能源供给部分的影响因子，根据情景预测，为能源环境相关部门制定政策给出更加全面准确的未来能源的需求与供给和排污量等参考信息。LEAP 模型是一个基于情景分析的综合建模工具，它已被广泛应用到国家、省份及行业各层面的能源政策、需求与供给分析和环境相关预测等研究中，比如常征等（2014）基于 LEAP 模型构建的 LEAP-shanghai 模型。LEAP 建模平台具有透明的数据来源和输入、相对较小的数据需求量、灵活的数据输入要求、强大的情景分析和管理能力等优点。鉴于该模型的最大优势是从整体性出发描述了经济—能源—环境复杂系统，因而预测分析过程不可将复杂的能源系统进行简单的人为分割，这忽略了能源作为一个动态系统的整体性，导致结论的主观性。

三、系统优化模型

系统优化模型基于能源需求使用，结合市场环境和国家或地区的经济，构建出线性或非线性的数学模型，来动态模拟能源市场的运作。通过这个模型，学者们结合情景分析来预测未来的能源需求量以及对应的二氧化碳排放量。能源系统并不是一个独立的系统，而是影响着政策是否需要放宽、经济是否增长、社会是否稳定、环境方面压力大小、气候的好坏等，同时也会被它们影响、牵制。为改进单一模型的不足，加入能源使用对经济和环境等的影响是未来能源系统和环境预测方法建立的趋势。MARKAL-MACRO 模型、IESOCEM 模型和全球气候变化综合评估（IAMC）模型是能源—经济—环境模型的典型代表，国家能源技术（NET）模型主要是针对行业的一种自下而上的能源技术优化模型。

MARKAL-MACRO 模型是一个能源—环境—经济耦合而成的动态非线性规划模型。其中，MARKAL 模型是一个从能源供给方面出发，包括能源系统中各种能源生产分配的各个环节以及最终使用环节在内的动态线性规划模型，目标函数使规划期内能源供给的贴现成本最低，该模型主要用于国家级或地区级的能源规划政策分析。MACRO 模型则是从能源消费出发，探索其与投资、劳动力和国民生产总值之间的关系，从而构造出生产函数，它以贴现后的总效用最大为目标，对应的效用函数也会反过来影响社会能源储备、资金投入和使用。由于 MARKAL 模型中的能源需求是不变的，无法体现能源价格的效应，因此两模型以能源需求为连接纽带结合，并且耦合后的模型以规划期内消费的总贴现效用最大为目标。

IESOCEM 模型是毕超（2015）基于清华大学能源—环境—经济综合评价模型和 2013 年我国能源参考系统（Reference Energy System）建立的。IESOCEM 模型涵盖了能源资源储量或产能、能源开采（进口）技术、一次能源、能源转换技术、终端能源消费需求、终端用能技术、能源服务需求等多个环节。模型的经济技术参数包括：各种能源资源可采储量（年最大产能）、能源经济指标（年利用小时数、年可利用率、运行寿命、建设期、系统效率、单位投资、年运行费用）等；政策参数为已出台的能源发展政策目标约束；求解的目标函数为能源系统总成本最小化。

IAMC 模型是在低碳能源与经济模型（LCEM）的基础上进一步优化开发而得。LCEM 模型由清华大学能源环境经济研究所自主开发，是由低碳经济模型（LCEC）、低碳能源模型（LCEN）、农业及土地利用模型（AFLU）三个次级模型耦合而成的低碳发展综合评估模型，属于全球模型。IAMC 模型是包括经济、能源、农业及土地利用、气候、影响和适应等子模型共同组成的基于 GAMS 平台和碳要素理论的动态混合模型系统。该模型能够对社会经济发展领域进行全局考虑，识别出有关发展模型平稳转变的实质问题和风险，即通盘考虑了中国碳排放峰值问题和社会经济发展。

NET 模型是中国气候变化综合评估模型（C3IAM）的子模型，是由北京理工大学能源与环境政策研究中心（CEEP-BIT）开发的。它是一种自下而上的能源技术优化模型，涵盖了钢铁（NET-IS）、水泥（NET-Cement）、化学制品（NET-Chemical）、电力（NET-Power）、运输（NET-Transport）、建筑（NET-Building）和住宅（NET-Residence）这七个最耗能的行业的子模型。NET 模型一方面可以评估技术创新对能源消耗和排放的影响，另一方面可以找到实现能源或排放控制政策目标的最佳技术途径。NET 模型包括三个模块（数据模块、绿色政策模块和输出模块）和两个子模型（服务需求预测模型和技术—能源—环境模型）。数据模块和绿色政策模块为模型提供了必要的社会经济、技术和政策数据输入，服务需求预测模型用于预测研究部门对产品或能源服务的未来需求，技术—能源—环境模型寻求以最低成本满足未来服务/产品需求以及约束或目标的最佳技术部署路径，输出模块中输出技术途径和相应的能耗、排放量以及所需的成本。

四、其他预测模型

基于传统计量模型的碳排放达峰研究受到模型选择、变量选取和参数估计等假设约束，容易造成适用性低和预测精度差。人工神经网络是一个受生物神经网络功能方面启发的计算模型，能够更好地处理数据并找到数据中暗含的非线性关系，有强大的学习能力，对样本量的要求比较宽松。因此，基于各种优化算法的神经网络方法也经常被国内外学者用来设置二氧化碳排放预测模型。确定影响碳排放的影响因素之后，根据历史数据，用神经网络方法进行仿真训练，经过粒子群优化算法等相对应的互补方法对其优化，找到能够表示碳排放因素对碳排放量非线性关系的最优模型。人工神经网络还可以预测未来的社会经济指标以及对应的二氧化碳排放量，进而预测碳排放峰值。这一做法正好替代了情景分析方法，减少了人的主观性。

灰色预测模型也是碳排放达峰预测的一种方法。灰色系统是处理数据容量不大或数据缺失情况的有力方法之一，它对原始数据累加之后的序列重新建模，再累减还原，得到预测结果，这个不太透明的逆过程就被称为灰色预测模型。该模型适用于数据样本小的预测，很好地解决了碳排放峰值预测研究使用的历史数据年度跨度不大或者数据缺失问题。考虑到部分研究对象存在碳排放相关数据变化波动大（比如建筑业），在灰色预测模型的基础上，利用马尔科夫原理来处理这一问题。

五、碳排放峰值预测方法总结

综上所述，目前关于碳排放峰值预测方法总共有四大类，四大方法的总结如表 2-1 所示。第一类是指标分解法，它是将二氧化碳排放进行指标分解，探究二氧化碳排放影响因素对其的影响程度，包括 IPAT 模型、ImPACT 模型、STIRPAT 模型及其扩展模型。在选定碳排放因子（STIRPAT 模型和扩展的 STIRPAT 模型还需计算碳排放因子的影响程度）之后，进行碳排放影响因素的未来趋势判断或者多情景分析，来预测某地区或者某行业的碳排放峰值或者是在哪些情景下的碳排放峰值。第二类是自下而上分析

碳排放峰值预测的常用方法比较总结

表 2-1

预测方法	代表模型	方法特点	研究方法的优点	研究方法的缺点	代表性研究
指标分解法	IPAT；IMPACT；STIRPAT	以分解公式和指标体系，对二氧化碳排放进行指标分解	明确揭示碳排放驱动因素和碳排放之间的非线性关系，而且能够按照多元线性回归模型的操作进行建模，简单易懂	数据需要符合多元线性回归模型的假设，使得部分指标无法加入模型；在模型指标选取方面存在数据难以获取和考虑不够全面	约克等（York et al.，2003）
自下而上分析法	LEAP	以部门历史数据为基础，结合情景分析预测未来的二氧化碳排放	具有透明的数据来源和输入，相对较小的数据需求量，灵活的数据输入和强大的情景分析和管理能力等	对分部门数据以及情景分析的量化工作受到人的主观影响	常征等（2014）
系统优化模型	MARKAL-MACRO；IESOCEM；IAMC；NET	通过线性或非线性数学方法动态模拟能源市场的变化，经过情景模拟预测未来二氧化碳排放	包括了能源相关的微观数据和社会经济指标的宏观数据，更全面地描述碳排放的影响机制	受数据类型较多且获取困难；同自下而上分析的趋势预测方法相同，更适合使用情景分析的情景分析	陈文颖（2004），毕超（2015），柴麒敏等（2015），唐等（Tang et al.，2018），李等（Li et al.，2019）
其他模型	神经网络方法	利用历史数据进行训练，建立非线性线性关系	自主学习，建立复杂多变的非线性模型	需要结合可以互补的优化算法，提高预测精度	圣吉斯等（A. Sangeetha et al.，2018）
其他模型	灰色预测模型	直接预测碳排放源和对应的二氧化碳排放量数据	适用于数据样本小的预测，能够通过少量、不完备的信息，揭示事物发展的长期变化规律	目前缺乏大量的实证研究证明其预测效果好	钱昭英等（2018）

法，主要是 LEAP 模型。该模型具有强大的计算能力，可以进行丰富的技术规格和最终用途细节分析，并使用户灵活地设置建模参数和数据结构。在评估未来能源消耗和二氧化碳排放方面，LEAP 模型综合考虑了资源禀赋、能源价格及投资等影响能源供给的因素，结合情景分析方法，得到各情景下的未来碳排放，进而预测在各种碳排放达峰路径上的碳排放峰值。第三类是系统优化模型，它通过对现实能源系统进行仿真模拟，包括 MARKAL-MACRO 模型、IESOCEM 模型、IAMC 模型和 NET 模型。第四类是灰色预测模型，直接预测未来的碳排放源数据或碳排放量。第五类是神经网络方法，不仅可以揭示碳排放影响模型的非线性关系，还可以预测未来的社会经济指标以及对应的二氧化碳排放量，从而进行碳达峰研究。

总体来看，目前应用于碳排放峰值预测研究的模型的种类多样，研究角度各不相同。统计模型通常需要历史数据选取碳排放影响因素并确定其参数，然后再基于一定的社会经济情景进行外推。这就要求选定的模型变量必须全面，而且在未来经济社会发展中仍能够影响二氧化碳排放，设定的未来参数适用于未来的发展情景，否则该模型的预测功能将非常有限。在确定模拟模型、变量和参数的过程中，不同研究的侧重点各不相同，同时碳排放峰值预测模型中变量以及参数都需要根据模型之外的数据分析和实际调研中针对研究的区域或者行业进行个性化设定。

第二节　区域碳排放峰值预测的研究进展

在碳排放峰值预测方法实证研究中，无论使用哪种预测方法，不可缺少的一步是计算二氧化碳排放量。目前研究使用的碳排放量数据都是基于能源消费量和每种能源对应的碳排放系数进行测算的，计算公式为：

$$C_t = \sum_{i=1}^{N} C_i = \sum_{i=1}^{N} E_i \times \beta_i \times \frac{44}{12} \qquad (2-7)$$

其中，t 代表某一年，i 代表某一种能源，C 表示碳排放量，β 为碳排放系数，E 为能源消费量。那么，不同研究的差异体现在何处？首先是统计方法的不同，本书第二章第一节中已经详细介绍了常见的碳排放峰值预测方法；其次是碳排放峰值预测研究对象不同。

下面就从研究对象出发，对碳排放峰值预测实践进行总结。不同的研究对象不仅会使预测结果有很大不同，例如达峰时间的早晚和峰值的大小。实证研究对象的选择有很多，大致可以分成区域和行业两种，区域研究常见的是由某个城市、多个城市组成的某个区域、省份或整个国家，行业研究则包括某个或者多个行业。

在区域碳排放峰值预测实证中，使用的方法主要都是第二章第一节提到的三个常见模拟方法——指标分解法、自上而下分析法和系统优化模型。近年来，人工神经网络模型也被逐渐应用到区域碳排放峰值预测中。

一、基于指标分解法的区域碳排放峰值预测研究进展

指标分解法预测峰值的基本步骤是：选取碳排放的重要影响因素并确定其对碳排放量的影响程度，通过情景分析法或者蒙特卡洛模拟方法预测未来碳排放量，从而得到区域碳排放峰值。

IPAT 模型、ImPACT 模型、STIRPAT 模型及其扩展模型都属于指标分解法这一类，而它们在碳排放因子的选取和模型形式方面各有不同。IPAT 模型将环境影响（I）分解为人口（P）、居民富裕程度（A）和技术（T）三个要素，一般形式为：$I = PAT$，实证研究中经常用人均 GDP 表示居民富裕程度，用能源强度（万元能耗）表示技术，杨秀等（2015）使用该模型预测出了北京二氧化碳排放总量峰值可于 2019 年达到 1.65 亿吨二氧化碳；研究学者又在 IPAT 模型的变量选择方面进行了改进，加入技术因素等变量，进行模拟建模并预测，如杜强等（2012）利用改进的 IPAT 模型预测得到了中国碳排放峰值发生在 2030 年，碳排放量为 368.4 万吨。ImPACT 模型同样也是 IPAT 模型的改进形式，一般形式为：

$$I = PACT \qquad\qquad (2-8)$$

这两个模型的局限性在于，式（2-8）已经提前假设各个碳排放因子对碳排放的弹性是相同的，并且各因素之间是独立的。而社会生态学理论发展要求关于这两个模型中的假设应有经验证据可检验，而不是在模型结构内简单地假设。作为一种随机模型的 STIRPAT 模型被成功用于分析碳排放驱动因素对碳排放的影响，并且可以用于经验检验假设。在实证研究中，STIRPAT 模型中的技术变量 T 并不是通过 IPAT 公式（$T = I/PA$）求解出来的，而是使用能源强度（万元能耗）表示，模型中加入误差项代表。因此，STIRPAT 模型的碳排放因子选取为人口、人均 GDP 和能源强度，同时每个变量加上常数形式的指数，考虑驱动力的非比例效应。为了便于估计和假设检验，将变量的乘积形式变换为对数形式的加法，再进行回归分析。只要保持模型原有的乘积形式，在 STIRPAT 模型中加入其他

因子（根据研究对象的特性来选取，例如城镇化率），以分析它们对碳排放的影响，这就形成了扩展的 STIRPAT 模型。现在的碳排放影响机制实证研究大多都会加入其他驱动因素来全面描述碳排放影响机制，例如吴等（Wu et al.，2018）加入城市化水平、能源消费结构、服务水平和外贸程度等驱动因素来全面描述青岛碳排放的影响机制并预测其峰值。

以上的模型认为在区域发展阶段中碳排放驱动因素对碳排放的影响是固定不变的，而使用指数分解方法进行碳排放驱动因素分解的实证研究表明，某些驱动因素对碳排放的影响是存在阶段性差异的。随着时间推移，碳排放数据呈现的关系用线性关系来解释是远远不够的，需要门限回归模型等方法来更好地模拟非线性、结构突变等复杂变化，更贴近现实（王泳璇等，2016），门限－STIRPAT 模型就开始被应用起来。这样看来，门限－STIRPAT 模型在变量选取方面与 STIRPAT 及其扩展模型是相同的，只是在模型形式中加入了门限变量。现在的实证研究中，大多数只是使用门限－STIRPAT 模型进行碳排放影响因素分析，很少进一步预测峰值。例如，东等（Dong et al.，2019）的实证结果表明，收入水平和城市化水平分别为门限变量的情况下门限－STIRPAT 模型能够描述发达国家的碳排放达峰过程。

二、基于自下而上分析法的区域碳排放峰值预测研究进展

自下而上分析方法的典型代表是 LEAP 模型，它综合考虑了经济、能源、社会等因素。LEAP 模型是根据各部门碳排放相关的历史数据，设置一个或多个情景来预测未来的区域碳排放总量。通过设置相关情景参数，LEAP 模型能够快速完成计算并直观呈现各种情景比较的计算结果。各部门能源减少使用的潜力是不同的，使得未来分部门的二氧化碳减排效果是有区别的。不同研究区域的碳排放重点不同，会对部门的分类也不同，例如余等（Yu et al.，2015）将北京市分成农业部门、工业部门、建筑部门、交通部门、商品服务部门和住房部门六个部门；邓明翔等（2017）将云南省产业分成五大高碳部门。在未来社会发展中，能源种类也会产生变化，故 LEAP 模型也设定了未来能源种类使用占比情况，如邓明翔等（2017）也在情景中设定了原煤、焦炭、柴油、其他煤气、汽油、焦炉煤气和天然气七大高碳能源的碳排放贡献率。在经济因素方面，大多数实证研究都使用 GDP 来表示，如林等（Lin et al.，2018）在情景设计中加入不同程度的 GDP 增长率。除此之外，人口变量也被加入 LEAP 模型，来参与预测碳排放峰值。

三、基于系统优化模型的区域碳排放峰值预测研究进展

MARKAL-MACRO 模型综合了 MARKAL 模型与 MACRO 模型的特点，从能源供给和使用角度，是非线性动态规划模型。MARKAL 模型完整刻画了能源系统中的各个环节，包括能源系统中各种能源生产分配的各个环节以及最终使用环节，目标函数使规划期内能源供给的贴现成本最低，该模型主要用于国家级或地区级的能源规划政策分析。MACRO 模型则构造了一个生产函数，其中资金、劳动力和各部门的能源服务作为投入要素，产出用于投资、消费和支付能源费用，投资用于建立资本存量，它是一个宏观经济模型。在此基础上，部分研究还考虑到中国发展中的变化，如人口、城市化水平等，结合适当的模型对未来二氧化碳排放量进行测算。比如，周伟等（2010）基于"能源—经济—环境"的 MARKAL-MACRO 模型和情景设定中用于测算城市化水平并树立人口学中的 KEYFITZ 模型，测算未来中国能源的消费需求，考虑能源效率、能源结构的变化以及气候变化问题的约束，设定 3 种情景并测算二氧化碳排放量，结果表明中国二氧化碳排放可以在 2050 年前达峰，只是不同情景下的达峰结果会有差别。

IESOCEM 模型更加灵活和具有针对性，根据研究能源相关二氧化碳排放总量计算与达峰路径分析问题中的具体需要，加入能源从生产到消费过程中所使用的各种开采、中间转换和终端使用技术，灵活设定基准年份并模拟该年能源系统的真实情况，量化能源相关的规划并作为模型的政策条件约束，不断设置能源禀赋或年最大产能等限制，一般最优路径综合经济成本相对不高、不违背国家或地区能源相关的政策目标和技术符合各种要求的优点。在毕超（2015）对中国碳排放峰值预测的实证研究中，将 2013 年作为基年，预测年限从 2015～2050 年，隔 5 年为一个研究年份，所有折现到基年的成本费用之和为目标函数，再基于经济社会发展情景设定和政策约束条件设置得出所需要的预测值，最后得到中国的二氧化碳排放峰值。

IAMC 模型将环境和经济之间的叠加影响考虑进去，同时将"碳"和缓解环境问题的资金投入代入模型函数中，以社会福利的跨期优化作为目标。在柴麒敏等（2015）的实证研究中，使用二级嵌套的 CES 函数计算中国二氧化碳排放总量，解释变量分别为资金投入、劳动力和碳，从工业化国家的发展轨迹和中国当前的发展阶段两方面来分析中国碳排放达峰总量和时间控制的可行路径，评估结果表明："十五五"期末是中国碳排放达峰的最好时期，峰值会达到 120 亿吨。

MARKAL-MACRO 模型、IESOCEM 模型和 IAMC 模型是综合环境和环境以外的其他系统的能源系统分析模型，与单独考虑一个系统相比，更加全面准确地预测了区域二氧化碳排放量。当然上述模型主要是针对中国区域问题，国外的研究机构也对碳排放量估算构建了模型，比如荷兰公共卫生与环境国家研究院的 IMAGE 模型、日本理工大学的 MARIAM 模型、美国西北太平洋国家实验室的 MiniCAM 模型、日本国立环境研究所的 AIM 模型、奥地利国际应用系统分析研究所的 MESSAGE 模型等。

四、基于人工神经网络的碳排放峰值预测研究进展

神经网络方法既可以被用来构成碳排放驱动因素对碳排放的影响分析模型，又可以被用来预测未来的社会经济指标及对应的二氧化碳排放量。人工神经网络是一种自主学习模型。神经网络体系结构由输入层、隐藏层和输出层组成。输入层中的神经元连接到隐藏层中的神经元，隐藏层神经元连接到成为隐藏层权重的输出层。网络中的每个神经元通过链接与另一个神经元链接，每个链接都与权重相关，权重包含有关输入信号的信息，节点使用此信息来解决问题。在碳排放驱动因素影响分析模型建立过程中，碳排放驱动因素作为输入层的输入，二氧化碳排放量作为输出层的输出，用一部分样本作为训练样本，另一部分作为测试样本，利用某一优化算法，根据某一原则确定最优模拟算法。

段福梅（2018）使用经过粒子群优化算法优化过的 BP 神经网络建立模型，将估计值和实际值的相对误差较小的网络作为最优网络模型，并结合情景分析法预测中国未来的二氧化碳排放量，结果表明中国有在 2030 年前实现碳排放达峰的机会。部分学者还进一步用具有反向传播原理的前馈（BP）神经网络代替情景分析法，预测模型中的社会经济指标以及对应的二氧化碳排放量。印度学者圣吉斯等（Sangeetha et al.，2018）首先使用多元线性回归模型建立煤、石油等主要能源消费量和二氧化碳排放量之间的非线性关系，然后利用基于粒子群优化算法的人工神经网络来预测印度未来的能耗和对应的二氧化碳排放量。

第三节　行业碳排放峰值预测的研究进展

行业层面的碳排放驱动因子分析的研究成果较多，常用方法为对数平均迪氏指数分解法（LMDI）、广义迪氏指数分解法（GDIM）等指数分解

法和灰色关联分析法。目前，基于指标分解法的模型在行业碳排放预测方面的实证研究比较匮乏，已有实证研究大都没有直接对行业碳排放量进行预测。LEAP 模型被发展应用在行业碳排放预测方面的实证研究过程与区域碳排放研究过程没有区别。

黄莹等（2019）利用 LEAP 模型，结合情景分析来模拟不同情景下广州交通领域未来的二氧化碳排放趋势，结果表明：在政策情景下将于 2035 年左右达峰，在低碳和绿色低碳情景下有望分别提前到 2025 年和 2023 年。系统优化法的模型也逐渐被一些学者开发并专门应用到行业碳排放预测中，NET 模型就是一个典型的例子。已有研究就使用 NET-transport 模型和 NET-power 模型分别研究中国城市交通运输业和电力部门的碳排放达峰情况。以唐等（Tang et al.，2018）的电力部门碳排放达峰实证研究为例，NET-power 模型的线性优化框架为：在电力需求、实际发电设备的容量、不同技术产生的电力份额和装机容量的约束下，将年度总成本（年度初始投资成本 + 运行维护成本 + 能源成本 + 传输成本）降至最低。在以最低成本优化发电技术选择的解决方案中计算总能耗和碳排放量，再通过研究控制电力行业相关的政策和调查技术改进和开发可再生能源技术的发展潜力，为电力部门设计情景，最终达到电力部门碳排放峰值预测的目的，建模结果为：采取联合行动、促进现金技术和向更多可再生能源的转移，中国电力部门的二氧化碳排放量可能在 2023 年达到 3717.99 吨的峰值。

神经网络方法也适用于行业层面的碳排放达峰预测实证研究。根据对区域碳排放部分的实证总结发现，BP 神经网络是一种带有监督的前馈反馈算法，是应用最广泛的人工神经网络模型。它经过训练权重来模拟非线性函数。通过比较实际输出和预期输出，当其估计误差超过所需精度时，进入后向操作过程，并且将错误信号发送回原始正向操作路径，同时对隐藏层中的连接权重进行修改，通过对输出层数据进行连续前馈调整，均方误差区域最小化。为了克服 BP 神经网络存在的收敛速度慢和非全局最优两个缺点，粒子群优化算法常被结合使用。李和高（Li & Gao，2018）两人建立的 IPSO-BP 模型就是一个典型的应用实例，他们还进一步优化了 PSO 算法。基于第二代新型干法水泥技术系统中的 44 种情景，建立 IPSO-BP 模型来预测 2016~2050 年中国水泥行业的碳排放峰值，对制定中国水泥行业的碳减排政策提供帮助。结果表明，中国水泥行业仅执行产能削减计划和第二代新型干法水泥技术系统，因此碳排放量可以在 2030 年之前达到峰值。

已有研究还利用灰色预测模型进行行业层面的碳排放达峰预测实证研究。GM（1，1）模型是较常用的单变量一阶灰色预测模型。钱昭英等（2018）对贵州喀斯特山区农业碳排放分析使用灰色 GM（1，1）预测模型，通过对农业生产过程中的翻耕、灌溉、化肥、农药、农膜、农用柴油六个方面的碳排放源进行了直到 2021 年的预测，再根据农业碳排放计算公式来估算未来的农业碳排放量。由于某些行业在碳排放相关数据方面波动很大，这可能会使预测不够准确，而用于计算转移矩阵的马尔科夫原理对于变化波动大的系统有很好的处理过程。因此，灰色马尔科夫理论就被应用到该领域，研究碳排放变化特征，模拟误差会减小。江思雨等（2018）将灰色系统理论与马尔科夫原理结合起来，运用 GM（1，1）模型，建立基于灰色马尔科夫理论的建筑业碳排放量预测研究模型。但是，目前的实证研究目的只在于验证该模型确实可以应用或者年份不长的预测，还没有被广泛应用到行业碳排放达峰预测研究中。

国内外对碳排放达峰预测研究的实证总结如表 2－2 所示。中国早期的碳排放峰值预测大多是在国家尺度范围的，而且整个国家的碳排放相关能源数据较容易获得，也体现了我国科研工作者对"在 2030 年前实现碳达峰"这一承诺的积极响应态度，而后根据实际情况，逐渐应用于省份和行业层面。通过比较预测结果发现：在达峰时间预测方面，无论使用哪种

表 2－2　　　　　　区域/行业碳排放预测实践的代表性研究

模型	作者	研究区域/行业	研究方法
指标分解法	杨秀等（2015）	北京	KAYA 分解（IPAT 模型）
	杜强等（2012）	中国	加入其他碳排放影响因素的改进 IPAT 模型
	吴等（Wu et al.，2018）	青岛	扩展的 STIRPAT 模型
	王泳璇等（2016），东等（Dong et al.，2019）	中国/发达国家	门限 - STIRPAT 模型（仅因素分解）
自下而上分析法	于等（Yu et al.，2015）	北京	LEAP 模型
系统优化模型	周伟等（2010）	中国	MARKAL-MACRO 模型 + Keyfitz 模型
	毕超（2015）	中国	IESOCEM 模型
	柴麒敏等（2015）	中国	IMAC 模型
	唐等（Tang et al.，2018）	中国电力部门	NET-power 模型

模型	作者	研究区域/行业	研究方法
神经网络	段福梅（2018）	中国	基于粒子群优化算法的 BP 神经网络
	圣吉斯等（A. Sangeetha et al.，2018）	印度	基于粒子群优化算法的人工神经网络
	李等（Li et al.，2018）	中国水泥行业	IPSO-BP 模型
灰色预测模型	钱昭英等（2018）	贵州喀斯特山区农业	灰色预测模型
	江思雨等（2018）	中国建筑业	灰色马尔科夫理论

模型模拟，实证研究都一致认为中国在 2030 年左右能够实现碳达峰，其中部分实证研究还表示中国甚至有可能提前实现 2030 年碳达峰目标，但是碳排放峰值预测结果各有不同。

第四节　碳排放峰值预测结果的差异比较及原因分析

一、峰值预测结果差异比较

全球变暖是一项全世界各个国家都需要应对和解决的问题，中国更是做出"在 2030 年左右实现碳达峰"的承诺。中国的碳达峰目标经过分解下发到各个省份，共同努力实现承诺。相关学者们也在为这一目标做出贡献，相继给出了中国碳排放可能的达峰时间和峰值。通过本章对碳排放达峰预测的实证研究方法进行总结，可以发现：对中国的二氧化碳排放峰值预测的研究占大多数，对省份层面则少很多，而且研究对象比较分散，行业层面的碳排放达峰预测实证更是缺乏。因此，在进行实证结果差异比较时，选取中国作为对象的实证研究，同时只筛选出明确指出达峰时间和峰值的实证研究，这些就已经几乎包括了目前碳排放预测实证研究中全部常用方法。本书将按照倒叙的顺序进行实证结果阐释，最后进行比较。

2010 年，周伟等（2010）以 MARKAL-MACRO 模型为基础，结合了数理人口学中的 Keyfitz 模型，测算了基准、能源结构优化和气候变化约束情景下的未来二氧化碳排放达峰时间和峰值，结果分别为 2042 年的 118.47 亿吨、2036 年的 107.53 亿吨和 2031 年的 94.72 亿吨。2012 年，杜强等（2012）使用改进的 IPAT 模型，不考虑人口的影响，加入描述产业结构和技术水平的因素，使用 2002 ~ 2010 年的历史数据，结果表明，中国碳排放达峰时间为 2030 年，总量为 3684.16Gg[①]。2014 年 11 月，我国政府在《中美气候变化联合声明》中，提出了中国要于 2030 年前后实现二氧化碳排放总量峰值的计划。未来一段时期我国二氧化碳排放总量的峰值取决于能源活动二氧化碳排放峰值，能源活动二氧化碳排放量又取决于能源消费总量和结构，而能源消费总量和结构又从根本上取决于经济、产业、人口发展和资源环境约束及宏观能源经济财税政策设计（毕超，2015）。毕超在实证中使用其构建的 IESOCEM 模型，认为中国能源活动二氧化碳排放量从 2015 年的 80.1 亿吨增长到 2030 年的 93.5 亿吨，在 2030 年达到峰值。柴麒敏和徐华清（2015）两人也在同步对中国碳排放峰值目标实现路径进行研究，基于 IAMC 模型提出对中国实现碳排放峰值控制的目标建议——"十五五"期末是中国碳排放达峰的最好时期，峰值会达到120 亿吨。2018 年，段福梅（2018）基于粒子群优化算法的 BP 神经网络方法，预测中国二氧化碳排放峰值，认为中国二氧化碳排放量有机会在2030 年达到峰值，其中，各因素均以低速率发展的经济衰退模式下峰值为 99.1101 亿吨左右，经济增长放缓、政府和企业的节能意识提高以及重要的技术水平提高的达峰模式下峰值为 99.06 亿 ~ 99.11 亿吨，经济增长速度保持低速、全面节能减排以及主要的技术进步的低碳情景下峰值为99.0182 亿 ~ 99.11 亿吨，全面节能减排和同样作为驱动因素的经济高速增长与技术进步的情景下峰值为 99.1069 亿 ~ 99.1102 亿吨，强调经济增长放缓、节能减排强度强于低碳情景和注重能源技术水平的强化低碳模式下峰值为 99.0124 亿吨 ~ 99.1093 亿吨，其余情景则是在 2050 年前都不能达峰或者推迟到 2044 年以后的情况。同年，刘和晓（Liu & Xiao，2018）基于扩展的 STIRPAT 和系统动力学模型，加入人均 GDP 的二次项、能源结构、固定资产投资总额和产业结构等因素，结合情景分析，预测中国二氧化碳峰值，按达峰时间可分为三类：第一类的峰值出现在 2023 年，分别为 81.5 亿、85.83 亿和 83.2 亿吨；第二类峰值出现在 2025 年，分别为104.91 亿、99.77 亿、98.25 亿和 100.87 亿吨；第三类的碳排放则没有明显的下降趋势。

通过对中国碳排放峰值预测实证结果总结发现：从 2010 ~ 2018 年的

---

① Gg 为质量单位，中文表述为"千兆克"，1Gg = 10^9g（10 的 9 次方克）= 10^6kg = 10^3t = 1000 吨。所以 3684.16Gg = 3684160 吨。

实证研究结果看，基于不同的模型或在不同情景下得到的中国碳达峰时间和峰值并不一致。无论研究时间早晚，在某些模型或情景下，中国可以在2030年左右达峰，甚至更早；但在另一些模型或情景下，则认为中国会推迟到2030年以后达峰，甚至得到碳排放量没有下降趋势（不能达峰）的结论。峰值预测结果更是多种多样，预测最大差值竟达到40亿吨二氧化碳排放量。因此，相同研究对象的碳排放达峰预测结果（达峰时间和峰值）并没有明确的定论。

二、峰值预测结果差异原因分析

上一节，我们进行了峰值预测结果差异比较，发现达峰时间和峰值预测结果不尽相同，由此引发了一个思考：是什么造成的差异？本书总结造成这一差异产生的原因主要是研究方法的差异，具体体现在以下三个方面。

第一，碳排放影响分析模型不同。国内外研究机构和学者们开发了指标分解法、自下而上分析法、系统优化法、神经网络和灰色预测模型这五大基本类型的模型，且均有各自的优缺点。指标分解法包括IPAT模型、ImPACT模型、STIRPAT模型及其扩展模型和门限－STIRPAT模型，优点在于能明确揭示碳排放驱动因素和碳排放之间的非线性关系，而且能够按照多元线性回归模型的操作进行建模，简单易懂，但有"数据需要符合多元线性回归模型的各种假设，导致一些因素无法加入考虑的情况"和"在模型指标选取方面存在数据难以获取和考虑不够全面"的缺点。自下而上分析法的典型代表是LEAP模型，它具有透明的数据来源和输入、相对较小的数据需求量、灵活的数据输入要求和强大的情景分析和管理能力等优点，也考虑到了能源是横跨经济、环境、社会等多领域的复杂系统，但其局限性在于计算时使用的数据不够全面，对模型变量和发展约束的量化问题受到研究人员的主观影响。系统优化法包括MARKAL-MACRO模型、IESOCEM模型、IAMC模型和NET模型，通过线性或非线性数学方法动态模拟能源市场的变化，预测碳排放达峰情况。其中，MARKAL-MACRO模型、IESOCEM模型和IAMC模型也都属于综合考虑能源利用对经济、社会、环境或气候影响的模型，更全面地描述碳排放影响机制。NET模型是专门被开发用于行业碳排放研究，既可以评估技术创新对能源消耗和排放的影响，又可以找到实现能源或排放控制政策目标的最佳技术途径。只是受数据类型较多且获得困难的限制，系统优化法的使用可能受限。神经网络方法能够自主学习，建立复杂多变的非线性模型，常用的是BP神经网络，但常常需要优化算法使其预测精度提高。灰色预测模型适用于数据样本小的预测，从小部分数据中找出碳排放数据变化的规律。但灰色预测模型在碳排放领域的应用不是很广泛，缺乏大量的实证研究证明其预测效果好。

第二，不同模型在变量（或数据类型）选取方面存在差异。指标分解法的驱动因素包括人口因素、居民富裕程度和技术水平因素，还可以视研究对象的特点相应加入城市化水平、能源结构等其他足够影响碳排放的宏观社会经济指标。自下而上分析法的代表性模型 LEAP 模型和系统优化法的 MARKAL-MACRO 模型、IESOCEM 模型、IAMC 模型和 NET 模型还包括微观层面的能源数据。

第三，预测模型中变量的未来趋势方法不同。相关方法有情景分析法、系统动力学仿真模拟的情景分析法、蒙特卡洛模拟法和人工神经网络四种方法。指标分解法预测碳排放量大多使用的是情景分析法和蒙特卡洛模拟法，人工神经网络目前还没有被应用；自下而上分析法和系统优化模型的预测部分通常是根据相关政策、未来社会经济发展规划和能源供给需求分析，设定情景来预测二氧化碳排放峰值；灰色预测模型可以利用模型本身进行预测模型变量的未来数值；在神经网络模型的预测部分，只有蒙特卡洛模拟方法在实证研究中没有被使用到。在理论上，这四种预测未来趋势的方法在每一种模型中都可以被使用。由于自下而上分析法和系统优化模型包含了能源相关的微观变量，其时间序列数据变动不规律的特征不适合使用其他方法，使用专家主观设定参数的情景分析法的预测效果更优。

在全世界能源紧张和气温变暖趋势的现实情况影响之下，二氧化碳排放的现状已经越来越吸引世界各地的注意力。中国作为世界上第二大能源的生产国和消耗国、第二大温室气体排放国，与其他国家相比承担着更大的温室气体减排压力，由于处于全球这个大趋势之下，对二氧化碳排放建立模型进行预测并且针对预测结果提出针对性的政策措施，这对发展"低碳经济"至关重要。

第五节　本章小结

本章对目前学术界关于碳排放峰值预测的方法进行了全面梳理，对不同方法的理论基础、使用前提、优缺点等内容进行了比较分析，有利于明确今后关于碳排放峰值预测的方法应用。在此基础上，本章还对目前碳排放峰值预测应用最为广泛的区域碳排放峰值预测实践和行业碳排放峰值预测实践进行了回顾梳理，对不同研究结果的差异进行了比较，并对造成差异的原因进行了剖析。

第三章　达峰外在影响：不同情景下碳排放达峰对中国经济的潜在影响

第一节　引　言

自 2006 年起，中国二氧化碳排放量已居世界首位，排放总量比美国高一倍。国际碳排放研究机构（Global Carbon Project）的研究数据表明：2015 年，中国二氧化碳排放量占世界二氧化碳排放总量的 28.65%，已远超排在第二位的美国（14.93%）和第三位的欧盟（9.68%）；中国的人均二氧化碳排放量（7.5 吨）也已超过欧盟（6.9 吨）。基于中国设定 2030 年达到碳排放峰值的宏观目标，中国碳排放达峰也得到了学术界的广泛关注。目前很多学者利用各种模型对中国碳排放峰值出现的时间和峰值进行测算，多数学者认为中国碳排放峰值会出现在 2030 年前后，峰值为 110 亿 ~ 120 亿吨。如周伟等（2010）利用 MARKAL-MACRO 模型对中国 2010 ~ 2050 年能源消费产生的二氧化碳进行了预测，结果表明，基准方案下，碳排放总量将在 2036 年达到峰值，峰值为 107.53 亿吨；优化方案下，将在 2029 年达到峰值，峰值为 95.27 亿吨。王志轩（2014）以能源消费碳排放量代表中国未来碳排放峰水平进行碳排放峰值预测，认为在不考虑林业/土地利用和土地变化排放、忽略钢筋和水泥等生产过程对碳排放的影响以及其他影响小的因素的情况下，当 GDP 增速平均为 6%，能源消费弹性系数为 0.35 时，中国二氧化碳将在 2030 年排放达峰，峰值为 113 亿吨。柴麒敏等（2015）通过 IAMC 模型对中国实现排放总量控制和峰值进行深入分析，分析得出，中国在 2030 年实现碳排放达峰的峰值为 109.2 亿吨，并最终提出在中国"十五五"末期是实现碳达峰的重要机会，此时峰值为 120 亿吨，人均碳排放量为 8.5 吨左右。渠慎宁等（2010）利用 STIRPAT 模型对中国碳排放峰值进行预测，研究结果表明，若按照当前现状，保持合理的碳排放治理，碳排放总量将会在2020年到2040年间达到峰值，当峰值出现在2025年、2028年、2035年和2042年时，峰值分别为73.0亿吨、89.5亿吨、115.4亿吨和116.2亿吨。何建坤（2015）根据Kaya模型计算得出中国碳排放总量将在2030年左右达到峰值，峰值将会控制在110亿吨，人均碳排放量在8吨左右。刘长松（2015）通过Kaya模型分解中国和世界各国之间的比较，预计中国将在2030年二氧化碳排放达到峰值，峰值为115亿吨到120亿吨，人均碳排放量为8吨左右。目前大部分对碳排放峰值的预测研究主要基于传统计量模型，而二氧化碳排放的影响是一个非线性的复杂多变系统，在预测二氧化碳排放峰值时，传统计量模型受到参数估计、变量选取、模型选择等影响，不同研究的预测结果也存在较大差异，预测精确性也较差。

部分学者对碳排放的影响因素进行了研究，多数学者研究显示产业结构、技术进步和经济增长是影响碳排放增加的因素，这表明经济增长的同时必然伴随着碳排放总量的增加。张兵兵（2014）基于DEA模型测算了中国30个省份（不含中国香港、澳门和台湾地区）的技术进步，实证检验了技术进步对碳排放强度的影响，通过分析得出技术进步对降低碳排放强度有重要效果，同时指出2001年后技术进步会增强中国除西部地区外地区的碳排放强度。许士春（2012）运用LMDI加和分解法的研究结果表明，中国碳排放的驱动因子为经济产出效应、人口规模效应和能源结构效应，其中贡献率最大的是经济产出效应，为148.49%；碳排放的抑制因子为能源结构效应和产业结构效应，其中贡献率最大的是能源结构效应，为－53.43%。刘朝（2011）利用ISM模型找出了阻碍中国经济低碳发展的关键因素——经济发展粗放、没有系统完善的低碳政策框架、低碳专业人才稀少和民众缺乏低碳意识。蒋金荷（2011）利用LMDI法定量研究了1995~2007年中国碳排放的影响因素和贡献率，指出影响因素为经济规模效应、结构效应、能源强度效应和碳强度效应，其中经济发展是影响碳排放增加最大的影响因素。顾阿伦（2016）通过LMDI法将中国碳排放量和碳排放强度进行分解，并探究了不同影响因素对碳排放强度下降速度的贡献率，分析结果表明，技术进步对碳排放强度的下降贡献最大，产业结构对碳排放强度下降的贡献最小。李艳梅（2010）构建了碳排放的影响因素分解模型，分析结果证明，只有碳排放强度下降会产生碳排放量下降，除此之外经济增长和产业结构变化都会引起碳排放量的增加。

总体来看，目前关于中国实现二氧化碳排放达峰的研究绝大部分围绕碳排放的达峰预测以及碳排放的影响因素分析，对碳排放达峰带来的经济影响研究较少。事实上，政策约束及人为干预下的二氧化碳排放达峰会对经济发展产生一定程度的冲击，节能减排将对经济增长和复苏带来负面影响，因为节能减排将不可避免地消耗本来用于产出的有限资源。碳排放越早到达峰值，意味着商业、企业和消费者用于调整的时间就越少，更多的基础设施将被过早更换，对产业结构、能源结构及技术改进等因素的要求越高，相应的减排压力越大。从产业产出的角度来看，二氧化碳排放达峰会对有些产业的产出起到促进作用，对有些产业的产出起到抑制作用。不同情景下碳排放会达到怎样的排放水平、能源系统和经济系统要产生怎样的相互影响以及如何做出相应的调整等问题都是值得深入研究的重要课题。

本章以中国实现 2030 年碳排放达峰的宏观目标为背景，在可计算一般均衡（CGE）模型的基础上，加入耦合气候保护函数，利用 2012 年 7 部门的社会核算矩阵（SAM 表），构建包含气候保护函数的 CGE 模型，模拟评估中国在 2025 年、2030 年和 2035 年三种达峰情景下的经济影响，为应对由于碳排放达峰带来的各种影响提供前瞻性信息参考。本章的主要工作体现在：

第一，构建了包含气候保护支出模型的静态 CGE 模型，并对现有气候保护 CGE 模型进行改进。目前研究使用的气候保护 CGE 模型中对于产品供给使用的是 CD 函数，隐含条件是资本和劳动的边际替代率相等，而实际两者的边际替代率大多是不相等的。本章选用嵌套的固定替代弹性（CES）生产函数，能够反映资本和劳动边际替代率的差异，模拟结果更接近实际。

第二，以最新的中国 2012 年 139 部门的投入产出表为基础，编制了包含 7 部门的 2012 年中国宏观及微观 SAM 表。

第三，首次探究"增汇"方式下，减排使碳排放达到峰值对中国宏观经济以及部门总产出的影响，这一点与此前许多学者主要通过碳税政策探究减排政策的经济影响有所不同。

第二节　模型构建

本书依据投入产出理论、SAM 理论、Walars 一般均衡理论、气候保护支出理论，以传统的 CGE 模型为基础，选用凯恩斯宏观闭合以及固定汇率体制闭合，构建了包含 7 部门的气候保护支出 CGE 模型，利用 GAMS （the general algebraic modeling system）软件对模型进行编程、求解。

一、CGE 模型构建

本章构建的 CGE 模型包含商品市场和要素市场：商品市场包括林业、农牧渔业、采矿业、制造业、电水气业、建筑业和服务业七个部门；要素市场包括劳动力要素和资本要素；还包括居民、企业、政府和国外部门四个经济主体。由于系统方程较多，这里主要介绍核心方程。模型中，参数用小写字母表示，外生变量用大写字母加头顶横线表示，内生变量用大写字母表示。

1. 生产模块

生产模块中每个部门的生产活动采用两层嵌套的生产函数进行描述。嵌套最上面一层的总产出用 CES 函数描述，共有中间投入和增值部分两个投入。嵌套的第二层，中间投入部分用列昂惕夫函数描述；增值部分用 CES 函数描述，有劳动力要素和资本要素两个投入，具体嵌套层次如图 3 - 1 所示。

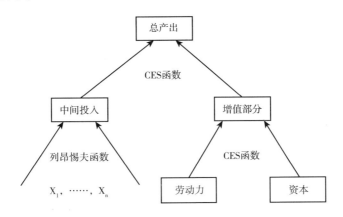

图 3 - 1　生产函数嵌套层次

商品流通方面，国内生产活动产出、出口和国内生产国内销售商品的关系用 CET 函数描述，国内市场销售商品、进口和国内生产国内销售商品的关系用 Arminton 函数描述，具体的商品流通过程如图 3 - 2 所示。

2. 经济主体

（1）居民。居民收入等于要素报酬加转移支付。居民的效用函数用 CD 函数描述，居民对商品的消费需求由效用函数导出。居民的收入和消费需求分别如式（3 - 1）和式（3 - 2）所示。

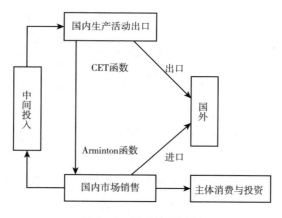

图 3 – 2   商品流通过程

$$YH = WL \cdot QLS + WK \cdot shif_{hk} \cdot QKS + transfr_{hh,ent} + transfr_{hh,gov} + transfr_{hh,row} \cdot EXR$$
$$(3-1)$$

$$PQ_c \cdot QH_c = shrh_c \cdot mpc \cdot (1 - ti_h) \cdot YH, c \in C \qquad (3-2)$$

式（3-1）中，YH 表示居民收入；QLS 表示劳动力要素供应；QKS 表示资本要素供应；$shif_{hk}$ 表示资本收入分配给居民的份额；$transfr_{hh,ent}$ 表示企业对居民的转移支付；$transfr_{hh,gov}$ 表示政府对居民的转移支付；$transfr_{hh,row}$ 表示国外对居民的转移支付；EXR 表示汇率。式（3-2）中，QH_c 表示居民对商品的需求；ti_h 表示居民的所得税税率，$shrh_c$ 表示居民收入对商品的消费支出份额；mpc 表示居民的边际消费倾向。

（2）企业。企业收入等于资本投入收入加转移支付。企业储蓄等于企业收入减去所得税部分，再减去企业对居民的转移支付。投资总额等于各部门的投资总和加存货增加。企业收入、企业储蓄和投资总额分别如式（3-3）~式（3-5）所示。

$$YENT = WK \cdot shif_{entk} \cdot QKS \qquad (3-3)$$

$$ENTSAV = (1 - ti_{ent}) \cdot YENT - transfr_{hh,ent} \qquad (3-4)$$

$$EINV = \sum_c PQ_c \cdot \overline{QINV_c} + ST, c \in C \qquad (3-5)$$

式（3-3）中，$YENT$ 表示企业收入；$shif_{entk}$ 表示资本收入分配给企业的份额。式（3-4）中，$ENTSAV$ 表示企业储蓄；ti_{ent} 表示企业的所得税税率。式（3-5）中，$EINV$ 表示投资总额；$\overline{QINV_c}$ 表示对商品投资的最终需求；ST 代表存货变动。

（3）政府。政府收入等于包括生产活动征收的增值税，居民和企业的所得税以及关税的总和。政府支出等于政府对商品的需求加对居民的转移支付，模型假设政府对商品的需求为外生变量。政府储蓄等于政府收入减去政府支出。政府收入、政府支出和政府储蓄分别如式（3-6）~式（3-8）所示。

$$YG = \sum_a (tr_a \cdot WL \cdot QLD_a + tr_a \cdot WK \cdot QKD_a) + ti_h \cdot YH + ti_{ent} \cdot YENT +$$

$$\sum_c tm_c \cdot pwm_c \cdot QM_c \cdot EXR + transfr_{gov,row} \cdot EXR \qquad (3-6)$$

$$EG = \sum_a PQ_a \cdot \overline{QG_a} + transfr_{hh,gov} \qquad (3-7)$$

$$GSAV = YG - EG \qquad (3-8)$$

式（3-6）中，YG 表示政府收入，$transfr_{gov,row}$ 表示政府对国外的转移。式（3-7）中，EG 表示政府支出，$\overline{QG_a}$ 表示政府对商品的需求。式（3-8）中，$GSAV$ 表示政府储蓄。

（4）国外。国外市场的供应量（进口）和需求量（出口）在生产模块中已经设定。本模型假定中国满足"小国假定"，即中国是价格的接受国。在给定汇率和贸易价格的条件下，中国的进口和出口都不受限制，进口和出口均为变量内生。

3. 均衡模块

市场均衡，即市场出清，要求国内市场和要素市场的供给等于需求，国外市场的外汇收支平衡和投资储蓄平衡。国内市场、劳动要素市场、资本要素市场的均衡分别如式（3-9）~式（3-11）所示。本章采用固定汇率体制闭合，国外储蓄内生决定，汇率外生决定，国外市场的外汇收支平衡为式（3-12）和式（3-13）。投资储蓄平衡用式（3-14）表示。

$$QQ_c = \sum_a QINT_{ca} + QH_c + \overline{QINV_c} + \overline{QG_c}, c \in C \qquad (3-9)$$

$$\sum_a QLD_a = QLS \qquad (3-10)$$

$$\sum_a QKD_a = QKS \qquad (3-11)$$

$$\sum_c pwm_c \cdot QM_c + transfr_{row,cap} = \sum_a pwe_a \cdot QE_a + transfr_{hh,row}$$

$$+ transfr_{gov,row} + FSAV \qquad (3-12)$$

$$EXR = \overline{EXR} \qquad (3-13)$$

$$EINV = (1 - mpc) \cdot (1 - ti_h) \cdot YH + ENTSAV + GSAV + ST$$

$$+ FSAV \cdot EXR + VBIS \qquad (3-14)$$

式（3-12）中，$transfr_{row,cap}$ 表示国外的财产性收入。式（3-14）中，$FSAV$ 表示国外储蓄；$VBIS$ 表示检查储蓄投资的虚变量。

4. 闭合规则

模型采用凯恩斯宏观闭合规则，即假定宏观的经济状况下，劳动力大量失业、资本闲置、劳动和资本要素内生，由需求单方面决定。考虑到凯恩斯理论的刚性价格条件，且在生产模块劳动要素和资本要素价格是所有其他价格的基础，因此设置式（3－15）和式（3－16）使模型契合凯恩斯闭合规则。

$$WL = \overline{WL} = 1 \qquad\qquad (3-15)$$

$$WK = \overline{WK} = 1 \qquad\qquad (3-16)$$

因要研究碳达峰对宏观经济的影响，为便于研究 GDP 和 GDP 价格指数（PGDP），式（3－17）和式（3－18）分别表示 GDP 和 PGDP。

$$GDP = \sum_c (QH_c + \overline{QINV_c} + \overline{QG_c} + QM_c) - \sum_a QE_a \qquad (3-17)$$

$$PGDP \cdot GDP = \sum_{c \in C} PQ_c \cdot (QH_c + \overline{QINV_c} + \overline{QG_c}) + \sum_a PE_a \cdot QE_a$$
$$- \sum_c PM_c \cdot QM_c + \sum_c tm_c \cdot pwm_c \cdot QM_c \cdot EXR$$

$$(3-18)$$

二、气候保护支出模型

为了将温室气体减排与宏观经济相联系，莱姆巴赫（Leimbach）提出了"气候保护支出"的概念。莱姆巴赫指出气候保护支出主要代表投资成本，从宏观经济角度看，气候保护支出就是国内生产总值（GDP）的一部分，这部分产出不能用于"生产性"投资和消费。因此可把这部分产出看作 GDP 的"损失"。莱姆巴赫提出的气候保护支出函数如式（3－19）所示：

$$\frac{CP(t)}{GDP(t)} = \begin{cases} \alpha_1 \cdot ERP^{\alpha_2} + \alpha_0, & ERP > 0 \\ \alpha_0 \cdot \left(\dfrac{ERP}{0.5} + 1 \right), & -0.5 \leqslant ERP \leqslant 0 \end{cases} \qquad (3-19)$$

式（3－19）中，α_0，α_1，α_2 为气候保护模型的参数；ERP 为削减水平；CP（吨）为气候保护支出。正参数 α_0 的存在，保证了莱姆巴赫对于气候保护支出的定义，即使削减水平为 0，仍然存在 GDP 的"损失"，这些损失全部表现为气候保护支出。由于本章构建的是静态 CGE 模型，与时间无关，所以具体的气候保护支出函数参照吴静等（2007）的研究结果如式（3－20）所示。

$$\frac{CP}{GDP} = \begin{cases} \alpha_1 \cdot ERP^{\alpha_2} + \alpha_0, & ERP > 0 \\ \alpha_0 \cdot \left(\dfrac{ERP}{0.5} + 1 \right), & -0.5 \leqslant ERP \leqslant 0 \end{cases} \qquad (3-20)$$

三、模型的耦合

吴静等（2007）指出，气候保护支出应纳入政府总支出中，因此这部分的支出应该包括在政府支出之内。因此把式（3-6）改写为式（3-21）：

$$YG = \sum_a (tr_a \cdot WL \cdot QLD_a + tr_a \cdot WK \cdot QKD_a) + ti_h \cdot YH + ti_{ent} \cdot YENT$$
$$+ \sum_c tm_c \cdot pwm_c \cdot QM_c \cdot EXR + transfr_{gov,row} \cdot EXR - CP \qquad (3-21)$$

本章定义气候保护支出用于增加"碳汇"，根据《国家应对气候变化规划（2014-2020年）》以及《中国应对气候变化的政策与行动 2016 年度报告》等相关政策，定义气候保护支出全部投入林业。因此对于林业部门的资本投入进行改写为式（3-22）：

$$QKD' = QKD + CP \qquad (3-22)$$

式（3-22）中，QKD' 表示实施气候保护后农业部门的资本投入，QKD 是未获得气候保护资金时的投入。将 CGE 模型中林业资金要素用式（3-22）改写，并把各部门原资本存量加上气候保护支出。如此就将气候保护支出模型和 CGE 模型建立耦合，完成了气候保护支出 CGE 模型的构建。

第三节 数据来源、参数设定及情景设计

一、社会核算矩阵（SAM）的编制

CGE 模型是以社会核算矩阵（SAM）为数据来源进行实证模拟的，SAM 矩阵又是根据投入产出表进行编制的。本章将国家统计局最新的 2012 年 139 部门投入产出表合并成林业、农牧渔业、采矿业、制造业、电水气业、建筑业和服务业七个部门投入产出表。根据《2012 年全国投入产出表（139 部门）》《中国统计年鉴 2012》等统计数据，采用自上而下

的方法编制出未平衡的 2012 年宏观和微观 SAM 表。通过直接交叉熵方法对矩阵进行平衡，最终得到 2012 年中国宏观 SAM 表以及微观 SAM 表。

二、参数设定

CGE 模型需要大量的参数参与运算，这些参数大体上可以分为两类：一类是份额参数，另一类是弹性参数。

1. 份额参数的确定

在解决 CGE 模型问题的过程中一般通过校准的方法对份额参数进行估计，如投入产出系数、各种税率、居民和企业在要素收入上的份额、各种函数的份额等。校准对于数值经济模型来说，就是要使其计算的参数可以"复制"基期均衡的数据作为模型的一个解，具体到 CGE 模型来说，就是通过对基期 SAM 表的计算得到参数，使基期 SAM 表是 CGE 模型一般均衡的解。

2. 弹性参数的确定

外生设定生产要素的替代弹性、阿明顿弹性和 CET 弹性等各种弹性参数，对于 CGE 模型来说是必不可少的一步，具体数据如表 3 - 1 所示，其中 δ^A 是中间投入与总要素的替代弹性，δ^{VA} 是各部门 CES 生产函数要素替代弹性，δ^M 是阿明顿弹性，δ^E 是 CET 弹性。

表 3 - 1　　　　　　　　　CGE 模型主要弹性参数数据

行业	δ^A	δ^{VA}	δ^M	δ^E
林业	0.3	0.427	2.2	3.6
农牧渔业	0.3	0.427	2.2	3.6
采矿业	0.3	2.182	2.8	4.6
制造业	0.3	0.435	2.8	4.6
电水气业	0.3	2.541	2.8	4.6
建筑业	0.3	0.262	1.9	3.8
服务业	0.3	0.727	1.9	2.8

对于表 3 - 1 中的替代弹性，根据替代弹性和函数参数的转换式（3 - 23）计算得到各生产函数的函数参数：

$$\delta = \frac{1}{1 - \rho} \tag{3 - 23}$$

三、碳排放达峰的情景设置与气候保护支出模型参数的选择

1. 碳排放达峰的情景设置

对中国碳排放达峰时间和峰值水平的设置是本章研究的基础。中国碳排放达峰时间和峰值水平取决于中国未来经济发展速度、产业结构转型、节能减排技术应用等诸多因素，因此存在较大的不确定性。本章对中国碳排放达峰时间设置基于两点依据：第一，根据中国在《中美气候变化联合声明》承诺的"2030年左右实现碳排放峰值"，可以理解中国将在2030年前后，一般不超过5年时间，即在2025～2035年间实现碳排放达峰；第二，考虑到学术界对中国碳排放达峰的不同预测结果，选择中国最早可能（2025年）、最可能（2030年）和最晚可能（2035）的三个碳排放达峰的时间点。同时，由于中国官方并未明确说明中国碳排放峰值水平是多少，三种情景下的峰值设定主要综合已有研究成果。三种情景下的碳排放峰值、峰值计算依据及削减水平如表3-2所示。

表3-2 不同情景下中国的碳排放峰值、计算依据及削减水平

各情景时间	碳排放峰值 （亿吨）	峰值计算依据	削减水平 （%）
情景一：2025年达峰	105.3	已有研究的结果	-17.8
情景二：2030年达峰	110	中国工程院研究结果	-23.1
情景三：2035年达峰	115	已有研究的平均值	-28.7
基期对比情景：2012年	89.36	2012年中国人均碳排放量（7.6吨）×2012年中国人口数（13.54亿人）	—

表3-2中的碳排放削减水平（ERP）表示三种达峰情景下的碳排放峰值与2012年基期对比情景下碳排放量的相对变化值，用式（3-24）计算得到：

$$ERP = \frac{基期排放总量 - 峰值}{基期排放总量} \qquad (3-24)$$

由表3-2可知，三种情景下的碳排放削减水平ERP均为负数，显示了三种达峰情景下的碳排放量均高于2012年的基期碳排放量。

2. 气候保护支出模型参数的选择

莱姆巴赫（Leimbach）在提出气候保护支出模型时，对模型中的参数的取值进行了标定（见表3-3）。根据气候保护支出模型的方程（3-

20)，当 ERP 为负数时，模型方程采用第二种表达形式，此时气候保护函数只与 α_0 的取值有关，因此对于气候保护函数的参数取值，本章只考虑 α_0 的不同取值（表 3 – 3 显示，α_0 有 0.01 和 0.015 两种不同取值）。

表 3 – 3　　　　　　　气候保护支出模型参数的可能取值

序号	α_0	α_1	α_2
1	0.010	0.15	1.4
2	0.015	0.06	1.0
3	0.010	0.06	1.0

第四节　结果及分析

一、碳排放达峰对中国宏观经济的综合影响

本节对不同情景下的碳排放达峰对中国宏观经济的综合影响进行分析，研究碳排放达峰对 GDP、居民消费、总投资、居民储蓄、企业储蓄、政府储蓄、存货变动、居民劳动报酬、居民资本收入、居民可支配收入、居民总收入、企业总收入、政府收入等经济指标的具体影响。三种情景在 α_0 两种取值下，碳排放达峰对中国 GDP 等宏观经济影响的模拟分析结果（见表 3 – 4）。

表 3 – 4　　　　　　不同情景下中国碳排放达峰对经济的影响

宏观指标	情景一：2025 年达峰		情景二：2030 年达峰		情景三：2035 年达峰	
	$\alpha_0 = 0.01$	$\alpha_0 = 0.015$	$\alpha_0 = 0.01$	$\alpha_0 = 0.015$	$\alpha_0 = 0.01$	$\alpha_0 = 0.015$
GDP	− 0.03	0.10	0.06	0.08	0.04	− 0.03
居民消费	0.06	0.25	0.14	0.21	0.11	0.06
总出口	− 0.16	0.10	0.05	0.08	0.04	− 0.16
总进口	0.06	0.10	0.05	0.08	0.04	0.06
总投资	0.02	0	0	0	0	0.02
居民储蓄	0.06	0.25	0.14	0.21	0.11	0.06
企业储蓄	3.30	4.90	2.73	4.09	2.16	3.28
政府储蓄	− 11.10	− 16.24	− 9.04	− 13.56	− 7.16	− 11.01
存货变动	− 0.01	0.09	0.05	0.08	0.04	− 0.01

宏观指标	情景一：2025 年达峰		情景二：2030 年达峰		情景三：2035 年达峰	
	$\alpha_0 = 0.01$	$\alpha_0 = 0.015$	$\alpha_0 = 0.01$	$\alpha_0 = 0.015$	$\alpha_0 = 0.01$	$\alpha_0 = 0.015$
居民劳动报酬	-0.09	0.10	0.06	0.08	0.04	-0.09
居民资本收入	1.79	2.65	1.47	2.21	1.17	1.77
居民可支配收入	0.06	0.25	0.14	0.21	0.11	0.06
居民总收入	0.06	0.25	0.14	0.21	0.11	0.06
企业总收入	1.79	2.65	1.47	2.21	1.17	1.77
政府收入	-3.14	-4.61	-2.56	-3.85	-2.03	-3.12

注：表 3 - 4 中数据为不同达峰情景下的各经济指标相对 2012 年基准情景的变化。

1. 2025 年碳排放达峰对宏观经济的影响

情景一中，中国在 2025 年实现碳排放达到峰值，此时碳排放达峰对总投资基本无影响，政府储蓄和政府收入在 α_0 两种取值下全部下降，其他大部分经济指标均有增长，个别指标在不同 α_0 取值的情况下表现出较大差异。

具体对于四大经济主体模块来说，居民经济主体模块，居民的劳动报酬在 $\alpha_0 = 0.01$ 时下降了 0.09%，在 $\alpha_0 = 0.015$ 时增加了 0.10%，居民的资本收入分别增加了 1.79% 和 2.65%，居民消费、居民储蓄、居民可支配收入和居民总收入都分别增加了 0.06% 和 0.25%，这种同增同降且增减相同的情况是由模型中居民经济主体模块的方程以及相关的经济学定义决定的。对于企业经济主体模块而言，企业的储蓄增加了 3.30% 和 4.90%，企业总收入增加了 1.79% 和 2.65%。对于政府和国外两个经济主体模块，政府收入减少了 3.14% 和 4.61%，同时政府储蓄减少了 11.10% 和 16.24%，这种情况也满足对于气候保护支出模型的假设，即气候保护支出归为政府支出，这部分支出由政府总收入支出，这样必然会导致政府储蓄及政府收入的下降。总出口在 $\alpha_0 = 0.01$ 时减少了 0.16%，在 $\alpha_0 = 0.015$ 时增加了 0.10%。总进口在两种取值时分别增加了 0.06% 和 0.10%。总投资在 $\alpha_0 = 0.01$ 时增加了 0.02%，在 $\alpha_0 = 0.015$ 时没有变化。存货变动在 $\alpha_0 = 0.01$ 时减少了 0.01%，在 $\alpha_0 = 0.015$ 时增加了 0.09%。对于 GDP，在 α_0 两种取值下 GDP 分别减少了 0.03% 和增加了 0.10%，可以认为 GDP 的减少是气候保护支出造成的 GDP 的 "损失"，莱姆巴赫（Leimbach）在提出气候保护函数时也指出气候保护支出可以看成是 GDP 的 "损失"。

2. 2030 年碳排放达峰对宏观经济的影响

情景二中，中国碳排放在 2030 年达到峰值，除了对总投资基本无影响，政府储蓄分别下降9.04%和13.56%政府收入分别下降2.56%和3.85%，其他经济指标均有不同程度增长。这种现象既符合对于气候保护支出来源的假设，也符合莱姆巴赫对于气候保护函数的说明，虽然气候保护支出不能用于再生产和满足消费，但是投入到部门中会创造更多的就业和产出。

具体来说，中国碳排放在2030年达到峰值对中国居民、企业、政府和国外四大经济主体模块都造成了相应的影响。对于居民经济主体模块，居民劳动报酬增加了0.06%和0.08%，居民资本收入增加了1.47%和2.21%，居民消费、居民储蓄、居民可支配收入和居民总收入都增加了0.14%~0.21%。对于企业经济主体模块，企业的储蓄增加了2.73%~4.09%，企业总收入增加了1.47%和2.21%。对于政府和国外两个经济主体模块，政府储蓄下降9.04%和13.56%，政府收入下降2.56%和3.85%。存货变动增加0.05%和0.08%，总出口和总进口分别增加了0.05%和0.08%，GDP增加了0.06%和0.08%。

3. 2035年碳排放达峰对宏观经济的影响

情景三中，中国在2035年左右完成了碳排放达峰，影响趋势和情景一相同，即总投资基本无影响，政府储蓄和政府收入下降，其他经济指标大部分增长，但也有个别指标在α_0两种取值下表现出较大差异。

具体对于四大经济主体模块来说，居民经济主体模块，居民劳动报酬在$\alpha_0 = 0.01$时增加了0.04%，但是在$\alpha_0 = 0.015$时减少了0.09%。对于这种情况认为在第二种取值时，气候保护支出份额更大，而且全部以资本的形式投入部门，部门对劳动要素需求减少，导致居民劳动报酬减少，但是因为大量的资本投入，居民资本收入会增加，表3-4中居民资本收入分别增加了1.17%和1.77%，也证明了上述原因。居民的消费、居民储蓄、居民可支配收入和居民总收入分别增加了0.06%~0.11%。对于企业经济主体模块，企业总收入增长了1.17%和1.77%，同时企业储蓄增长2.16%和3.28%。对于政府和国外两个经济主体模块，政府储蓄下降7.16%和11.01%，政府收入下降2.03%和3.12%，总出口增加了0.16%，总进口增加了0.04%和0.06%，总投资在$\alpha_0 = 0.01$时没有变化，在$\alpha_0 = 0.015$时增加0.02%，存货变动分别增加0.04%和下降0.01%。GDP在$\alpha_0 = 0.01$时增加了0.04%，而在$\alpha_0 = 0.015$时减少了0.03%。

此前有学者研究表明碳排放达峰会对经济造成明显的负增长，对于本书中大多达峰情景下GDP不降反增，原因在于本章模型假定气候保护支出的使用全部适用于"增汇"，一方面，并没有对燃煤和石油下游的汽油、航空燃油、天然气等化石燃料产品征收碳税，各部门在气候保护政策下，发展环境没有被破坏；另一方面，气候保护支出的投入，创造了更多的就业条件和部门产出，并使 GDP 得到持续增长。

二、碳排放达峰对部门进出口的影响

本节对各情景下碳排放达峰对于林业、农牧渔业、采矿业、制造业、电水气业、建筑业和服务业等七部门进出口量的影响进行分析，计算结果如表 3 - 5 所示。

1. 2025 年碳排放达峰对部门进出口的影响

情景一：中国在 2025 年实现碳排放达峰。此时，各部门进口在 α_0 两种取值下大部分表现为进口数量增加。具体表现为：在 $\alpha_0 = 0.01$ 时，农牧渔业、采矿业和电水气业三个部门的进口数量下降，其中采矿业部门进口数量下降最多，下降了 0.04%，农牧渔业和电水气业分别下降 0.01% 和 0.02%；林业、制造业、建筑业和服务业四个部门的进口数量增加，其中林业部门的进口数量增加最多，增加了 4.94%，制造业、建筑业和服务业三部门分别增加 0.04%、0.06% 和 0.01%。在 $\alpha_0 = 0.015$ 时，各部门的进口数量均增加，其中农牧渔业的进口量增加最多，为 0.13%；建筑业部门增加最少，为 0；其余五部门增加由大到小分别是服务业、电水气业、采矿业、制造业和林业，分别为 0.11%、0.11%、0.10%、0.09% 和 0.08%。

各部门的出口量在 α_0 的两种取值下表现为一种为增加，另一种为减少。具体为：$\alpha_0 = 0.01$ 时，各部门的出口数量全部下降，其中林业部门的出口数量下降最多，达到 100%；服务业出口下降最少，为 0.03%；其余五部门出口数量减少的变化由高到低依次为制造业、建筑业、采矿业、电水气业和农牧渔业，分别为 0.19%、0.16%、0.11%、0.08% 和 0.06%。在 $\alpha_0 = 0.015$ 时，各部门的出口量全部表现为增加，其中农牧渔业的出口量增加最多，为 0.13%；建筑业部门增加最少，为 0；其余五部门出口增加由高到低分别为服务业 0.11%、电水气业 0.11%、采矿业 0.10%、制造业 0.09% 和林业 0.08%。

对于 $\alpha_0 = 0.01$ 时林业部门进口数量明显大于其他部门的进口增加变化，以及出口量接近 100% 下降的现象，本书认为原因在于：本章主要探讨中国通过增汇的方式达到碳排放峰值，面对中国 2025 年碳排放达峰这一比较困难实现的目标，中国要正视林业部门对增汇方式的重要性，一方

表3-5 不同情景下中国碳排放达达峰对部门进口、出口变动的影响

部门	进口						出口					
	情景一：2025年达峰		情景二：2030年达峰		情景三：2035年达峰		情景一：2025年达峰		情景二：2030年达峰		情景三：2035年达峰	
	$\alpha_0=0.01$	$\alpha_0=0.015$	$\alpha_0=0.01$	$\alpha_0=0.01$	$\alpha_0=0.01$	$\alpha_0=0.015$	$\alpha_0=0.01$	$\alpha_0=0.015$	$\alpha_0=0.01$	$\alpha_0=0.015$	$\alpha_0=0.01$	$\alpha_0=0.015$
林业	4.94	0.08	0.05	0.07	0.04	4.88	-100.00	0.08	0.05	0.07	0.04	-100.00
农牧渔业	-0.01	0.13	0.07	0.11	0.06	-0.01	-0.06	0.13	0.07	0.11	0.06	-0.06
采矿业	-0.04	0.10	0.05	0.08	0.04	-0.04	-0.11	0.10	0.05	0.08	0.04	-0.11
制造业	0.04	0.09	0.05	0.08	0.04	0.04	-0.19	0.09	0.05	0.08	0.04	-0.19
电水气业	-0.02	0.11	0.06	0.10	0.05	-0.02	-0.08	0.11	0.06	0.10	0.05	-0.08
建筑业	0.06	0	0	0	0	0.06	-0.16	0	0	0	0	-0.11
服务业	0.01	0.11	0.06	0.10	0.05	0.01	-0.03	0.11	0.06	0.10	0.05	-0.03

注：表3-5中的数据为不同达峰情景下的各部门进口数量相对2012年基准情景下各部门进口数量的变化。

面要加大对林业部门投入的力度，同时增加部门进口量，另一方面要减少部门资本的流出，减少部门出口量。

2. 2030年碳排放达峰对部门进出口的影响

情景二：中国在2030年实现碳排放达到峰值。各部门进出口额在 α_0 两种取值下全部表现为增加，其中达峰对农牧渔业的进出口数量影响最大，对建筑业的影响最小。且在同一 α_0 取值下，相同部门进口数量和出口数量的增加率相同。

具体来说，首先，中国在2030年实现碳排放达峰，对建筑业进出口数量的影响非常小，仅为0.002%～0.003%，对农牧渔业进出口的影响比较明显，为0.07%～0.11%。其次，电水气业和服务业进出口数量增加相同，都是0.06%～0.10%，采矿业进出口增加0.05%～0.08%，制造业进出口增加0.05%～0.08%。碳排放达峰对林业的影响相对来说较小，林业部门的进出口增加0.05%～0.07%。

3. 2035年碳排放达峰对部门进出口的影响

情景三：中国在2035年实现碳排放达峰。此时，各部门在 $\alpha_0 = 0.01$ 时，相同部门进口数量和出口数量的增加率相同，碳达峰对农牧渔业进口和出口影响最大，为0.06%，对建筑业的影响最小，为0；其余五部门进口和出口数量增加分别为：电水气业和服务业相同，增加0.05%，采矿业、制造业和林业部门增加了0.04%。

在 $\alpha_0 = 0.015$ 时，各部门的进口数量有增有减，其中农牧渔业、采矿业和电水气业三部门的进口数量下降，采矿业进口数量下降最多，下降了0.04%，电水气业和农牧渔业部门分别下降0.02%和0.01%；而林业、制造业、建筑业和服务业部门进口数量全部增加，林业部门增加最多，增加了4.88%，制造业、建筑业和服务业分别增加了0.04%、0.06%和0.01%。在此参数取值下，各部门的出口数量全部下降，其中林业部门的出口下降最多，达100%，服务业部门的出口下降最少，为0.03；其余五部门下降由多到少分别为制造业下降0.19%、建筑业下降0.11%、采矿业下降0.11%、电水气业下降0.08和农牧渔业下降0.06%。

三、碳排放达峰对部门产出的影响

本节对情景下碳排放达峰对于林业、农牧渔业、采矿业、制造业、电水气业、建筑业和服务业等七部门产出的影响进行分析，计算结果如表3-6所示。

表 3 - 6　　　　　不同情景下中国碳排放达峰对部门总产出变动的影响　　　　单位:%

部门名称	情景一:2025 年达峰		情景二:2030 年达峰		情景三:2035 年达峰	
	$\alpha_0 = 0.01$	$\alpha_0 = 0.015$	$\alpha_0 = 0.01$	$\alpha_0 = 0.015$	$\alpha_0 = 0.01$	$\alpha_0 = 0.015$
林业	-1.78	0.08	0.04	0.07	0.04	-1.76
农牧渔业	-0.03	0.13	0.07	0.11	0.06	-0.03
采矿业	-0.07	0.09	0.05	0.08	0.04	-0.07
制造业	-0.05	0.09	0.05	0.08	0.04	-0.05
电水气业	-0.04	0.11	0.06	0.09	0.05	-0.04
建筑业	0	0	0	0	0	0
服务业	-0.01	0.11	0.06	0.09	0.05	-0.01

注:表 3 - 6 中的数据为不同达峰情景下的各部门产出相对 2012 年基准情景下各部门产出的变化。

各情景下碳排放达峰对部门产出的影响具体分析如下。

1. 2025 年碳排放达峰对部门产出的影响

情景一:中国在 2025 年实现碳排放达峰,各部门的总产出变化趋势在 α_0 两种取值下建筑业没有明显变化,其余部门在两种取值下一种为增加,另一种为减少。具体表现为:在 $\alpha_0 = 0.01$ 下,除建筑业外,所有部门的总产出均下降,林业部门的总产出减幅最多,为 1.78%;服务业减幅最小,为 0.01%;采矿业的总产出减少 0.07%;制造业的总产出减少 0.05%;电水气业减少 0.04%;农牧渔业减少 0.03%。在 $\alpha_0 = 0.015$ 下,各部门的总产出为增加,其中农牧渔业总产出增加的幅度最大,为 0.13%;林业部门总产出增加的幅度最小,为 0.08%;电水气业和服务业两个部门总产出的增幅都为 0.11%;采矿业和制造业的增幅为 0.09%。

2. 2030 年碳排放达峰对部门产出的影响

情景二:中国在 2030 年实现碳排放达峰,除建筑业的总产出无明显变化外,其余部门在 α_0 两种取值下均有增加。其中,农牧渔业的总产出增幅最大,分别为 0.07% 和 0.11%;林业的总产出增幅最小,分别为 0.04% 和 0.07%;采矿业和制造业两个部门的总产出增幅相同,均为 0.05% 和 0.08%;电水气行业和服务业两部门的总产出增幅相同,都是 0.06% 和 0.09%。

3. 2035 年碳排放达峰对部门产出的影响

情景三:中国将在 2035 年实现碳排放达到峰值,建筑业的总产出在两种参数取值下无明显变化,其余部门在 $\alpha_0 = 0.01$ 时总产出均增加,在 $\alpha_0 = 0.015$ 时,所有部门的总产出均下降。具体表现为 $\alpha_0 = 0.01$ 时,农牧渔产业的总产出增幅最大为 0.06%,林业、采矿业和制造业三个部门的总产出增幅相同且最小，为0.04%；电水气业和服务业两个部门的总产出增加相同，为 0.05%。$\alpha_0 = 0.015$ 时，林业部门的总产出减幅最多，为 1.76%；服务业减幅最小，为 0.01%；其余部门减幅由大到小依次为采矿业 0.07%、制造业 0.05%、电水气业 0.04% 和农牧渔业 0.03%。

第五节　本章小结

实现碳排放达到峰值既是中国在全球气候谈判中的国际承诺，也是中国实现经济结构转型和可持续发展的必要选择，政策约束下的碳排放达峰会对中国经济发展产生一定程度的影响。本章通过构建包含气候保护支出的七部门 CGE 模型，模拟评估中国在 2025 年、2030 年和 2035 年实现碳排放达峰的经济影响，包括对综合经济的影响和对各部门产出的影响。结果表明，碳排放达峰时间越早，对中国造成的经济影响越大；三种碳排放达峰情景下，政府收入及储蓄均有明显下降，对其余经济指标基本不会造成太大影响；碳排放达峰对建筑业产出影响较小，其他部门产出略有增长。综合来看，2030 年是中国碳排放达峰的最佳时间点。

第四章 峰值目标分解：中国碳排放峰值目标的省区分解及产业分解

第一节 引　言

一、研究背景

自 2006 年起，中国二氧化碳排放量已居世界首位，排放总量比美国高一倍。国际碳排放研究机构（Global Carbon Project）的研究数据表明：目前，中国二氧化碳排放量占世界二氧化碳排放总量的30%，已远超排在第二位的美国（15%）和第三位的欧盟（10%）；中国的人均二氧化碳排放量（7.2 吨）也已超过欧盟（6.8 吨）。近年来，随着中国经济的不断发展，其在全球经济体系中也发挥着越来越重要的作用，对资源的消耗能力也逐步增强，这也导致诸多温室气体的排放量逐年增加。为落实 2030 年二氧化碳排放峰值目标，要求我国二氧化碳排放管理从强度控制逐步向总量控制过渡，而科学合理的二氧化碳排放总量区域分解和产业分解是实施二氧化碳总量控制的重要支撑。

二、研究意义

1. 理论意义

将零和收益 DEA 模型运用于二氧化碳排放区域分解以及产业分解，极大地丰富了二氧化碳排放分解的方法。目前，二氧化碳排放目标分解的方法主要为综合指数法、等权加和法、情景分析法等，本章将零和收益 DEA 模型加入二氧化碳排放目标分解方法中，丰富了固定总量目标分解的方法体系。

对二氧化碳排放的分解，不仅可以从公平性、可行性等角度进行研究，而且可以从效率角度进行分解，二氧化碳排放目标从公平原则分解，综合考虑地区及产业间不同产出因素的差异。例如，在省份分解中，人口多、经济发展水平落后的地区应得到更大的二氧化碳排放空间；在产业分解中就业人口少，能源消耗量大的产业应拥有更大的减排空间。本章从效率角度出发，以"产出最大化"为原则，使国家在固定的二氧化碳排放峰值的目标下产生最大的发展效益，从其选用指标来看，单位二氧化碳排放产生 GDP 越大的省份拥有更大的二氧化碳排放空间，单位二氧化碳排放产生总产出越大的产业部门拥有更多的减排空间。

将峰值分解落实到区域和产业层面，以"局部到整体"的思维达到预期目标。由国家统筹安排，各省份、各产业部门参与，共同协商确定具体的分解目标；分解方法确定后，各省份及各产业根据各自的目标，制定自身的发展规划，避免人为主观干预。

2. 现实意义

中国宏观层面的二氧化碳排放达峰目标最终需要在区域层次上具体落实，而区域发展的差异性将对减排目标部署产生不可忽视的影响。近几年来，中国工业化和城镇化水平不断提高，省域之间在经济水平、人口规模和能源利用等方面都存在较大差异，中国不同区域在发展水平、功能和结构上非常不平衡，区域间发展梯度可能长达 20 年甚至更久。因此，为了实现二氧化碳排放峰值的国家目标，将国家层面的减排目标公平、合理地进行区域分解，同时不影响国家及各地区的发展空间，成为中国现阶段减排工作首先要解决的问题。

减排目标的最终实现离不开各产业部门之间的贯彻和实施。因此在产业部门间如何合理进行减排责任分摊是一个现实问题，中国各产业部门在投入产出、能源消费结构、就业人口等方面存在差异，在固定的二氧化碳峰值前提下，各产业部门如何实现减排任务，如何在产业部门间有效地进行二氧化碳减排的推进和二氧化碳排放的分摊，同样也是中国政府正面临的一项重大挑战。

三、研究创新点

本章首次将零和收益 DEA 模型应用于中国 2030 年二氧化碳排放峰值区域分解，其意义在于从全局考虑，既能满足中国 2030 年二氧化碳排放总体达峰要求，也能使各省份结合自身发展情况实现二氧化碳排放峰值的合理分摊。中国宏观层面的二氧化碳排放达峰目标最终需要在区域层次上具体落实，而区域发展的差异性将对全国减排目标部署产生不可忽视的影响。

与以往利用零和收益 DEA 模型进行二氧化碳排放权分配的文章相比（郑立群，2012）：（1）本章对传统 DEA 模型的初始分配结果展开详细论述，将效率值达到 1、0.9 以上、偏低（<0.4）的省区结合其发展现状进行讨论，从而使模型改进更具有现实意义；（2）在最终二氧化碳排放权分配中，本章将各省份按照在最终二氧化碳排放峰值分配方案中的配额占比大小分为 5 个类别，对省份配额大小出现的原因从产业结构、经济政策等方面进行了详细剖析，为政策的制定提供了更为直接的依据。

与以往产业部门分解的文章相比：（1）与二氧化碳排放驱动因素进行因素分解的研究相比（王栋等，2012；张传杰等，2013），本章侧重于对产业部门的减排责任分摊；（2）与以往利用零和收益 DEA 模型进行二氧化碳减排责任分摊的研究相比（钱明霞等，2015），在利用模型进行分析时，本章不仅明确指出各个产业部门的减排责任，而且对不同产业部门根据生产特点情况进行再次分类，最终整合为 8 大类别，对各产业部门的最终二氧化碳排放配额的占比情况从生产方式、科技水平以及能源消耗角度进行详细分析。

第二节　中国 2030 年二氧化碳排放峰值分解模型的构建

本章节为本章的前期数据处理以及模型选用，其主体内容分为三个部分。第一部分由两个板块构成，首先对中国 2030 年的二氧化碳排放峰值目标进行预测，根据国家发展改革委员会公布的峰值目标，采用统计方法结合往年数据进行峰值预测；其次对省份和产业部门进行划分以方便之后的研究分析，主要依据为数据获取的难易程度以及行业的划分标准。第二部分和第三部分为本章所采用的研究方法介绍，第二部分对初始分解方案中所使用的效率评价模型——DEA-BCC 模型结合本章所用指标进行简要说明。第三部分在初始分解的基础上，通过改进后的效率评价模型——零和收益 DEA 模型用于优化分解，并将模型和本章所用指标结合起来进行阐述①。

---

① 两个模型皆为投入导向。

一、中国 2030 年二氧化碳排放峰值预测及省区、产业部门划分

中国承诺将在 2030 年达到二氧化碳排放峰值，本章节主要对 2030 年二氧化碳排放峰值目标以及我国省区市和产业部门的划分方法及标准进行详细介绍。

1. 中国 2030 年的二氧化碳排放峰值目标预测

尽管中国明确提出要在 2030 年实现二氧化碳排放达峰，但是并没有给出 2030 年二氧化碳排放峰值的具体目标，不同研究的预测结果也存在较大差异。本章以 2015 年公布的中国国家自主贡献预案《强化应对气候变化行动——中国国家自主贡献》（国家发展改革委，2015）中提出的中国确立的能源绿色低碳发展目标为依据，对中国 2030 年二氧化碳排放峰值进行预测[①]。2030 年中国单位国内生产总值二氧化碳排放强度比 2005 年下降 60%～65%。因此，本章预测 2030 年中国二氧化碳排放峰值如下。

以"2030 年全国二氧化碳排放强度比 2005 年下降 60%"（国家发展改革委，2015）为目标，由 2005 年二氧化碳排放量/GDP（国家统计局网站）求得 2005 年二氧化碳排放强度，进而得到 2030 年二氧化碳排放强度。根据 2030 年 GDP 预测值与二氧化碳强度的乘积得到 2030 年中国二氧化碳排放总量为 2988.4 亿吨。

2. 省区市及产业部门划分

（1）省区市划分。

中国共有 31 个省区市，本章对除西藏之外的 30 个省区市进行二氧化碳排放峰值分摊。由于西藏数据资料不全面且各项投入产出在全国占比较小，本章计算所使用的待分摊总量并不包含西藏部分，故对结果并无影响。

（2）产业部门划分。

结合按行业分能源消费量数据和国民经济行业分类（2011），将 2010 年中国投入产出延长表中的部门整合成以下 15 个部门，每个部门都可以作为一个独立的决策单元来分析。

产业部门 1：农、林、牧、渔、水利业使用代码 01 表示；

产业部门 2：采矿业使用代码 02～05 表示；

产业部门 3：食品、饮料制造及烟草制品业使用代码 06 表示；

产业部门 4：纺织、服装及皮革产品制造业使用代码 07～08 表示；

产业部门 5：木材加工及造纸印刷业使用代码 09～10 表示；

---

① 资料来源：《强化应对气候变化行动——中国国家自主贡献》。

产业部门6：石油加工、炼焦及核燃料加工业使用代码11表示；

产业部门7：化学工业使用代码12表示；

产业部门8：非金属矿物制品业使用代码13表示；

产业部门9：金属产品制造业使用代码14~15表示；

产业部门10：机械设备制造业使用代码16~21表示；

产业部门11：电力、煤气及水生产和供应业使用代码22~24表示；

产业部门12：建筑业使用代码25表示；

产业部门13：交通运输、仓储和邮政业使用代码26~27表示；

产业部门14：批发、零售业和住宿、餐饮业使用代码29~30表示；

产业部门15：其他产业使用代码28、31~41表示。

二、中国二氧化碳排放峰值初始分解方案的效率评价——DEA-BCC模型

二氧化碳排放峰值初始分解方案的效率评价基于DEA-BCC模型。该模型有N个相同类型的决策单元（记为DMU），即省区市或产业部门。每个决策单元的二氧化碳排放量 x_{ik} 作为模型唯一的投入变量，各省区市或各产业部门的P个变量 y_{ik} 作为模型的产出变量。基于DEA-BCC模型的中国二氧化碳排放分解方案的效率评价模型如式（4-1）所示。

$$\min\theta_0$$

$$\text{s. t.} \begin{cases} \sum_{i=1}^{30} \lambda_i y_{ij} \geq y_{0j}(j = 1,2,3) \\ \sum_{i=1}^{30} \lambda_i = 1 \\ \sum_{i=1}^{30} \lambda_i x_{ik} \leq \theta_0 x_{ok}(k = 1) \\ \lambda_i > 0 \end{cases} \quad (4-1)$$

式（4-1）中，k 表示二氧化碳排放量（即投入变量），j_1，j_2，j_3 分别表示3个产出变量，产出变量与投入变量相互独立，θ_0 表示目标单元的相对效率，λ_i 表示相对于目标单元重新构造一个DMU有效组合中其他决策单元的组合比例，x_{ok} 表示 DMU_0 的初始碳排放配额，x_{ik} 表示第 i 个省区市（或产业部门）的碳排放量分配额。任何一个省区市（或产业部门）的二氧化碳排放分配达到100%的效率存在两种情况：首先，在现有的二氧化碳排放总量固定的条件下，任何一种输出（即产出变量）都无法增加，除非同时降低其他种类的输出；其次，要达到现有的输出，二氧化碳

总量无法降低，除非同时增加其他种类的输入。

三、中国二氧化碳排放峰值分解方案的优化——零和收益 DEA 模型

DEA-BCC 模型是假设投入或产出变量之间是完全独立的，即给定任意的一个省区（或产业），其投入或产出不会影响其他省区市（或产业）的投入或产出，但是如果要求某项投入或产出是固定总量，这种假定便不再成立。这就需要各个省份间（或产业间）的投入或产出相互关联，从而保证总量不变。也就是说，如果一个省份（或产业）为了达到边际有效而增加其投入或产出，则其他省份（或产业）必须要减少其投入或产出以保持固定总量不变。这种情况与零和博弈十分相似，参与博弈的各方在严格竞争下，一方收益必然意味着另一方损失，博弈各方的收益和损失相加总和永远为"零"，双方不存在共赢的可能。这种情况下，传统 DEA 模型仅能给出初始状态的相对效率，不能满足投入总量固定的要求。针对 DEA-BCC 模型的不足，利德和戈梅斯（Lins & Gomes，2003）提出了零和收益 DEA 模型，该模型通过对投入或产出的再配置，从而可以根据决策单元的 DEA 效率值对非期望产出的分配方案进行调整。零和收益 DEA 模型通过对投入或产出的再配置，寻求尽量使所有决策单元实现 DEA 有效的分解策略。

本章基于零和收益 DEA 模型对中国二氧化碳排放峰值进行省份和产业部门分解的核心思想在于，某一省份和产业部门要想实现分配效率达到 DEA 有效就必须削减一定数目的二氧化碳排放权分配额，然而由于投入（二氧化碳排放量）总量固定不变，其他 29 个省区市和 14 个产业部门则必须按照一定比例在各自初始的二氧化碳排放配额增的基础上增加一定数目的调整额度。

在投入导向零和收益 DEA 模型中，设目标单元为非 DEA 有效的决策单元 DMU_0，其为了达到 DEA 有效就必须减少对投入（二氧化碳排放量）的使用，那么目标单元用于给其他决策单元分配的二氧化碳排放减少量为：

$$v = x_o - \delta_0 x_o \qquad (4-2)$$

式（4-2）中，x_0 表示 DMU_0 的初始二氧化碳排放配额，v 为目标单元为达到 DEA 有效而需要削减的碳排放配额，δ_0 表示 DMU_0 的零和收益 DEA 分配效率值。投入减少量 v 将按照一定比例分配给其他 29 个省区市或 14 个产业部门，第 i 个省区市或产业部门（DMU_i）从目标省区市或产

业部门（DMU_0）处得到的二氧化碳排放量分配调整额度为：

$$\frac{x_i}{\sum_{i \neq 0} x_i} \cdot x_0 (1 - \delta_0) \qquad (4-3)$$

由于所有省区市和产业部门都在进行投入的比例削减，所以最终投入量（二氧化碳排放量）对决策单元 DMU_i（i 省区市或 i 产业部门）的再分配额 x_i' 为：

$$x_i' = \sum_{i \neq 0} \left[\frac{x_i}{\sum_{i \neq 0} x_i} \cdot x_0 (1 - \delta_0) \right] - x_i (1 - \delta_i) \qquad (4-4)$$

经过比例调整后，零和收益 DEA 模型对 DMU_0（目标省份或产业）的相对效率评价的投入导向 BCC 模型转化为式（4-5）：

$$\min \delta_0$$

$$\text{s. t.} \begin{cases} \sum_{i=1}^{30} \lambda_i y_{ij} \geqslant y_{0j} (j = 1, 2, 3) \\ \sum_{i=1}^{30} \lambda_i = 1 \\ \sum_{i=1}^{30} \lambda_i x_i \left[1 + \frac{x_0 (1 - \delta_0)}{\sum_{i \neq 0} x_i} \right] \leqslant \delta_0 x_o \\ \lambda_i > 0 \end{cases} \qquad (4-5)$$

根据式（4-4）进行初始二氧化碳排放分配，可以得到各个省份间的意愿交易矩阵。由于所有为达到分配效率 DEA 有效的决策单元 DMU（各省份或各产业部门）都会按照比例向其他 DMU 分配多余投入，所以有可能出现某些 DMU 即使完成了多余投入的削减也无法实现 DEA 有效，因此本章选择采用多次迭代法来处理这个问题。该方法可以通过多次迭代的方式对投入（二氧化碳排放量）进行多次再分配，从而使每个 DMU 都达到 DEA 有效边界，此时的分配结果便可以作为较为理想的省份间和产业间二氧化碳排放分配方案。

图 4-1 为比例削减策略下的零和收益 DEA 模型的有效边界。在图 4-1 中，θ_0 表示 DEA-BCC 模型效率值，δ_0 表示零和收益 DEA 模型效率值，$\theta_0 x_0$、$\delta_0 x_0$ 分别表示 DEA-BCC 模型和零和收益 DEA 模型下目标省区的分配额，v 为目标单元为达到 DEA 有效而需要削减的二氧化碳排放配

额。从图 4 - 1 可知，零和收益 DEA 效率值均优于传统的 DEA-BCC 效率值。

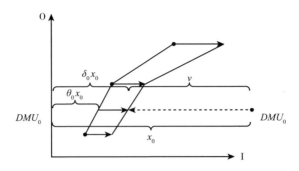

图 4 - 1　比例削减策略下的零和收益 DEA 模型的有效边界

资料来源：王勇，贾雯，毕莹. 效率视角下中国 2030 年二氧化碳排放峰值目标的省区分解——基于零和收益 DEA 模型的研究［J］. 环境科学学报，2017，37（11）：4399 - 4408.

第三节　中国 2030 年二氧化碳排放峰值的省份分解

本章节对中国 2030 年二氧化碳排放峰值进行初始省份分解和优化省份分解，得出初始方案和优化方案，并对初始方案和优化方案进行效率评价和结论分析，最后根据最终分配方案提出一系列政策建议。

一、中国 2030 年二氧化碳排放峰值省份分解的数据说明

在 DEA-BCC 模型中，我们采用非期望产出投入法，因此选择 1 个投入变量（即二氧化碳排放量），3 个产出变量：人口、GDP、能源消耗量。本章预测 2030 年，中国各省份产出变量的初始分解过程如下。

1. 中国 2030 年人口和 GDP 预测

（1）基于 *International Energy Outlook*（EIA，2016）可知，2030 年中国 GDP 预测值为 1526805 亿元；基于 *World population prospects*（UNDESA，2015）可知，2030 年中国人口预测值为 14.15 亿人。（2）预测 30 个省份 2030 年人口和 GDP：根据国家统计局网站提供的 2005 ~ 2014 年各省份人口和 GDP（按 2005 年不变价格计算）数据，求得各省份 2005 ~ 2014 年的人口和 GDP 的几何平均增长速度。假设 30 个省份 2015 ~ 2030 年各年人口和地区生产总值（GDP）按其平均增速增长，得到 2030 年各省份人口和 GDP 预测数据。

2. 预测 2030 年各省份的能源消耗量

基于全国 30 个省份（不含西藏自治区及港澳台地区）2005～2014 年的能源消耗量数据和 GDP 数据，求得各省份的单位 GDP 能耗系数，即单位 GDP 能耗＝能源消费总量/国内（地区）生产总值①。中国用于消费的一次化石能源主要有原煤、焦炭、原油、汽油、煤油、柴油、燃料油、天然气八大种类，并未考虑电力等二次能源消耗。根据标准煤折算系数折算得到能源消耗总量：能源消耗总量＝∑（各能源消耗量×标准煤折算系数）。2030 年单位 GDP 能耗由 2005～2014 年单位 GDP 能耗系数的平均增长速度得到，根据 2030 年单位 GDP 能耗系数和第 1 步预测的各省份 2030 年 GDP 值，预测得到 2030 年各省份的能源消耗量：能源消耗量＝单位 GDP 能耗系数×GDP。

3. 计算各省份 2005～2014 年的二氧化碳排放量

根据《2006 年 IPCC 国家温室气体清单指南》（IPCC，2006）中能源部分所提供的基准方法：二氧化碳排放量 ＝ ∑（能源消耗量×标准煤折算系数×二氧化碳排放系数）。

4. 2030 年二氧化碳排放峰值的初始省份分配方案

以 2005～2014 年各省份二氧化碳排放量为基础，计算得到各省份 2005～2014 年累积二氧化碳排放量占全国 2005～2014 年累积二氧化碳排放量的比重。将 2030 年的全国二氧化碳排放峰值按照各省份 2005～2014 年累积二氧化碳排放量占全国 2005～2014 年累积二氧化碳排放量所占比例进行初始分解。

二、中国 2030 年二氧化碳排放峰值省份分解的初始方案及效率评价

根据本章第二部分的初始省份分解方法，中国 2030 年二氧化碳排放峰值省份分解的初始结果及利用 DEA-BCC 模型计算出的综合效率值如表 4－1 所示。

由表 4－1 各省份初始分解的二氧化碳排放峰值配额可知：分配到最多初始二氧化碳排放峰值的省份是山东，达到了 325176.79 万吨，其二氧化碳排放峰值配额占总二氧化碳排放量的 9.77%，其次是河北，二氧化碳排放峰值比重为 7.57%，有 5 个省份的二氧化碳排放峰值比重达到了 6% 以上，属于分配到较多初始二氧化碳排放峰值的省份；而甘肃、天津、广西等 9 个省份的二氧化碳排放峰值比重普遍偏小（2% 以下），其中青海最

---

① 资料来源：《中国能源统计年鉴》（2006～2015 年），国家统计局网站。

表 4 – 1　中国 2030 年二氧化碳排放峰值省份（不含西藏自治区及港澳台地区）分解的初始方案及效率值

省份	初始二氧化碳排放配额（万吨）	人口（万人）	GDP（亿元）	能耗（万吨标准煤当量）	DEA-BCC综合效率值
北京	40827.43	2316	143113.22	41917.85316	1.000
天津	54124.63	1633	120969.34	47325.28671	0.638
河北	251910.36	7948	219154.94	81288.09510	0.380
山西	221371.75	3926	91074.73	20060.68324	0.236
内蒙古	188287.66	2696	116901.83	62514.12004	0.208
辽宁	204137.07	4726	195599.06	68452.61341	0.328
吉林	77190.82	2962	95631.87	26976.46252	0.525
黑龙江	103715.24	4126	122745.31	58042.42282	0.486
上海	81513.58	2611	187915.09	58845.68046	0.658
江苏	211173.83	8568	458038.14	194210.74130	0.658
浙江	128033.46	5928	288515.36	135500.64660	0.714
安徽	96138.77	6547	138464.35	77052.17057	0.733
福建	67275.71	4097	169511.79	112156.87830	0.863
江西	52832.78	4889	101883.42	61976.79145	0.991
山东	325176.79	10536	442022.10	232078.08780	0.463
河南	183413.06	10156	254118.66	127814.94490	0.632
湖北	105877.07	6260	171745.37	107352.89590	0.699
湖南	90839.21	7251	171427.26	105673.02630	0.893
广东	169875.30	11543	502943.59	300647.73610	0.989
广西	54085.18	5117	102423.89	53115.62003	1.000
海南	15597.08	972	22368.15	19663.41769	0.690
重庆	44924.25	3219	102673.89	40582.97518	0.901
四川	101796.26	8761	194387.76	160527.52070	0.941
贵州	77423.61	3776	52468.02	23109.78515	0.515
云南	71971.28	5074	84579.86	24435.78460	0.800
陕西	105260.42	4063	109323.57	60028.70045	0.453
甘肃	55460.87	2789	45060.37	24318.16276	0.531
青海	14051.37	628	13797.79	10505.55345	0.487
宁夏	43188.53	713	14775.63	10097.85881	0.176
新疆	91656.46	2473	59164.16	66086.04018	0.303

小，只有 14051.37 万吨，占二氧化碳排放总量的 0.42%。由于初始碳排放权配额是将 2030 年的全国碳排放峰值按照各省份 2005～2014 年历史累计碳排放量占全国总量的比重为依据分配的，因此导致过去排放量越多的省份反而在峰值约束下分配到了较多的碳排放权配额，没有做到应有的减排责任和达峰贡献，因此，这些二氧化碳排放峰值比重和经济规模均比较大的省份在分配效率上的表现并不理想。除江苏以外，辽宁、山西、河北和山东的 DEA 效率值均明显低于平均水平，说明这些省份的二氧化碳排放峰值配额需要做进一步调整。

由表 4-1 各省份初次分配的 DEA 综合效率值可知：（1）中国二氧化碳排放峰值省份分解的平均效率有待提高。省份分解的初始分配效率平均值为 0.63，说明中国 2030 年二氧化碳排放峰值的初始省份分解的平均效率处于中等偏上水平，但仍没有实现全部省份的 DEA 有效，且各个省份的分配效率值差异较大。（2）仅有北京和广西的效率值达到了 DEA 有效。北京由于各方面发展比较成熟，因此 DEA 模型从经济效益产出角度考虑，更倾向于使北京这种高效减排的省份优先实现 DEA 有效，而广西由于有着良好的区位优势，各个产业得到了协调发展，产业结构的重型化趋势显著下降，因此在初始分配时也达到了有效边界。（3）少量省份在初始分配中的效率值大于平均效率，尤其是广东、重庆等 4 个省份的效率值达到了 0.9 以上，这些省份距离有效边界较近，但仍然尚未达到 DEA 有效。这些省份的初始效率值较高，说明在考虑人口、经济、能源三个产出因素时，二氧化碳排放量的分配方式较合理，能较好地达到有效的二氧化碳排放量，同时这些省份大多分布于我国中东部地区，经济发展比较稳定，第二产业占比较小，相比北方地区的碳排量与经济发展较适应，因此效率值较高，在短期内调整即可实现 DEA 有效。（4）部分省份的初始效率值偏低（不到 0.4），距离 DEA 有效较远。其中宁夏回族自治区的 DEA 效率值最低，为 0.176。从这些省份的发展现状来看，其中大部分属于污染物排放严重的欠发达省份，经济发展方式单一且粗犷，产业结构急需调整，经济与环境未能实现协调统一，因此这些省份初始二氧化碳排放峰值分配效率较低，在现阶段经济发展模式下较难实现有效的二氧化碳排放峰值最优分配。

三、中国 2030 年二氧化碳排放峰值省份分解的优化

以上分析显示，中国 2030 年二氧化碳排放峰值省份分解的初始结果并不理想，绝大部分省份的分配效率都处于无效状态，因此本章选择投入

导向的零和收益 DEA 模型对初始分解结果进行多阶段调整，力求使全部 30 个省份的综合分解效率达到有效边界。根据本章第二部分介绍的零和收益 DEA 模型，得到各省份二氧化碳排放权调整意愿交易矩阵，并进一步计算出调整后的各省份二氧化碳排放权配额，调整过程中保证投入变量（二氧化碳排放总量）保持不变。

1. 优化的二氧化碳排放峰值省份分解效率

经过三轮迭代后，各省份零和收益 DEA 模型的综合效率值全部达到 1，实现了 DEA 有效。各调整阶段中，30 个省份二氧化碳排放权配额的效率评估结果如表 4－2 所示。将表 4－2 中零和收益 DEA 初始效率值与传统 DEA-BCC 模型的效率值进行比较发现，所有省份的零和收益 DEA 模型初始效率值均高于传统 DEA 模型，且每一轮调整后的零和收益 DEA 效率值均比前一阶段的要高，平均综合效率由初始的 0.856 最终提升至 1.000，30 个省份的分配效率全部实现了 DEA 有效。

表 4－2　　中国 2030 年二氧化碳排放峰值的省份优化分解及效率值

省份	初始 DEA 效率值	初始二氧化碳排放配额（万吨）	零和收益 DEA 效率值				最终的二氧化碳排放配额（万吨）	调整方式（万吨）
			初始值	第一次迭代	第二次迭代	第三次迭代		
北京	1.000	40827.43	1.000	1.000	1.000	1	52615.50	11788.07
天津	0.638	54124.63	1.000	1.000	1.000	1	69756.68	15632.05
河北	0.380	251910.36	0.716	0.955	0.836	1	186266.23	－65644.13
山西	0.236	221371.75	1.000	1.000	1.000	1	285263.49	63891.74
内蒙古	0.208	188287.66	0.337	0.525	0.972	1	51175.25	－137112.41
辽宁	0.328	204137.07	0.564	0.784	0.931	1	116891.86	－87245.21
吉林	0.525	77190.82	1.068	1.041	0.963	1	103843.56	26652.74
黑龙江	0.486	103715.24	0.495	0.976	0.968	1	69710.35	－34004.89
上海	0.658	81513.58	1.000	1.000	1.000	1	105026.36	23512.78
江苏	0.658	211173.83	0.970	0.980	0.971	1	248676.14	37502.30
浙江	0.714	128033.46	0.938	0.976	0.982	1	149730.05	21696.59
安徽	0.733	96138.77	0.742	0.982	0.995	1	93106.80	－3031.97
福建	0.863	67275.71	1.000	1.009	1.001	1	87319.88	20044.17
江西	0.991	52832.78	1.000	1.000	1.000	1	68112.01	15279.23
山东	0.463	325176.79	0.639	0.911	0.969	1	235348.07	－89828.72
河南	0.632	183413.06	1.036	0.897	0.966	1	203555.05	20141.99

省份	初始DEA效率值	初始二氧化碳排放配额（万吨）	零和收益 DEA 效率值				最终的二氧化碳排放配额（万吨）	调整方式（万吨）
			初始值	第一次迭代	第二次迭代	第三次迭代		
湖北	0.699	105877.07	0.844	0.986	1.010	1	116801.18	10924.11
湖南	0.893	90839.21	0.967	0.986	0.990	1	110723.00	19883.79
广东	0.989	169875.30	1.000	1.000	1.000	1	218911.24	49035.94
广西	1.000	54085.18	1.000	1.000	1.000	1	69822.72	15737.54
海南	0.690	15597.08	1.000	1.000	0.999	1	20616.12	5019.04
重庆	0.901	44924.25	0.969	0.990	0.990	1	55009.31	10085.06
四川	0.941	101796.26	1.000	1.000	1.000	1	131180.24	29383.99
贵州	0.515	77423.61	1.000	1.000	1.000	1	99771.86	22348.25
云南	0.800	71971.28	0.999	1.000	1.000	1	92666.50	20695.22
陕西	0.453	105260.42	0.628	0.922	0.927	1	76927.66	−28332.76
甘肃	0.531	55460.87	1.000	0.986	0.884	1	62433.25	6972.38
青海	0.487	14051.37	0.477	0.988	0.990	1	9813.51	−4237.86
宁夏	0.176	43188.53	0.292	0.920	0.975	1	20368.95	−22819.58
新疆	0.303	91656.46	1.000	1.001	0.997	1	117687.09	26030.62
平均值	0.630	–	0.856	0.961	0.977	1	–	–

注：表中倒数第一列"调整方式"是指各省份依据最终分配方案，在初始分配额的基础上需要调节的配额调整额度，"＋"表示增加额度，"－"表示减少额度。

2. 优化的二氧化碳排放峰值省份分解方案

利用零和收益 DEA 模型对中国 2030 年二氧化碳排放峰值进行省份分解的迭代调整后，最终确定了能够实现最优效率的二氧化碳排放峰值分配方案，如表 4－2 所示。与初始分解方案相比，优化后的各省份分解方案变动较大，具体变动方向和数额如表 4－2 倒数第 1 列的"调整方式"所示。由于全国的二氧化碳排放峰值目标是固定不变的，所以在零和收益 DEA 模型对全国 2030 年的二氧化碳排放峰值总量的地区分配方案进行优化调整时，必然出现一些省份二氧化碳排放权配额上升的同时另一些省份随之下降的现象。具体来看，需要减少二氧化碳排放峰值配额的省份共 8 个，分别是内蒙古、黑龙江、安徽、山东、新疆等省份，而其余 12 个省份则可以增加其配额。其中，内蒙古需要减少的二氧化碳排放配额最多，高达 137112.41 万吨；山西是二氧化碳排放增加配额最多的省份，可以增加 63891.74 万吨，同时也是最终分配方案中二氧化碳排放配额最多的省份，达到了 285263.49 万吨，占 2030 年全国二氧化碳排放峰值总量的 8.569%；而最终二氧化碳排放配额最少的省份是青海，在削减了 4237.86 万吨配额后只剩下 9813.51 万吨最终二氧化碳排放总额，占 2030 年全国碳排放峰值量的 0.295%。

按照各省份在最终二氧化碳排放峰值分配方案中的配额占比大小，根据表 4-2 中"最终的二氧化碳排放配额"列计算，本章将中国 30 个省份划分为 5 个类别，第 1 类是最终二氧化碳排放配额占总配额比重 2% 以下的 7 个省份（北京、内蒙古、海南、重庆、甘肃、青海和宁夏）；第 2 类是配额占比在 2%~3% 的 9 个省份（天津、黑龙江、安徽、福建、江西、广西、贵州、云南和陕西）；第 3 类为配额占比在 3%~5% 的 8 个省份（辽宁、吉林、上海、浙江、湖北、湖南、四川和新疆）；第 4 类是配额占比在 5%~7% 的 3 个省份（河北、河南和广东）；第 5 类为配额占比在 7% 以上的 3 个省份（江苏、山东和山西）。

结合表 4-2 中"最终的二氧化碳排放配额"中可以得出以下结论。

二氧化碳排放权占比较小的地区可以分为两类：一类是经济较发达地区（如北京、重庆）；另一类则是最不发达的西部地区（如宁夏、青海等）。从第一类地区的经济分布上可以看出，两种发展水平较极端的地区均分配到了较少的二氧化碳排放配额，出现这种情况的主要原因是：相比中西部等欠发达地区来说，较发达地区各方面的发展都比较迅速，产业结构和能源消耗结构也已经有了一定程度的调整和优化，且经济产出能力较强。因此，在减排效率方面表现出众，有足够的能力在有限地二氧化碳排放约束下照旧完成经济目标，由于待分配的全国二氧化碳排放峰值约束不变，因此零和收益 DEA 模型会在分配调整过程中向其他减排效率较低而减排潜力较高的地区转移，从而保证全国各省份都能在有限的二氧化碳排放权配额内完成减排任务和达峰目标。由此，为了不影响省份的经济发展和全国达峰目标的实现，这些地区应借助西部开发等国家战略的帮助，重点发展高能效、低污染、高产出产业，对于东部地区高污染、低产出、高能耗产业的转移要尽量避免，有选择性地优先接收技术先进产业的转移。同时，发挥西部地区的地理优势，大力推动风电与太阳能等可再生能源的开发利用，争取做清洁能源的输出大省，这样不仅有利于拉动地区经济发展，降低地区碳排放规模，更有助于将地区二氧化碳排放量控制在其本身的碳排放权配额内，从而为保证全国 2030 年的二氧化碳排放达峰做出贡献。

二氧化碳排放权占比较多的地区基本上属于二氧化碳排放严重但减排潜力较大的省份。第四、第五类地区是最终二氧化碳排放权配额占全国峰值总量的比重在5%以上的省份，分别是河北、河南、山东、山西等6个省份，这些省份大部分都具有二氧化碳排放规模较大且减排潜力突出的二氧化碳排放特征。具体来看：河南、山东等省份是传统的能源消耗大省，能源密集型产业的总产值占地区总产值的比重较高。同时，由于经济的不发达和减排技术的落后，导致其能源消费效率（单位增加值能耗）又远高于其他省份。因此，这些省份减排潜力的挖掘重点应放在能源结构优化和减排技术升级方面，加快新能源基础设施的建设和推广，同时借鉴发达地区的高科技减排技术手段，从而在不影响生产和需求规模的情况下降低省份二氧化碳排放量，目的是保证本地的二氧化碳排放规模不超过其在峰值约束下分配到的二氧化碳排放权配额。山西是中国的能源输出大省，长期依靠开发和出口煤炭等传统能源的方式支撑地区经济发展。为了响应国家节能减排和达峰计划的号召，山西应努力改变其粗放型的发展模式，积极引进国外先进的低碳技术和能源开采技术，大力推动太阳能、风能等清洁能源的开发和利用，充分发挥其在能源结构"绿色化"转型方面的潜力优势，为其他省份的能源转型工作做出表率。

二氧化碳排放配额占比居中的第二类、第三类省份应根据自身实际情况尽快制定适合自己的节能减排策略，力求在有限的二氧化碳排放配额内保证地区经济规模的平稳发展。如辽宁和黑龙江等东北老工业基地省份的第二产业比重较高，其产业结构的重型化给减排工作和达峰目标的实现带来一定难度。因此，应加大对高新技术产业和服务业的开发和建设，从而促进地区经济发展方式的低碳转型，逐渐由粗放型向集约型方向转变。

第四节　中国2030年二氧化碳排放峰值的产业分解

本章节对中国2030年二氧化碳排放峰值目标进行产业部门分解，首先通过原始DEA-BCC模型对15个产业部门进行初始分解，得到初始方案并进行效率评价；其次采用优化后的零和收益DEA模型并通过多次迭代，得到最终分解方案并进行效率评价；最后对分配结果进行总结并提出相关政策建议。

一、中国 2030 年二氧化碳排放峰值产业部门分解的数据说明

在产业部门分解中，本章将二氧化碳作为唯一的投入变量，同时考虑数据的可得性，将各个产业部门的城镇就业人口、总产出、能源消耗总量作为 3 个总产出变量，以"非期望产出作投入法"做原始 DEA 模型。下面对 2030 年 15 个产业部门的变量进行分配情况进行预测。

1. 预测中国 15 个产业部门 2030 年城镇就业人口和总产出

（1）2030 年各产业部门城镇就业人口预测：以 2006～2015 年各产业部门城镇就业人口数据为依据，在 SPSS 中使用指数平滑法对 2030 年数据进行预测，并对预测结果进行检验，将通过检验的数据作为 2030 年的预测值，对没有通过检验的数据使用一元线性回归的方法进行补充，将线性回归结果作为最终预测值。（2）15 个产业部门总产出预测：根据《投入产出表》以及《投入产出表—延长表》1997～2012 年 7 张表中的总产出数据，采用回归分析方法对 2030 年总产出进行预测。

2. 预测 2030 年各产业部门的能源消耗量

基于 15 个产业部门 2006～2015 年的能源消耗量（国家统计局网站，2007～2016 年）数据，采用一元线性回归方法预测 2030 年的能源消耗量数据。

3. 计算各产业部门 2006～2015 年的二氧化碳排放量

根据《2006 年 IPCC 国家温室气体清单指南》（IPCC，2006）中能源部分所提供的基准方法：二氧化碳排放量 = $\sum$（能源消耗量×标准煤折算系数×二氧化碳排放系数）。

4. 2030 年二氧化碳排放峰值的产业部门分配方案

以 2006～2015 年各产业部门二氧化碳排放量为基础，计算得到各产业部门 2006～2015 年累积二氧化碳排放量占全国 2006～2015 年累积二氧化碳排放量的比重。将 2030 年的全国二氧化碳排放峰值按照各产业部门 2006～2015 年累积二氧化碳排放量占全国 2006～2015 年累积二氧化碳排放量所占比例进行初始分解。

二、中国 2030 年二氧化碳排放峰值产业部门分解的初始方案及效率评价

利用 DEA-BCC 模型对产业部门进行初始分解，中国 2030 年二氧化碳排放峰值省区分解的初始结果及利用 Deap2.1 软件计算出的综合效率值如表 4-3 所示。

表 4 - 3　　中国 2030 年二氧化碳排放峰值产业部门分解的初始方案及效率值

产业部门	二氧化碳排放 （万吨标准煤）	能耗 （万吨）	城镇就业 人口（万人）	总产出 （亿元）	DEA-BCC 效率值
农、林、牧、渔、水利业	18991.34	11917.09	12.80	154525.34	0.117
采矿业	136016.93	36291.00	749.00	111795.55	0.622
食品、饮料制造及烟草制品业	21358.05	12139.13	675.40	165619.02	0.175
纺织、服装及皮革产品制造业	15059.29	11256.60	624.30	128096.90	0.207
木材加工及造纸印刷业	23365.15	9246.56	568.50	111837.76	0.211
石油加工、炼焦及核燃料加工业	428976.23	38218.42	88.80	82469.51	1.000
化学工业	149402.75	94585.17	644.30	233714.02	0.622
非金属矿物制品业	125534.36	60779.93	330.15	92099.68	1.000
金属产品制造业	381846.42	150961.51	763.30	285086.18	0.820
机械设备制造业	21397.30	24133.98	3808.80	547833.07	0.231
电力、煤气及水生产和供应业	1421388.41	45879.37	530.50	259689.16	1.000
建筑业	9136.78	15105.50	5413.20	174084.99	1.000
交通运输、仓储和邮政业	116991.34	69622.27	1849.00	171330.75	0.757
批发、零售业和住宿、餐饮业	15796.19	22430.47	1767.30	61068.81	1.000
其他产业	103136.80	44181.30	9517.50	603512.62	0.535

由表 4 - 3 各产业部门初始分解的二氧化碳排放峰值配额可知：分配到最多初始二氧化碳排放峰值的产业部门是电力、煤气及水生产和供应业，达到了 1421388.41 万吨，其二氧化碳排放峰值配额占总二氧化碳排放量的 47.56%；石油加工、炼焦及核燃料加工业和金属产品制造业这两个产业的二氧化碳排放峰值比重均达到了 10% 以上，分别为 14.35% 和 12.78%。在所有产业中，有 6 个产业部门的二氧化碳排放峰值比重达到了 4% 以上，属于分配到较多初始二氧化碳排放峰值的产业部门。能源工业和重制造业仍然是中国产业二氧化碳排放量最大的两个产业，因此这两个产业二氧化碳的变动会对整个产业的二氧化碳排放产生较大的影响。

而农、林、牧、渔、水利业，食品、饮料制造及烟草制品业，纺织、服装及皮革产品制造业，木材加工及造纸印刷业，机械设备制造业，建筑业，批发、零售业和住宿、餐饮业等 7 个产业部门的二氧化碳排放峰值比重普遍偏小（1% 以下），其中建筑业最小，只有 9136.78 万吨，占二氧化碳排放总量的 0.31%。同省份分配相同，过去二氧化碳排放量越多的产业部门在峰值约束下分配到越多的二氧化碳排放权配额，并没有做到应有的减排责任分摊和达峰贡献。因此，各产业部门的二氧化碳排放峰值配额还需要做进一步调整。

由表4-3各产业部门初次分配的DEA综合效率值可知：（1）中国二氧化碳排放峰值产业部门分解的平均效率有待提高。产业部门分解的初始分配效率平均值为0.62，说明中国2030年二氧化碳排放峰值的初始产业部门分解平均效率处于中等偏上水平，但仍没有实现全部产业部门的DEA有效，且各个部门之间分配效率值差异较大。（2）石油加工、炼焦及核燃料加工业，非金属矿物制品业，电力、煤气及水生产和供应业，建筑业，批发、零售业和住宿、餐饮业5个部门的效率值达到了DEA有效。其中建筑业是我国的支柱产业，总产出最高，中国建筑业很大地解决了就业问题，同时建筑业的增长对国家GDP增长起着重大作用，而与其他有相似能源消耗的产业部门相比，建筑业的二氧化碳排放水平较低，因此建筑业在初始分配时首先达到DEA有效；批发、零售业和住宿、餐饮业与其他服务业相比，相似的能源消耗量拥有更少的二氧化碳排放量；电力、煤气及水生产和供应业积极进行产业转型和能源结构调整，经济结构中份额增加，固定资产投资呈增长趋势，利润逐年增加；石油加工、炼焦及核燃料加工业，非金属矿物制品业近年来有较大发展，得到了较快的开发应用，在国民经济中发挥了重要作用，因此这些部门率先达到DEA有效。（3）采矿业等4个产业部门在初始分配中的效率值大于平均效率，这些部门距离有效边界较近，但仍未达到DEA有效。这些省份产业的初始效率值较高，说明在考虑就业人口、能源、总产出三个产出因素时，二氧化碳排放量的分配方式较合理，能较好地达到有效的二氧化碳排放量，同时这些产业大多为传统产业，经济发展较稳定，总产出处于中等水平，能源消耗与需求相适应，因此效率值较高，在短期内调整即可实现DEA有效；（4）农、林、牧、渔、水利业和轻制造业（包括木材加工及造纸印刷业、食品、饮料制造及烟草制品业、纺织、服装及皮革产品制造业）等部门的初始效率值偏低（小于0.3），距离DEA有效较远。其中，农、林、牧、渔、水利业的DEA效率值最小，为0.117。从需求角度，这些产业需求量保持稳定，没有较大增长；从国家政策角度，国家对烟草制品业，木材加工业出台了一系列限制政策，随着技术的革新，就业岗位呈减少趋势，但这些行业对国家经济增长有一定的促进作用。因此，只有不断通过技术改进，以降低这些产业对人类和环境的危害。这些产业初始二氧化碳排放峰值分配效率较低，在现阶段经济发展模式下较难实现有效的二氧化碳排放峰值最优分配。

三、中国 2030 年二氧化碳排放峰值产业部门分解的优化

从以上分析可知，中国 2030 年二氧化碳排放峰值产业部门分解的初始结果并不理想，绝大部分省份的分配效率都处于无效状态，因此本章选择投入导向的零和收益 DEA 模型对初始分解结果进行进一步优化，使产业部门二氧化碳排放的分配做到公平且有效，即所有的产业部门都可以达到 ZSG-DEA 效率有效。

1. 优化的二氧化碳排放峰值产业部门分解效率

根据式（4 - 5）构造零和收益 DEA 模型，利用意愿交易矩阵对中国 14 个产业部门的 ZSG-DEA 效率值进行测算。经过 5 轮迭代之后，14 个部门全部达到零和收益有效（即效率值为 1），具体迭代过程如表 4 - 4 所示，从中可以发现 ZSG-DEA 效率值普遍高于 BCC 效率值，效率平均值由初始的 0.706 优化为 1.000，所有产业部门均实现零和收益 DEA 有效。

表 4 - 4　中国 2030 年二氧化碳排放峰值的产业优化分解及效率值

产业部门	ZSG-DEA 值	第一次迭代	第二次迭代	第三次迭代	第四次迭代	第五次迭代
农、林、牧、渔、水利业	0.964	1.000	1.000	1.000	1.000	1.000
采矿业	0.387	0.578	0.891	0.994	1.000	1.000
食品、饮料制造及烟草制品业	0.467	0.974	0.995	0.999	1.000	1.000
纺织、服装及皮革产品制造业	0.869	0.929	0.987	0.998	1.000	1.000
木材加工及造纸印刷业	0.342	0.695	0.928	0.990	0.999	1.000
化学工业	0.999	1.000	1.000	1.000	1.000	1.000
非金属矿物制品业	0.982	1.000	1.000	1.000	1.000	1.000
金属产品制造业	1.000	0.998	0.950	0.976	0.993	1.000
机械设备制造业	1.000	1.000	1.000	1.000	1.000	1.000
电力、煤气及水生产和供应业	0.202	0.283	0.839	0.992	1.000	1.000
建筑业	1.000	0.999	0.992	1.000	1.000	1.000
交通运输、仓储和邮政业	0.826	0.910	0.982	0.999	1.000	1.000
批发、零售业和住宿、餐饮业	1.000	0.998	0.998	1.000	1.000	1.000
其他产业	0.322	0.507	0.857	1.000	1.000	1.000
平均值	0.706	0.858	0.959	0.997	0.999	1.000

2. 优化的二氧化碳排放峰值产业部门分解方案

通过五次迭代调整之后，最终得到实现最优效率的二氧化碳排放峰值

的产业部门分配方案,如表 4 - 5 所示。与初始分解方案相比,优化后的各部门分解方案变动较大,具体变动方向和调整数额如表 4 - 5 最后 1 列的"调整方式"所示。

表 4 - 5　　　　中国 2030 年二氧化碳峰值产业部门最终分配方案

产业部门	初始二氧化碳排放额	零和收益DEA 初始效率	最终效率值	最终二氧化碳排放配额(万吨)	调整方式(万吨)
农、林、牧、渔、水利业	18991. 34284	0.964	1.000	47136. 17405	28144. 831210
采矿业	136016. 93370	0.387	1.000	129052. 72500	- 6964. 208655
食品、饮料制造及烟草制品业	21358. 04592	0.467	1.000	38245. 55893	16887. 513010
纺织、服装及皮革产品制造业	15059. 29174	0.869	1.000	32938. 39446	17879. 102720
木材加工及造纸印刷业	23365. 15149	0.342	1.000	26712. 02763	3346. 876144
石油加工、炼焦及核燃料加工业	428976. 22800	0.234	1.000	548910. 88410	119934. 656100
化学工业	149402. 75120	0.999	1.000	377682. 09290	228279. 341700
非金属矿物制品业	125534. 35560	0.982	1.000	314422. 18010	188887. 824500
金属产品制造业	381846. 42270	1.000	1.000	889978. 22000	508131. 797300
机械设备制造业	21397. 30088	1.000	1.000	54121. 22197	32723. 921090
电力、煤气及水生产和供应业	1421388. 41300	0.202	1.000	173529. 16830	- 1247859. 245000
建筑业	9136. 782192	1.000	1.000	22921. 84878	13785. 066590
交通运输、仓储和邮政业	116991. 34110	0.826	1.000	242285. 94030	125294. 599200
批发、零售业和住宿、餐饮业	15796. 18965	1.000	1.000	39870. 12313	24073. 933480
其他产业	103136. 80080	0.322	1.000	82785. 62704	- 20351. 173760

注:表中倒数第一列"调整方式"是指各省区依据最终分配方案,在初始分配额的基础上需要调节的配额调整额度,"+"表示增加额度,"-"表示减少额度。

零和收益 DEA 模型运用零和博弈的思想,使参与博弈的各方在严格竞争模式下,一方增加的同时另一方减少,从而使博弈各方的收益和损失相加总和永远为"零"。本章中中国的二氧化碳峰值目标是固定不变的,在零和收益 DEA 模型下,对中国 2030 年的二氧化碳排放峰值总量的产业部门分配方案进行优化调整时,一个产业部门二氧化碳排放权配额的上升必然会导致另一些产业部门随之下降的现象,从而使收益与损失总和为 0。具体来说,最终分配方案中二氧化碳排放配额最多的产业部门为金属产品制造业,达到 889978. 22 万吨,占 2030 年全国二氧化碳排放峰值总量的约 29.78%;而最终二氧化碳排放配额最少的是农、林、牧、渔、水利业,在优化过程中增加了 28144. 831210 万吨后,最终二氧化碳排放配额仍最少，占 2030 年全国二氧化碳排放峰值总量的约 1.58%。二氧化碳排放峰值配额减少的产业部门共 3 个，分别是采矿业，电力、煤气及水生产和供应业，其他产业。而其余 12 个产业部门二氧化碳排放配额增加。其中，农、林、牧、渔、水利业需要增加的二氧化碳排放配额最多，高达 28144.831210 万吨；电力、煤气及水生产和供应业是减少配额最多的部门，减少 1247859.245000 万吨。

为了便于研究，本章将 14 个产业按产业性质再次进行归纳，具体分配情况如图 4-2 所示。

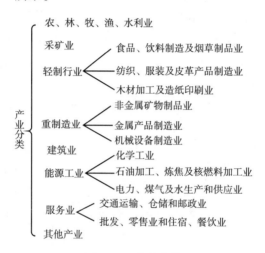

图 4-2　产业分类

资料来源：本书整理绘制。

本章按照各产业部门的最终二氧化碳排放配额的占比分为三类：第一类中配额占比为 0~1.5% 的产业，包括建筑业，木材加工及造纸印刷业，纺织、服装及皮革产品制造业，食品、饮料制造及烟草制品业，批发、零售业和住宿餐饮业；第二类中各产业占比为 1.5%~10%，包括农、林、牧、渔、水利业，机械设备制造业，其他产业，采矿业，电力、煤气及水生产和供应业，交通运输、仓储和邮政业；第三类为占比为 10% 以上的产业，具体包括：非金属矿物制品业，化学工业，石油加工、炼焦及核燃料加工业，金属产品制造业。

第一类的 5 个产业最终二氧化碳排放配额占比较小，除建筑业外，均为轻工业。轻工业相对于其他产业来说，初始二氧化碳排放配额很小，在进行零和收益 DEA 改进之后，从其他产业分摊了一定量的二氧化碳排放量后最终得到的配额占全国比例依然最少。轻工业以中小企业为主，具有技术简易、环境污染较小的特点，因此需要分摊的减排责任要小很多。作为国民经济大循环中的一个重要环节，轻工业越来越受到各国政府的重视，标志着一个国家的物质文明的程度，轻工业产品直接服务于人们。从20世纪90年代末起，一些高技术、新技术有了较大突破，其中电子技术、生命科学技术、新材料技术等都有较大发展。这些产业应借助国家对轻工业的技术支持，改善生产过程中的落后环节，这样不仅可以吸引更多的技术人员投身于轻工业生产，从而推动产业发展，而且有利于产业二氧化碳排放得到有效控制。城市化发展调整城乡经济结构，促进基础设施建设、交通建设以及住宅建筑建设。随着中国经济的持续增长，建筑企业不断发展壮大，总产出不断增大，再者粗放型的增长方式没有根本转变，这必然引起能源的大量消耗，产生大量二氧化碳。建筑企业必须引进先进的经营管理理念，加大技术创新投入，提高转化率，才能有效地控制二氧化碳排放量，从而为2030年二氧化碳排放量达峰做出应有的贡献。

第二类的6个产业最终二氧化碳排放配额适中且有较大减排潜力。其中机械设备制造业对资本的要求不是很高，能够吸纳一定的劳动力。其单位能耗和排放都很低，从而技术水平高，经济成长快，使得该产业的高速发展能分担一部分二氧化碳排放量，通过技术改进等能很好地达到减排的效果；农、林、牧、渔、水利业，交通运输、仓储和邮政业皆为低能耗产业，这些产业是中国传统产业，目前依然使用传统技术，传统产业的二氧化碳减排具有双向路径，从"碳源""碳汇"两个作用角度进行减排，调整能源消费结构，推进技术创新，降低传统产业运作过程中对化石能源的依赖，建立标准化运作流程，使传统产业向低碳产业转型，提高资源利用率；采矿业作为高耗能产业，生产技术水平低，产业组织形态不合理，是能源消费依赖高碳排放系数的行业，采矿业的高产值依赖于能源消耗，因此引导采矿业发展显得至关重要，在有资源优势和地域优势的区域提高产业集中度、提高企业之间分工协作能力、构建产业集群、共享专业化生产利益、建立完善的节能减排指标体系、检测体系和监管体系、实现产业升级；电力、煤气及水生产和供应业是能源产业的重要部门，在生产过程中需要大量的能源投入，较高的能源投入也产生了较高的二氧化碳排放，该部门在其他部门的生产和发展过程中起着制约和推动作用。我们要逐步完善和升级工业体系，推进能源价格的市场化改革，依靠科技创新和人力资源优势提高能源利用效率。

第三类的4个产业皆为重制造业和能源产业，在最终二氧化碳的配额中占比在70%以上，这些产业的减排任务迫在眉睫。重制造业与能源产业是中国的传统产业，但高新技术含量不高，先进技术主要靠国外引进，同时中国产品质量有待提高；制造工艺仍以传统加工方式为主体，高精密加工、精细加工等新型加工方法在中国的普及率不高，这使得我们的制造工艺水平的提高受到限制；在生产管理中，中国大多数企业存在重视生产技术、轻视管理技术的问题，管理粗放，专业化管理水平低；在国家宏观政策方针方面，中国的经费投入等还很缺乏，这也在很大程度上限制了中国重制造业和能源产业的发展。这两大产业同样也是二氧化碳排放的主要部门，在未来几年，这两个产业依然是减排的主力军。重制造业与能源产业仍具有很大的改善空间，对这两大产业也应抓重点行业，其中机械设备制造业，石油加工、炼焦及核燃料加工业两个产业在未来所要承担的减排量最大，因此需要做好这些重点产业的节能环保工作。这两大产业需要积极加大清洁能源的利用率，开展技术革新，将质量与创新放在同等位置，着重发展软实力，发展循环经济，政府应通过税收、能源价格、信贷、法律等一系列政策引导高耗能产业发展，给予中国制造业企业在税收和融资方面更多的优惠，加快中国制造业转型升级和实施绿色发展，提高行业创新能力，增强政府间合作、产业间合作。

第五节　本章小结

本章首先对中国 2030 年二氧化碳排放峰值进行初始的省份分解，利用 DEA-BCC 模型对初始省份分解方案进行效率评估，在此基础上利用零和收益 DEA 模型得到全部省份达到有效的中国二氧化碳排放峰值省份分解方案。本章研究表明：（1）各省份初始分解方案的效率值较低，只有 2 个省份的效率值达到 DEA 有效，且二氧化碳排放配额比重较大省份的分配效率值较小。（2）经过零和收益 DEA 模型的优化，省份分解方案的整体效率最终提升至有效边界，所有省份实现了效率最优，二氧化碳排放配额由效率较低的欠发达地区向效率较高的较发达地区转移。（3）产业部门初始分解中有 5 个部门达到 DEA 有效，其中重工业和能源工业的二氧化碳排放配额最高且易达到 DEA 有效。（4）运用零和收益 DEA 模型进行优化分解后，全部产业皆达到了 DEA 有效，二氧化碳排放配额多的产业向减排潜力大的产业转移。

第五章 达峰路径规划：中国实现
碳峰值目标的最优路径

第一节 引　　言

作为世界最大的发展中国家，中国在过去的40年里经历了经济的高速增长，并伴随着能源消耗与碳排放量的急剧上升。根据国际能源署（International Energy Agency，IEA）数据显示，中国已于2007年超过美国成为世界上最大的碳排放国。为积极应对全球气候变化，中国政府制定了关于碳排放总量的减排目标。2015年，中国向联合国提交了应对气候变化的国家自主贡献文件（INDC）并宣布：中国将于2030年左右实现二氧化碳排放峰值，并将单位国内生产总值的二氧化碳排放量在2005年水平上降低60%~65%。为实现这一目标，中国已采取了一系列减排措施，包括减少化石燃料消耗，开发新型清洁能源等。与此同时，近年来，中国经济仍然保持中高速增长，经济的增长意味着能源消耗的增加，这对中国实现碳减排"双控"目标施加了巨大压力。未来，中国能否实现二氧化碳排放峰值目标仍值得深入研究。

能源消费是碳排放的主要来源。过去四十年，中国能源高耗型产业在带动经济高速增长的同时，也产生了大量的二氧化碳。目前，中国经济发展高度依赖煤炭，能源消费结构极其不合理。其中，高碳排的煤炭消费占能源消费比例高达70%左右，远远超过世界平均消费水平（30%），而石油、天然气和非化石能源等低碳排的能源消费占比则远低于发达国家的平均水平。随着中国经济发展进入新常态，在经济由高速发展向高质量发展转型的关键时期，对其能源结构进行优化有利于中国逐步摆脱对煤炭的高度依赖，在有效减少碳排放量的同时，提高经济质量，实现经济的可持续发展。因此，探讨能源结构调整对碳排放的影响具有重要的现实意义。

此前已有许多研究对中国实现碳峰值目标能否实现进行了预测与分析。现有关于中国碳排放达峰目标的研究，从方法角度大致分为三类：指标分解法、情景分析法和系统优化法。其中，基于指数分解法预测碳排放峰值的模型有 Kaya 模型和 STIRPAT（stochastic impacts by regression on population，affluence and technology）模型。情景分析法中广泛使用的模型为 LEAP 模型。基于系统优化模型预测峰值的模型包括 MARKAL-MACRO 模型、IPAC 模型和 IMAC 模型等。此外，环境库兹涅茨曲线（EKC）也被广泛用于预测中国的碳排放峰值。绝大多数研究结果表明，中国具备在 2030 年左右实现碳排放达峰的条件。柴麒敏等（2015）研究发现，2025~2030 年为中国碳排放达峰的窗口时间，峰值约为 120 亿吨。此外，一些研究综合考虑了经济增长、能源强度、产业结构、城市化率等因素，预测中国将在 2030~2035 年间实现碳排放达峰。然而能源结构变动对碳排放达峰是否产生影响尚未得到深入研究。

虽然国内外学者在中国碳减排目标研究中已经取得不少成果，然而现有研究也存在以下局限：（1）未充分考虑能源结构对碳排放目标的影响；（2）现有研究对中国能否实现 2030 年碳排放达峰目标的关注较少；（3）现有研究缺乏对碳排放达峰的路径分析，大多只对碳峰值目标的可能性进行分析，而对如何实现该目标的分析较少。

综上所述，本章试图探讨通过能源结构调整来实现碳排放达峰目标的可能性，并寻找实现减排目标的最优路径。本章的研究过程将主要围绕以下三点展开：第一，预测未来中国经济发展和能源消费的组合情景。为了更全面地了解中国能源结构的发展趋势，本章分别从自然演化、政策约束和成本最小化角度出发，构建 3 种能源结构优化情景。同时通过对经济增速进行高、中、低划分，构建 3 种经济发展情景。由此一共得到 9 种能源—经济的组合情景。第二，探讨未来中国实现碳排放达峰目标的可能性。在计算出 9 种能源—经济组合情景下的碳排放量和碳强度后，分别分析各个情景是否能够实现 2030 年碳排放达峰目标。第三，考察实现碳排放峰值目标的最佳路径，运用多属性决策模型计算综合指数，选出实现碳减排达峰目标的最优情景，从而为优化能源结构的后续政策制定以及如何实现低碳经济发展提供参考。

第二节　情景设计与碳排放量计算

一、情景设计

1. 经济发展情景

参考美国能源信息署（EIA）"能源展望（2017）"，将中国未来经济发展设计为三种情景：

（1）高速发展情景：2017～2030 年中国年均经济增速为 5.3%，2030～2040 年为 3.9%。

（2）基准情景：2017～2030 年中国年均经济增速为 4.9%，2030～2040 年为 3.3%。

（3）低速发展情景：2017～2030 年中国年均经济增速为 4.6%，2030～2040 年为 3.0%。

2. 能源结构情景

（1）无约束情景（A）。

无约束情景是指不采取任何导向性措施来降低碳强度的情景。本章设置"无约束的能源结构情景"，依据能源结构变化所遵循的自然演变规律，预测能源结构的未来发展趋势。

（2）政策约束情景（B）。

政策约束情景是指依据国家相关能源政策规划对能源结构进行优化的情景。为了缓解碳减排压力，中国对能源消费结构先后提出了 2020 年非化石能源占一次能源消费比重的 15%，天然气消费比重力争达到 10%，煤炭所占比例争取小于 58%；2030 年天然气消费比重力争达到 15%，非化石能源占一次能源消费比重 20% 的规划目标。本章设置"政策约束情景"，依据以上能源规划对能源结构进行相应调整。

（3）能源生产成本最小情景（C）。

能源生产成本最小情景，即以能源的消费成本与碳排放外部成本之和最小为目标对能源结构进行优化的情景。能源在消耗时需要支付一定的消费成本，不同种类的能源，消费成本也不相同。消费成本的变动将直接或间接地影响消费需求，进而对能源结构产生影响。此外，能源燃烧释放二氧化碳是温室气体的主要来源，其外部排放对环境产生负面影响，同样消耗一定成本。因此，本章从成本角度出发，兼顾经济发展与环境保护，设置了能源生产成本最小情景。

由此，三种经济发展情景和三种能源结构情景两两组合，得到 9 种经济—能源组合情景。

二、碳排放量的测算

本章对碳排放的计算采用 IPCC 中介绍的方法，具体计算公式如下：

$$CE = \sum_i EC_i \times EF_i \times \frac{44}{12} \qquad (5-1)$$

式（5-1）中，EC_i（$i=1$，2，3，4）分别表示煤炭、石油、天然气及包括水电、核电在内的非化石能源的消费量，EF_1，EF_2，EF_3，EF_4 分别表示煤炭、石油、天然气和非化石能源对应的碳排放因子，即 0.7304、0.563、0.419、0。将各种一次能源的消费量利用折算标准煤系数转换为标准煤单位消费量，结合式（5-1）即可计算出各年份的碳排放量。

第三节　研究方法

一、能源结构的预测与优化模型

1. 无约束情景下的能源结构预测模型：马尔科夫链

马尔科夫过程是指一种过去的状态对预测未来是无关（"无后效性"）的随机过程，根据俄国数学家马尔科夫（Markov）的随机过程理论提出。基于马尔科夫链的能源结构预测模型是指假设能源结构是时间齐次的马尔科夫链，通过预测样本内各期的一步转移矩阵，估算平均转移概率矩阵 P，在确定能源结构的初始状态后对能源结构进行预测的模型。基于一次能源消费结构的演进规律，本章采用马尔科夫链预测模型，对中国未来一次能源消费结构进行预测。

第一步，模型假设。

设 A 为一次能源消费总量，在 n 时刻，一次能源消费结构状态的向量为 $S(n) = \{s_c(n)，s_o(n)，s_g(n)，s_e(n)\}$，其中 $s_c(n)$、$s_o(n)$、$s_g(n)$、$s_e(n)$ 分别表示煤炭、石油、天然气和非化石能源在一次能源消费总量 A 中所占比例，它们的比例之和为 1，即 $S_c(n) + S_o(n) + S_g(n) + S_e(n) = 1$。

第二步，构建预测一次能源消费结构的马尔科夫模型。

设能源消费结构从 n 时刻到 $n+1$ 时刻的一步转移概率矩阵 $P(n)$ 为:

$$P(n) = \begin{bmatrix} P_{c \to c}(n) & P_{c \to o}(n) & P_{c \to g}(n) & P_{c \to e}(n) \\ P_{o \to c}(n) & P_{o \to o}(n) & P_{o \to g}(n) & P_{o \to e}(n) \\ P_{g \to c}(n) & P_{g \to o}(n) & P_{g \to g}(n) & P_{g \to e}(n) \\ P_{e \to c}(n) & P_{e \to o}(n) & P_{e \to g}(n) & P_{e \to e}(n) \end{bmatrix} \quad (5-2)$$

在概率矩阵 $P(n)$ 中，矩阵内每一个元素都是小于 1 的正数，每行概率之和恒等于 1。在此，根据概率矩阵内元素的特点进行分类。首先，将矩阵 $P(n)$ 主对角线上的元素归为第一类，简称"保留概率元素"。这类元素代表了各类能源消费继续保持原有比例的概率（例：$P_{c \to c}(n)$ 表示 n 时刻到 $n+1$ 时刻煤炭消费继续保持原有比例的概率）；其次，将主对角线外的行元素归为第二类，简称"转移概率元素"。这类元素表示该类能源消费向他类能源消费转移的比例概率（例：$P_{c \to o}(n)$ 表示 n 时刻到 $n+1$ 时刻煤炭消费比例向石油消费比例转移的概率）。最后，将主对角线外的列元素归为第三类，简称"吸收概率元素"。这类元素表示的是该类能源消费吸收他类能源消费的比例概率（例：$P_{o \to c}(n)$ 表示 n 时刻到 $n+1$ 时刻煤炭消费比例吸收石油消费比例的概率）。

第三步，确定一次转移概率矩阵 $P(n)$。

要确定平均转移概率矩阵 P，关键在于如何确定能源消费结构的一次转移概率矩阵 $P(n)$。本章采用以下四个步骤计算矩阵 $P(n)$ 中各元素的值：

（1）计算元素的保留概率。若从 n 到 $n+1$ 时刻，某类能源的消费比例增加，该类能源在转移概率矩阵中的保留概率为 1；若比例减少，则保留概率等于 $n+1$ 时刻的比例与 n 时刻比例的比值。

（2）计算保留概率为 1 的元素所在行的转移概率。若某行的保留概率为 1，说明该行代表的能源消耗比例未减少，即不存在向他类能源转移的可能性，且前面已设定转移概率矩阵每行元素之和等于 1，因此该行转移概率元素概率都为 0。

（3）计算保留概率小于 1 的元素所在列的吸收概率。若某列的保留概率小于 1，说明该列代表的能源消耗比例减少，不存在该类能源消耗吸收其他类能源的可能，因此该列的吸收概率都为 0。

（4）计算保留概率小于 1 的元素所在行的非零转移概率。某行元素对应能源的保留概率小于 1，说明从 n 到 $n+1$ 时刻发生该类能源消费向他类能源消费的转移。以煤炭（Carbon）为例，若 $P_{c \to c}(n)$ 小于 1，说明 n 到

$n+1$ 时刻，煤炭消费比例减少，发生煤炭消费向其他三类能源消费的转移，则煤炭消费向石油消费、天然气消费和非化石能源消费转移的概率 $P_{c \to o}(n)$、$P_{c \to g}(n)$ 和 $P_{c \to e}(n)$ 根据式（5-3）~ 式（5-5）计算求出：

$$P_{c \to o}(n) = \frac{[1 - P_{c \to c}(n)] \times [s_o(n+1) - s_o(n)]}{[s_o(n+1) - s_o(n)] + [s_g(n+1) - s_g(n)] + [s_e(n+1) - s_e(n)]}$$

$$(5-3)$$

$$P_{c \to g}(n) = \frac{[1 - P_{c \to c}(n)] \times [s_g(n+1) - s_g(n)]}{[s_o(n+1) - s_o(n)] + [s_g(n+1) - s_g(n)] + [s_e(n+1) - s_e(n)]}$$

$$(5-4)$$

$$P_{c \to e}(n) = \frac{[1 - P_{c \to c}(n)] \times [s_e(n+1) - s_e(n)]}{[s_o(n+1) - s_o(n)] + [s_g(n+1) - s_g(n)] + [s_e(n+1) - s_e(n)]}$$

$$(5-5)$$

对于其他类能源保留概率小于 1 的情形，同样可根据以上原理计算出该类能源所在行的非零转移概率。

综合以上四个步骤计算得到初始时刻到 m 时刻能源消费结构的每步转移概率矩阵 $P(1)$，$P(2)$，$\cdots$，$P(m)$，即可根据式（5-6）确定平均转移概率矩阵 P。

$$P = [P(1) \cdot P(2) \cdots P(m)]^{1/m} \qquad (5-6)$$

第四步，利用平均转移概率矩阵 P，预测未来一次能源消费结构。

根据第三步计算得到的平均转移概率矩阵 P，由式（5-7）预测 $n + m$ 时刻的一次能源消费结构：

$$S(n+m) = S(n) \cdot P^m \qquad (5-7)$$

利用中国 2008~2016 年能源消费结构数据，计算每年的转移概率矩阵 $P(i)$，结合式（5-7）确定平均转移概率矩阵 P，从而预测出自然演变趋势下中国 2017~2040 年的能源结构。

2. 政策约束情景下的能源结构预测

本章以无约束情景下能源结构的预测结果为基础，结合已有能源政策规划目标，对能源结构进行相应调整，得到政策约束情景下的能源结构。

根据预测结果，无约束情景下，2020 年非化石能源占能源消费总量的 14.16%，天然气占比 7.57%；2030 年非化石能源消费占比 17.46%，天然气占比 10.84%，以上数值距离能源结构的相关规划目标仍有一定差距。

结合能源政策规划值，本章采用以下方法对无约束情景下的能源结构做出调整，得到政策约束下的能源结构：（1）由于石油的消费比例没有具体的规划目标，因此保持石油消费占比固定不变；（2）由于2020年和2030年天然气和非化石能源比例均小于目标值，因此利用煤炭消费比例的减少来替代天然气和非化石能源消费的增加，从而将天然气和非化石能源比例调整为相应的政策目标值，煤炭比例的降低程度等于天然气和非化石能源比例的上升程度以满足各类能源占比之和为1。

3. 能源生产成本最小情景下的能源消费结构优化模型：多目标决策模型

本章以能源消费成本最小化和二氧化碳排放外部成本最小化为决策目标，采用加权法（对不同的目标加权，将多目标问题转化为单目标问题），对能源消费结构进行优化。

人类在消费能源时需支付一定的成本。不同种类能源的消费成本将直接或间接地影响消费需求，进而对能源结构产生重要影响。因此，本章将能源消费成本最小作为目标函数之一，各类能源的消费成本假定如下：

2010~2016年，煤炭价格范围处于411~819元/吨之间。参考环渤海5500大卡动力煤价格指数，假定煤炭价格为608元/吨。石油价格采用国际价格，2000~2016年，受全球经济和政治动荡影响，国际油价大幅波动。价格改革后，中国的成品油价与国际原油价格一起走高。因此，假设2020~2040年国际油价略高于70美元/桶。天然气价格与石油价格相同，为13.23美元/百万英热单位。水能、核能、风能等可再生资源参考中国的标杆电价，水电由于开发成本上升，2020~2040年水电价格由0.3元/度上升至0.5元/度。随着新能源技术地不断开发，核电价格由2020年的0.43元/度降低至2040年的0.3元/度，风电等可再生能源价格由2020年的0.8元/度下降到2040年的0.69元/度。以上各类能源的消费成本汇总如表5-1所示。

表5-1　　　　　　　　　能源消费成本

能源	2020年	2030年	2040年
煤炭（元/吨）	608	608	608
石油（美元/桶）	2279	2279	2279
天然气（美元/桶）	2279	2279	2279
水能（元/度）	0.30	0.40	0.50
核能（元/度）	0.43	0.36	0.30
其他（元/度）	0.80	0.76	0.69

从环境角度出发,本章将能源燃烧消耗的碳排放外部成本最小作为另一目标函数。研究成果显示,二氧化碳的外部排放成本约为 20 美元/吨。结合不同化石类能源的碳排放因子,计算得出各类能源的二氧化碳外部排放成本如表 5-2 所示。

表 5-2　　　　　　　各类能源的碳排放因子与外部排放成本

能源	煤炭	石油	天然气
碳排放因子	2.678	2.064	1.536
外部成本(美元/吨)	346.042	266.733	198.510

设能源的消费量分别为煤炭 x_1、石油 x_2、天然气 x_3、水能 x_4、核能 x_5、其他可再生能源 x_6。能源成本最小化目标函数为:

$$\min F(x_i) = w_1 f(x_i) + w_2 h(x_i) \qquad (5-8)$$

式(5-8)中,$f(x_i)$ 为能源消费成本函数,$h(x_i)$ 为碳排放的外部成本函数,w_1 和 w_2 分别表示两个成本函数所对应的权重。

根据《中国能源中长期发展战略研究》及《可再生能源发展"十三五"规划》等,设定约束条件:

(1)一次能源消耗量不大于预测值:$x_1 + x_2 + x_3 + x_4 + x_5 + x_6 \leqslant C_1$。

(2)二氧化碳排放总量控制在预测范围内:$\sum_{i=1}^{6} \mu_i x_i \leqslant C_2$($\mu_i$ 为各类能源对应排放因子)。

(3)对中国未来各类能源结构的变化区间进行设置(见表 5-3)。

表 5-3　　　　　　　　一次能源消费比例设置

年份	煤炭	石油	天然气	水能	核能	其他
2020	0.50~0.58	0.15~0.18	0.06~0.11	0.02~0.085	0.02~0.035	0~0.05
2030	0.40~0.53	0.15~0.18	0.07~0.13	0.03~0.075	0.03~0.06	0.02~0.06
2040	0.33~0.40	0.15~0.20	0.10~0.16	0.04~0.10	0.05~0.10	0.05~0.15

(4)非负约束:各类能源量不小于零:$x_i \geqslant 0$。

(5)在所有能源种类中,只考虑煤炭、石油、天然气在燃烧过程中产生二氧化碳,水能、核能等清洁类能源在燃烧过程中释放很少的二氧化碳,故在此忽略不计。

(6)权重设置:本章采用多目标决策模型进行能源结构优化是以社会经济、环境的协调发展为目标。因此,将能源消费成本和二氧化碳外部成本视为同等重要，即 $(w_1, w_2) = (1, 1)$。

二、实现碳峰值目标的最优路径：多属性决策模型

针对中国提出的碳排放达峰目标，本章纳入能源消费总量、能源强度、碳排放总量及碳强度目标完成程度等评价指标，利用多属性决策模型探寻实现中国碳峰值目标的路径选择。首先，根据不同的决策偏好赋予各个指标权重系数，然后对各指标进行加权，得到不同偏好情景下的综合指数：

$$Q = W \times X = \sum_i W_i X_i \qquad (5-9)$$

式（5-9）中，X_1，X_2，X_3，X_4，X_5，X_6 分别代表 2030 年能源消费总量、2030 年能源强度、2020 年和 2030 年二氧化碳排放总量以及 2020 年和 2030 年碳强度完成程度；W_i 表示第 i 项指标的权重系数，各项权重之和等于 1；Q 为各方案的综合指数，Q 值越大，该方案越好。通过对 Q 值的计算，在所有实现碳峰值目标的情景中，选出基于能源结构的最优路径。

根据不同决策者对碳减排目标的侧重点不同，本章对各项指标的权重进行设置，如表 5-4 所示。

表 5-4   不同决策者偏好下的权重设置

指标	无偏好	偏好强度控制	偏好总量控制
W_1	1/6	1/10	1/5
W_2	1/6	1/5	1/10
W_3	1/6	1/10	1/4
W_4	1/6	1/10	1/4
W_5	1/6	1/4	1/10
W_6	1/6	1/4	1/10

表 5-4 中，无偏好是指决策者认为能源消费总量、能源强度、碳排放量及碳排放目标完成程度指标的重要性相同，无侧重点，即对这些指标赋予均等权重；偏好强度控制是指相比于能源消耗总量和碳排放总量，决策者更侧重于能源和碳强度的控制，将 2020 年和 2030 年碳强度完成程度对应的权重设置为 1/4，即路径选择更偏向碳强度较低的情景；偏好总量控制是指相比于能源和碳强度，决策者更侧重于能源消耗总量和碳排放总量的控制，将 2020 年和 2030 年二氧化碳排放量对应的权重设置为 1/4，即路径选择更偏向碳排放总量较少的情景。

已知能源消费量、能源强度和碳排放量越小，碳峰值目标越容易实现，即此三项指标为负向指标；碳强度完成程度越高，碳峰值目标越容易实现，为正向指标。在此采用线性比例方法对这些指标的值进行标准化。

负向指标标准化：

$$y_i = \frac{\min\{x_i\}}{x_i} \qquad\qquad (5-10)$$

正向指标标准化：

$$y_i = \frac{x_i}{\max\{x_i\}} \qquad\qquad (5-11)$$

将各项标准化后的指标值代入式（5-9），得到实现碳峰值目标的各个组合情景的综合指数。

第四节　中国能源消费结构的预测结果

经计算得到无约束情景、政策约束情景和能源生产成本最小情景下的能源消费结构预测结果，如图5-1所示。

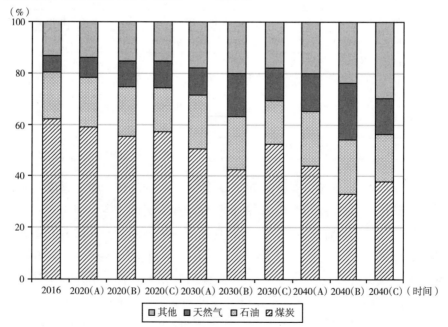

图5-1　中国能源消费结构预测结果

图 5 – 1 显示，2016～2040 年，中国的能源消费结构仍将以煤炭为主，但煤的消费占比在三种能源结构调整情景下呈现不同程度的下降趋势，而天然气和非化石类能源的消费占比将呈现明显上升的趋势。

（1）未来，煤炭消费呈持续下降趋势，煤炭消费比重将从 2016 年的62%下降至 2020 年的 57.1%～59.1%，并进一步下降到 2030 年的 42.4%～52.6%和2040 年的 33.2%～44.2%。石油消费的比重因决策偏好而异，其份额在无约束情景和政策约束情景下呈缓慢上升趋势，消费比重由 2016 年的 18.3%上升至 2020 年的 19.2%左右，并进一步上升至 2030 年的20.9%～21.0%和 2040 年的 21.4%～22.1%；在能源生产成本最小化情景下，石油消费比重先由 2016 年的 18.3%下降至 2030 年的 16.6%后上升至 2040 年的 18.4%，与其他能源相比，未来石油的消费比重变化较为微弱。与此同时，天然气的消费比重将由 2016 年的 6.4%上升至 2020 年的7.6%～10.1%，并进一步上升到 2030 年的 10.8%～16.6%和 2040 年的14.0%～21.8%；非化石能源的消费比重将由 2016 年的 13.3%上升至2020 年的 14.1%～15.5%，并进一步上升至 2030 年的 17.5%～20.0%和2040 年的 19.7%～28.9%。

（2）在无约束情景下，未来石油、天然气和非化石能源的消费比重呈现不同程度的上升趋势。其中，天然气消费上升幅度最大。与 2016 年相比，2040 年天然气消费比重上升至 6.44%。由于天然气是较为清洁的化石能源，且中国的天然气资源丰富，开发成本低，目前中国的天然气产业处于快速发展的阶段。然而，预测结果显示，自然演进状态下，2020 年煤炭占比 59.1%，天然气占比 19.2%，非化石能源占比 14.1%；2030 年天然气占比 10.8%，非化石能源占比 17.5%，距离"十三五"等政策规划设定的目标值仍有一定差距，说明该情景的预测结果不理想，中国能源消费结构有待进一步优化。

（3）政策约束情景下，煤炭的消费比重下降幅度最大。与 2016 年相比，2040 年煤炭消费占比将下降 28.8%。其余三类能源中，非化石能源增长速度快于石油和天然气。2040 年，该情景下煤炭消费占比 33.2%，石油消费占比 21.4%，天然气消费占比 21.8%，非化石能源消费占比23.6%，石油、天然气和非化石能源消费比重几乎相等。这说明，未来中国政府将大力支持和开发天然气及水能、核能等清洁能源产业，以此为主要发展方向来优化能源结构，逐渐缩小与发达国家之间的差距。

（4）能源生产成本最小情景下，非化石能源的消费比重增长速度最快。天然气的增长速度相对缓慢，2040 年天然气消费比重较 2016 年提高

8％；石油消费比重先下降后上升，首先由 2016 年的 18.3% 降至 2030 年的 16.6%，后升至 2040 年的 18.4%；与此同时，2040 年，非化石能源消费比重为 28.9%，比 2016 年增长 16.6%。这说明积极发展风能、核能等新型非化石能源不仅能够优化能源结构，还有助于节约能源消费成本和碳排放外部成本。

综上所述，降低煤炭消费比重，逐步摆脱经济发展对煤炭的依赖是中国未来能源结构优化的主要趋势；此外，提升天然气开发力度，增加天然气的消费比重也是优化能源结构的战略选择之一；与此同时，大力发展风能、核能等新型非化石能源，以非化石能源替代化石能源不仅有利于优化能源结构，还能够节约成本，是实现能源可持续发展的重要措施。

第五节　中国实现碳峰值目标的可行性分析

根据本章介绍的碳排放测算方法，计算出各情景下中国 2017～2040 年二氧化碳排放量，如图 5-2 所示。

（1）经济高速发展时，只有在能源生产成本最小情景下才能实现碳排放达峰目标。经济高速—生产成本最小组合情景下，二氧化碳排放量于 2030 年达到峰值，为 116179.8 十万吨，随后碳排放量逐年降低，2040 年碳排放量降到 107536.7 十万吨。能源结构无约束情景下，碳排放量呈现明显地逐年上升趋势，该情景下的碳排放量远高于其余两个情景。到 2040 年，二氧化碳排放量高达 122687.3 十万吨；政策约束情景下，2017～2040 年二氧化碳排放量整体增长趋势较缓慢，碳排量在 2017～2023 年快速增长后，由 105503.9 十万吨增长到 109248.4 十万吨，2024～2035 年二氧化碳排放量呈上升或下降的波动状态，2036～2040 年碳排放量缓慢上升至 109766.1 十万吨。

（2）经济中速发展时，政策约束情景和能源生产成本最小情景均可实现碳排放达峰目标。政策约束情景下，二氧化碳排放量于 2023 年即达到峰值，为 108718.3 十万吨；而生产成本最小约束下，二氧化碳排放达峰时间为 2030 年，峰值为 112820.3 十万吨，该情景下碳排放达峰时间晚于政策约束情景，且峰值更大。在无约束情景下，能源结构的调整未能实现碳排放达峰目标，2017～2040 年碳排放整体呈递增趋势，2040 年碳排放量增长至 115207.2 十万吨。综合以上三种情景，在经济增速相对放缓的情况下，无约束情景下的能源结构调整仍未实现 2030 年左右碳排放达峰

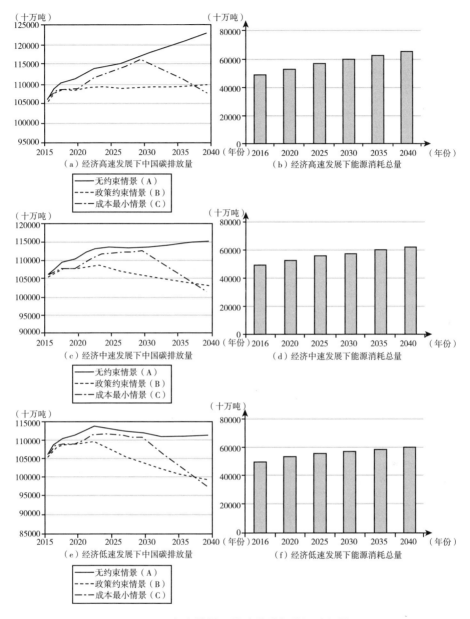

图 5-2　各个情景下的碳排放与能源消耗量

的目标，其余两种情景下碳排放达峰目标的顺利实现，说明了未来中国对能源结构进行优化的必要性。

（3）经济低速发展时，碳排放达峰目标在三种能源结构调整情景下均可实现。在政策约束情景下，碳排放达峰时间最早且峰值最小，即 2022 年二氧化碳达峰，峰值为 109429.6 十万吨；在无约束情景下，碳排放达峰时间为 2023 年，峰值为 113647.2 十万吨；能源生产成本最小约束下，碳排放达峰时间为 2024 年，峰值 111742.8 十万吨。综合以上三种情景发现，政策约束情景下碳峰值目标实现的时间最早且峰值最小，无约束情景下碳峰值最大，能源生产成本最小情景下碳峰值介于两者之间。

（4）综合以上 9 个组合情景发现，能源生产成本最小情景下，无论中国未来经济高速、中速还是低速发展，碳排放达峰目标均可实现；政策约束情景下，能源结构的优化可以在经济中速和低速发展下实现碳排放达峰目标；而无约束情景下，能源结构的优化仅在经济低速发展下实现碳排放达峰目标。以上结果显示，无论中国未来的经济发展状况如何，在能源生产成本最小情景下的能源结构最有利于实现碳排放达峰目标，对实现碳排放峰值的作用最大，而政策约束情景与无约束情景下的能源结构对实现碳排放峰值目标的作用相对较弱。

总结：（1）中国碳排放达峰目标能够在 2022~2030 年之间实现，碳排放峰值介于 108718.3 十万吨至 111742.8 十万吨之间。（2）经济发展速度与实现碳排放达峰目标的难易程度成反比，经济发展速度越缓慢，碳排放达峰目标越容易实现。（3）能源生产成本最小情景下，能源结构的优化对实现碳排放峰值的作用最大；政策约束情景的能源结构调整作用其次，无约束情景下能源结构对实现碳排放峰值目标的作用最弱。

第六节　实现中国碳峰值目标的最优路径分析

本章节采用多属性决策模型，从能够同时实现碳峰值目标的情景中选出实现碳减排"双控"目标的最优路径。经计算得到各个组合情景的综合指数，结果如表 5-5 所示。

表 5-5　　　　　决策者不同偏好下各情景的综合指数

项目	高速发展			中速发展			低速发展		
情景	A	B	C	A	B	C	A	B	C
无偏好	–	–	0.967	–	0.992	0.977	0.968	0.994	0.979
偏好强度控制	–	–	0.974	–	0.994	0.981	0.968	0.993	0.979
偏好总量控制	–	–	0.959	–	0.991	0.973	0.965	0.995	0.977

注：由于经济高速—无约束情景和经济高速—政策约束情景以及经济中速—无约束情景未实现碳排放达峰目标，这些情景不考虑在内。

（1）在无偏好控制下，综合指数最大的情景为经济低速—政策约束情景，经济中速—政策约束情景次之。在经济低速—政策约束情景下，2017～2030 年 GDP 年均增速为 4.6%，2030 年煤炭、石油、天然气和非化石能源消费占比分别为 42.41%、21.00%、16.59% 和 20.00%。该情景下煤炭消费占比最大，天然气占比最小，能源结构调整幅度最高，从理论上分析，经济低速—政策约束情景是实现碳峰值目标的最优路径。

从现实角度来看，中国目前仍处于发展中阶段，经济低速发展不利于保障社会进步及国际地位的提升。此外，能源结构大幅度调整意味着天然气和非化石能源的大幅上升，但天然气和清洁类能源的成本较高，经济低速发展下难以兼顾基本内需和能源结构调整，实施起来难度较大。因此虽然理论上经济低速发展的政策约束情景的综合指数最高，但从现实角度看并不适合作为实现碳排放"双控"目标的最优路径。与此同时，经济中速—政策约束情景下，2017～2030 年 GDP 年均增速接近 5%，适应中国经济发展"新常态"国情。该情景下经济发展状态可兼顾基本内需和能源结构优化，因此本章将"经济中速—政策约束下能源结构情景"作为无偏好状态下的最优路径。

（2）在偏好强度控制下，经济中速—政策约束情景对应的综合指数最大，因此将"经济中速—政策约束下能源结构情景"作为偏好强度控制下实现碳峰值目标的最优路径。

（3）在偏好总量控制下，综合指数最大的情景是经济低速—政策约束情景，经济中速—政策约束情景次之。该情形所得结论与"无偏好"情形一致，故在此不再赘述，将"经济中速—政策约束下能源结构情景"作为偏好总量控制下实现碳峰值目标的最优路径。

总结：无论是无偏好状态，还是偏好碳排放的强度或总量控制，经济中速—政策约束下能源结构情景都是实现碳峰值目标的最优路径。

第七节　本章小结

作为世界第一大碳排放国——中国，提出了 2030 年左右实现碳排放达峰的目标。本章从能源结构优化角度探究中国是否能够实现碳排放总量的控制目标，并对实现该目标的最优路径进行分析，为中国实现低碳经济发展提供参考。首先，构建马尔科夫链和多目标决策模型，分别从自然演进、政策约束和成本约束角度预测中国未来的能源消费结构。其次，将三种能源消费结构情景与三种经济发展情景结合，得到 9 种综合情景下的中国碳排放的预测结果，对各情景能否实现碳达峰目标进行分析。最后，采用多属性决策模型决策出实现该目标的最优路径。结果显示，9 种情景下，并非所有情景都能实现 2030 年碳排放达峰目标，经济发展速度与实现碳排放达峰目标的难易程度成反比。预期碳排放达峰的时间为 2022 ~ 2030 年之间，二氧化碳达峰的排放量为 108.7 亿 ~ 111.7 亿吨；其中，经济中速发展及政策约束下的能源结构调整情景是实现该目标的最优路径。未来，在适应经济发展"新常态"下，有必要进一步对能源结构进行调整规划，从而有效减少碳排放量，实现低碳减排发展。

第二篇

全球层面的国际比较

第六章　目标国际比较一："基础四国"国家自主贡献目标的力度评估

第一节　引　　言

一、研究背景

温室气体排放量的剧增是近年来"全球气温上升"的主要原因，二者之间存在明显的线性关系。2015 年 12 月，联合国气候变化巴黎峰会上达成的《巴黎协定》确定了新的气候目标：21 世纪末，全球平均气温相比于工业化前的水平上升在 2℃以内，并且努力将升幅水平控制在 1.5℃。《巴黎协定》是巴黎气候大会历时 4 年，以德班平台谈判为进程达成众多协定的核心，是继《联合国气候变化框架公约》《京都议定书》之后，人类历史上应对气候变化的第三个里程碑式的国际法律文本。《巴黎协定》的另一项重要成果是确定了减排目标实行自下而上的"国家自主贡献"，即各方根据自身情况确定应对气候变化的行动目标。目前，已有 100 多个国家提交了"国家自主贡献"减排目标。

"基础四国"（BASIC）是由巴西、中国、印度和南非四个主要发展中国家组成的，是四国在气候议题的临时磋商机制。自 2009 年哥本哈根气候大会起，基础四国在连续数次气候大会上都在磋商机制的基础上持统一的立场，并且已举行了多次气候变化部长级会议。基础四国是"77 国集团＋中国"这一重要集团的组成部分，是发展中国家的一部分，不是独立的谈判集团，代表了发展中国家的利益，是引领未来气候谈判道路的中坚力量。作为世界上发展最快的四个发展中国家，"基础四国"的国土面积占世界领土总面积的 15%，人口占全球总人口的 39.9%，经济总量占全球的 20.5%，二氧化碳排放量占全球的 37.5%。随着经济的持续增长，

"基础四国"未来还将是全球碳排放最多的一个新兴组织。所以,对"基础四国"的国家自主贡献力度进行评估有利于更为全面地了解"基础四国"未来碳排放的发展趋势,为全球减排行动提供新的研究视角。表6-1为"基础四国"提交给《巴黎协定》的国家自主贡献的主要内容。

表6-1   "基础四国"国家自主贡献主要内容

基础四国	减排形式	基准时间	目标时间年/段	减排目标值
南非	碳预算	2005 年	2025~2030 年	3.98 亿~6.14 亿吨
	峰值	2020~2025 年达到峰值,稳定约 10 年		
巴西	绝对减排值	2005 年	2025 年	37%
			2030 年	43%(意向)
印度	碳强度下降	2005 年	2030 年	33%~35%
	森林碳汇			增汇 25 亿~30 亿吨
中国	峰值	2030 年左右达峰,并争取尽早达峰		
	碳强度下降	2005 年	2030 年	60%~65%
	森林碳汇			增加 45 亿立方米储蓄量

资料来源:联合国《巴黎协定》(The Paris Agreement),2015 年。

本书认为,对"基础四国"的国家自主贡献的力度进行评估需要同时满足两个要求:首先,应该充分考虑各国历史发展的差异及历史碳排放的变化,而不能仅仅考虑当下的碳排放绝对值;其次,各国提出的国家自主贡献目标应该以满足《巴黎协定》中提出的 2℃ 全球温控目标为基本要求。基于以上两点考虑,本书的研究思路如下:首先对"基础四国"的历史碳排放公平性进行评价,在此基础上,以历史公平性最大化为目标对四国的历史碳排放权进行重新分配,并由此得到各国历史碳排放的赤字/盈余情况;其次,以 2℃ 全球温控目标为基准对"基础四国"2010~2030 年碳排放权进行分配,并基于各国历史碳排放赤字/盈余情况进行调整,进而得到 2℃ 全球温控目标下的"基础四国"2010~2030 年理论碳排放权;最后,对"基础四国"INDC 下的碳排放量与实现 2℃ 全球温控目标下的理论碳排放值进行比较,如果某国 INDC 目标排放总量超出了其 2℃ 约束下的理论碳排放值,那么将视为未完成 2℃ 目标减排任务,反之,则完成了 2℃ 目标碳排放任务。

二、文献综述

历史碳排放公平性与未来碳排放配额研究现状。当前,对于国家历史碳排放的公平性评价，各国学者都已做了大量的研究。海利等（Heil et al.，1997，2000）最先利用 Gini 系数测度了国家间人均碳排放量的不公平性，该研究发现，建立在国家碳排放总量基础上的国际公平会产生个体之间的不公平。对于先前的研究并没有考虑历史因素，滕飞等（2010）以人均历史累计排放为基础，构建洛伦兹曲线和基尼系数，发现全球70%的碳排放空间被用于不公平分配。海德纳斯等（Hedenus et al.，2005）利用 Atkinson 指数测度了国家间人均碳排放的不公平。帕迪拉等（Padilla et al.，2006，2010）研究了二氧化碳排放量与 GDP 之间的关系，并表明各国之间的收入不平等之后排放量分布也存在重要的不平等，并且碳排放量与收入分配不均衡的措施之间存在强有力的正相关关系。邱俊永等（2011）选取国土面积、人口、生态生产性土地面积和当前化石能源探明储量四个自然社会环境指标，用基尼系数评价 G20 主要国家二氧化碳累计排放量。结果显示，基尼系数均处在不公平和非常不公平状态。王华（Wang Hua，2018）基于消费的排放核算体系在气候政策研究中越来越受欢迎，从消费角度分析碳排放不平等，使用基于 Theil 的新方法和指数分解分析（IDA）技术，考察了1995～2009年全球人均消费量排放不平等，量化了碳排放不平等的现状和演变的来源和决定因素。结果表明，全球碳排放不平等主要来自新兴经济体，特别是中国和印度。在研究期间，全球不平等程度以加速度下降。各国在人均消费水平上的差距减小，而消费型碳排放强度的差距扩大在很大程度上阻碍了不平等的减少。

各国根据各自国情和自身利益，提出了很多碳分配方案。这些公平方案主要分为两类（王翊等，2011）：一类由发达国家倡导，以人均排放趋同分配方案为主。方案主要设计内容为：发达国家逐年降低其人均碳排放量，发展中国家逐年增加人均碳排放量，到某一目标年两者趋同（Gupta S. et al.，1999）。另一类由发展中国家所倡导，以人均累计碳排放为基础，同时强调历史责任（Xunzhang Pan et al.，2014）。如陈文颖等（2005）提出"两个趋同"的方案，该方案很大程度上给予发展中国家应有的发展空间以实现工业化，符合公平、共同的但有区别的责任以及可持续发展的原则。此外，还有不少学者对不同分配方案进行了比较，如王利宁等（2015）计算比较了各个代表性分配方案下各主要国家和地区2010～2100年的分配额，并用人均累计碳排放构建的指数评价了各方案的公平性。研究发现，EPCCE（等人均累计排放：从1850年开始，累计时间段内各国人均历史累计排放相等）方案能有效消除碳排放历史不公平现象，能够实现碳排放绝对公平。潘勋章等（Xunzhang Pan et al.，2014，

2014）基于社会各界提出的碳排放权分配方案，提出了公平获取可持续发展（EASD）模型。EASD 模型由四个模块组成：全球目标模块、分配模块、碳权益模块和减排成本模块，EASD 模型为各种分配方案之间的一致比较提供了一个平台，并成为评估排放权分配方案的有力政策工具。妮可·格鲁内瓦尔德（Nicole Grunewald，2017）使用面板数据集（在区域和时间覆盖范围内）研究了收入不平等与人均二氧化碳排放之间在理论上模糊的联系。使用可论证的优越的群体固定效应估计，研究发现收入不平等与人均家排放之间的关系取决于收入水平：对于低收入和中等收入经济体而言，较高的收入不平等与较低的碳排放相关；而在中高收入和高收入经济体中，较高的收入不平等增加了人均排放量。结果对于包含合理的传输变量是稳健的。

国家 INDC 目标力度研究。王海林等（2015）针对中美气候变化联合声明中公布的各自 2020 年后减排目标，运用情景分析法，对 GDP 碳排放强度下降、新能源和可再生能源发展规模、二氧化碳排放达峰时间及其所处发展阶段、电力部门减排四个方面进行了分析，进而比较了中美两国 2020 年后减排目标；崔学勤等（2016）基于气候公平的四个原则，分别计算了美国、印度、中国和欧盟在基数、平等、能力、责任和混合方案下 2010～2100 年的累计碳排放配额，对各国的 INDC 进行了对比，研究发现，在四个分配方案中，要选择对自己最有力的方案，美国和欧盟无法实现 2℃目标的公平分配目标，中国和印度能满足实现 2℃目标的公平分配方案的上限要求，同时，从总体上来看，美国、印度、中国和欧盟的减排力度离实现 2℃目标仍有差距；杨占红等（2016）将中国和印度作为对照样本，围绕着两国的减排目标，从经济发展情况、能源储量和消费情况等多个维度进行对比分析，发现中国碳排放总量大于印度，但排放总量增速、人均排放增速均低于印度，碳排放强度下降速度快于印度，此外，中国制定碳减排目标的努力程度也大于印度。古高翔（Gaoxiang Gu，2018）使用气候经济综合评估模型来研究碳减排和研发投入减缓气候影响的情景模拟。结果表明，大多数主要碳排放国家通过继续其目前的研发增长趋势无法实现其 INDC 目标。除非各国的研发投资率增加到极高水平，否则即使主要碳排放国家接近或达到其国家自主贡献预案目标，2100 年全球变暖也不能控制在 2℃或 1.5℃以下。低碳技术转移将显著降低发展中国家的碳排放，但仍不能达到 2℃的目标。

"基础四国"碳排放研究。王田等（2014）通过"基础四国"第二次国家信息通报，分析了四国温室气体排放规模、减排目标和减缓措施，提出了"基础四国"应形成统一立场，以人均二氧化碳排放和人均GDP为核心制定谈判策略；在减缓措施上，四国应在可再生能源领域、提高能源效率方面加强合作；在加强沟通交流清单核算方面，推广适应气候变化方面交流相关经验。柴麒敏等（2015）认为，由于"基础四国"在工业化和城镇化进程中存在较大的差异，造成了四国国内低碳发展模式的不同与谈判立场的分歧。朱守先等（2013）围绕国际气候制度框架，从技术水平、资源禀赋和发展阶段等不同方面，分析比较了应对气候变化时"基础四国"的各类基本条件，为发展中国家可持续发展提供政策依据。荣若（Rong fang，2010）提出并应用两级利益模型来分析影响"基础四国"及墨西哥在国际气候谈判中可能立场的因素。研究发现，缓解能力是一个至关重要的因素，至少包括人均收入、能源禀赋和经济结构等子因素，而生态脆弱性似乎并未发挥重要作用。"基础四国"特别是中国和印度，在不久的将来不太可能采取自愿承诺的国民经济排放上限，而墨西哥的缓解率最高。"基础四国"可能会采用更加严格的气候政策，提高减缓能力，这表明有效的国际金融和技术转让机制的重要性，并进一步收紧了发达国家的减排目标。

总体来看，已有研究为本书研究奠定了很好的基础，但是已有研究在以下三点仍然存在不足之处：

第一，对碳排放公平性研究。主要针对发展中国家和发达国家的比较分析，定位于发展中国家间的研究较少。发达国家自工业革命以来所排放的温室气体已经占据了全球总排放量的95%，严重挤占了发展中国家在工业化过程中应获得的碳排放空间。所以，各国学者的研究主要集中在发达国家对发展中国家的碳排放历史责任，对于发达国家间或发展中国家间的碳排放公平性讨论较少。发展中国家间由于历史发展、自然资源、经济社会、产业结构等存在巨大差异，造成了各国碳排放的差异明显，并承受了巨大的国际减排压力，从而对发展中国家间的碳排放比较研究具有重要现实意义。

第二，目前没有针对"基础四国"自主减排目标的力度评价研究。"基础四国"成立于联合国哥本哈根气候大会召开前夕，由于"基础四国"在全球和发展中国家中的地位日益上升，"基础四国"在达成《哥本哈根协议》中发挥了重大作用，现有的国际气候格局也受到"基础四国"气候集团出现的重要影响。但是，已有对"基础四国"碳排放的研究大部分停留在宏观政策的比较层面，对于"基础四国"未来的碳排放配额以及在《巴黎协定》中的自主减排目标力度评价缺少定量研究。

第三，指标选取上的不足。目前关于未来碳排放权的研究绝大部分将人口作为公平性指标，并作为唯一指标。虽然公平性指标在碳排放分配中有着极其重要的作用，但并不能作为唯一指标。单一的公平性指标忽略了效率因素，没有考虑到各国的社会经济状况，从而挫伤了部分地区减排的积极性。

三、本章的主要研究及创新点

与已有研究相比，本章的主要工作和创新点体现在以下四点：

第一，基于110年历史回顾的视角评估"基础四国"碳排放的历史公平性。在责任计量起始年选取方面，本章选取了从1900~2009年的"基础四国"历年碳排放量，将1900~2009年平均划分为11段，然后将每个时间段内的"基础四国"的历史碳排放公平性进行评价。本章选取的碳排放历史数据时间跨度较大，能较好地反映出"基础四国"碳排放量的历史变化趋势，对"基础四国"未来碳排放配额以及INDC目标力度评价奠定了良好的基础。

第二，以《巴黎协定》约定的2℃温控目标为基准，对"基础四国"2010~2030年的碳排放权进行分配，并基于历史公平性进行调整。《巴黎协定》规定，今后将以全球盘点的形式评估全球减排进展，以每五年一个周期进行，并根据评估结果推动各国逐步提高各国的自主贡献减排目标。在"基础四国"甚至全球各国未来碳排放权的分配研究中，将《巴黎协定》中规定的全球气温升幅不得超过2℃的温控目标作为约束条件是基本要求。同时，未来减排方案的确定还要兼顾历史碳排放，充分考虑不同国家历史发展的差异化。

第三，对"基础四国"提出的INDC进行横向比较，并以《巴黎协定》提出的2℃温控目标为标准进行评价。"基础四国"是目前主要的发展中碳排放大国，对《哥本哈根协议》《坎昆协议》《巴黎协定》等协定的出台发挥了重要作用，"基础四国"气候集团的出现对国际气候机制的构建影响深远，对现有的国际气候格局影响重大。基于此，对"基础四国"INDC的目标力度评价对推动全球应对气候变化尤为重要。

第四，在选取指标上，本章将公平性原则与效率性原则相结合，综合考虑公平和效率的混合分配方案，避免了传统分配方案中在单一指标制定时"一刀切"进行总量分配的缺陷。兼顾公平性原则与效率性原则的碳排放分配方案更容易被各国接受，同时更能体现出可持续发展的基本内涵和《巴黎协定》中"共同但有区别"的责任原则。

第二节　"基础四国"INDC目标减排力度模型的构建

本章节为本章的前期数据处理以及模型选用，其主体内容分为三个部分，第一部分和第二部分为本章所采用的研究方法介绍，第一部分由基尼系数模型构成，在对"基础四国"基于110年历史碳排放进行公平性测度之前，将110年以每10年为单位，共划分为11段，对每一段进行以基尼系数为模型的公平性评价；第二部分对历史碳排放公平性分析中所使用的公平性模型——基尼系数模型，结合本章所用指标进行简要说明，在初始公平性的基础上，通过改进后的优化分配模型——基尼系数优化分配模型用于优化分解，其次利用基尼系数优化分配模型对"基础四国"历史碳排放进行重新分配，并与历史排放数据进行对比，算出"基础四国"历史碳排放赤字与剩余，并将模型和本书所用指标结合起来进行阐述；第三部分为"基础四国"INDC力度评价的思路。

一、"基础四国"历史碳排放公平性测算方法——基尼系数

1. 碳排放基尼系数内涵

基尼系数原本是用来评价居民收入不平等的指数，但近几年在环境领域中广泛运用（Chengchu Yan，2017），如水污染物总量分配（肖伟华等，2009）、耕地保量分配（张琳等，2012）及碳排放公平性（邱俊永等，2011）等领域。

基尼系数用洛伦兹曲线（见图6-1）计算，其绘制方法是：横坐标为人口累计百分比，纵坐标为收入分配累计百分比。

在"基础四国"历史碳排放公平性测算中，本章将分别选取人口和GDP作为历史碳排放公平性指标和效率性指标。碳排放权作为未来的一种资源，每个人都有权利去拥有，人口指标是碳排放权分配中的公平性指标，如果地区人口相对较多，那么该地区应该享有较多的碳排放权，地区人口相对较少，理应享有相对较少的碳排放权，但对于人均碳排放量较高的国家，应该减少其碳排放量；碳排放强度（碳排放/GDP）分配原则（Baer P.，2013）指出，世界各国的碳排放限额与其碳排放强度成反比，该原则一度被认为能保证全球在一定的资源容量下达到产出的最大化（王慧慧等，2016）。如果某个地区GDP相对较高，那么该地区理应享有较多的碳排放权，对于GDP较低的地区，则其碳排放权相对较少，但对

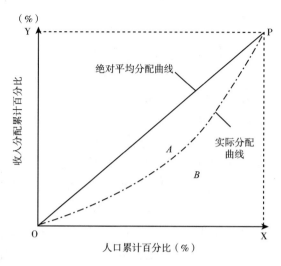

图 6 - 1　洛伦兹曲线

于碳排放强度高的地区，应缩减其碳排放规模，促使其产业结构调整。在"基础四国"历史碳排放公平性测算中，洛伦兹曲线的横坐标为各国人口或 GDP 累计百分比，纵坐标为各国碳排放量累计百分比，折线 OXP 为绝对不平均分配曲线，对角线 OP 为绝对平均分配曲线。一般来说，实际分配曲线介于绝对公平分配曲线和绝对不公平分配曲线之间。实际分配曲线与绝对公平分配曲线所包围的面积 A 占绝对公平线与绝对不公平线之间的面积 A + B 的比重称为基尼系数（张建华，2017），用 G 表示：

$$G = A/(A + B) \qquad (6 - 1)$$

碳排放基尼系数越大，表示"基础四国"历史碳排放越不平等，碳排放基尼系数越小则表示"基础四国"历史碳排放越平等。基尼系数是一个介于 0 ~ 1 的数（陈希孺，2004），按照国际惯例，根据基尼系数大小可以将公平性分为绝对公平（0 ~ 0.2）、比较平均（0.2 ~ 0.3）、相对合理（0.3 ~ 0.4）、差距较大（0.4 ~ 0.5）、差距悬殊（0.5 以上）。收入分配差距的"警戒线"通常用 0.4 表示（胡祖光，2004）。

2. 碳排放基尼系数的计算

矩阵法、协方差法、平均差法及几何法等是计算基尼系数的常用方法（张立建，2007；熊俊，2003），本章选择普遍使用的梯田面积法（Arne Jacobson et al., 2004）进行计算，计算公式如下：

$$G_j = 1 - \sum_{i=1}^{n} (X_{ij} - X_{(i-1)j})(Y_{ij} + Y_{(i-1)j}) \qquad (6-2)$$

式 (6-2) 中，G_j 为基于分配指标 j（人口、GDP）的基尼系数；X_{ij} 为第 i 国家分配指标 j（人口、GDP）的累计百分比；Y_{ij} 为第 i 国家分配指标 j（人口、GDP）的碳排放累计百分比。当 $i=1$ 时，$(X_{(i-1)j}, Y_{(i-1)j}) = (0, 0)$。指标 j 的累计百分比由式 (6-3) 确定：

$$X_{ij} = X_{(i-1)j} + \frac{P_{ij}}{\sum\limits_{i=1}^{n} P_{ij}} \qquad (6-3)$$

式 (6-3) 中，X_{ij} 为第 i 国家分配指标 j（人口、GDP）的累计百分比；P_{ij} 为第 i 国家分配指标 j（人口、GDP）。碳排放分配量的累计百分比 Y_{ij} 由式 (6-4) 确定：

$$Y_{ij} = Y_{(i-1)j} + \frac{W_{ij}}{\sum\limits_{i=1}^{n} W_{ij}} \qquad (6-4)$$

式 (6-4) 中，Y_{ij} 为第 i 国家分配指标 j（人口、GDP）的碳排放累计百分比；W_{ij} 为第 i 国家指标 j（人口、GDP）的碳排放量。"基础四国"历史碳排放数据来自美国橡树岭国家实验室二氧化碳信息分析中心（CDIAC，2018），人口数据来自 Populstat 网站（Population Statistics，2018），GDP 数据来自格罗宁根增长与发展中心（GGDC，2018）。碳排放数据、人口数据和 GDP 数据均为 1900～2009 年。

二、基于基尼系数的"基础四国"碳排放权最优分配模型构建

1. 目标函数

根据基尼系数原理，基尼系数越小，分配越公平。由此，本章将人口基尼系数与 GDP 基尼系数之和最小作为碳排放权分配模型的目标函数。

2. 约束条件

公平性约束：为了使各国的碳排放量分配更加公平，优化后的各指标基尼系数之和 G_j 应该小于原来的各指标基尼系数之和 G_{0j}。

碳排放总量约束：各国碳排放权分配之后的碳排放总量之和还是等于原来的各国碳排放总量之和。

由此，基于基尼系数的"基础四国"2010～2030 年碳排放权分配模型为：

$$\min G = \sum G_j$$

$$\text{s. t.} \begin{cases} 0 \leqslant G_j \leqslant G_{0j} \\ \sum_{i=1}^{n} W_i = \chi \end{cases} \qquad (6-5)$$

式（6-5）中，G 为各指标基尼系数总和；G_j 为优化后 j 指标（人口，GDP）的基尼系数，G_{0j} 为优化前 j 指标的基尼系数，W_i 为优化后"基础四国"碳排放总量，χ 为未来"基础四国"碳排放限制总量。

三、"基础四国" INDC 力度评价的思路

本章对"基础四国"自主贡献力度评价的思路在于：

第一，推算"基础四国" 2010～2030 年 INDC 碳排放总量。由于"基础四国" INDC 均是对未来某一年或某个时间段提出了预排放量和碳排放强度目标，对于其减排过程并没有过多详细解释，所以本章先将"基础四国"目标年的碳排放量确定，然后结合历史碳排放量对"基础四国" 2010～2030 年的各年碳排放量进行拟合，由此加总各年碳排放量得到"基础四国" 2010～2030 年碳排放总量，并将其作为 INDC 目标排放总量。

第二，将"基础四国" 2010～2030 年 INDC 碳排放总量与 2℃ 约束下的 2010～2030 年碳排放权分配量进行比较。"基础四国" 2010～2030 年碳排放权分配由式（6-5）计算得到，如果某国 INDC 目标排放总量超出了其 2℃ 约束下 2010～2030 年的碳排放权配额，那么视为未完成 2℃ 目标碳排放任务，反之，则完成了 2℃ 目标碳排放任务。

第三节　"基础四国"碳排放历史公平性及碳排放再分配

一、"基础四国"历史碳排放公平性分析

1. "基础四国"历史碳排放公平性及重新分配后的公平性分析

基于式（6-2）计算得到 1900～2010 年分别基于人口指标和 GDP 指标的"基础四国"碳排放基尼系数。基于式（6-5）计算得到 1900～2010 年优化分配后的"基础四国"各国历史碳排放量，并重新计算了优化分配后基于人口指标和 GDP 指标的"基础四国"碳排放基尼系数，结果如表 6-2 所示。

表6-2　　　　　"基础四国"碳排放基尼系数实际值以及优化值

时间段（年）	实际值			优化值		
	人口指标	GDP 指标	总和	人口指标	GDP 指标	总和
1900～1910	0.475	0.416	0.891	0.071	0.010	0.081
1910～1920	0.469	0.382	0.850	0.107	0.010	0.117
1920～1930	0.416	0.315	0.732	0.175	0.052	0.227
1930～1940	0.303	0.217	0.520	0.123	0.018	0.140
1940～1950	0.315	0.294	0.609	0.140	0.047	0.187
1950～1960	0.277	0.286	0.563	0.125	0.039	0.164
1960～1970	0.260	0.296	0.557	0.161	0.052	0.213
1970～1980	0.282	0.310	0.592	0.213	0.005	0.218
1980～1990	0.294	0.292	0.586	0.098	0.141	0.239
1990～2000	0.268	0.208	0.476	0.126	0.072	0.198
2000～2010	0.292	0.162	0.454	0.168	0.018	0.186

（1）"基础四国"的历史碳排放存在不公平现象，但是随着时间的推移，"基础四国"的碳排放不公平性越来越小。基于人口指标的"基础四国"历史碳排放不公平程度大于基于 GDP 指标的不公平程度。表6-2显示，以人口指标考察"基础四国"碳排放公平性时，"基础四国"碳排放基尼系数从1900～1910年到1920～1930年均超出"警戒线"0.4，处于差距很大的水平；1930～1940年和1940～1950年的基尼系数在0.3～0.4之间，处于相对合理水平；从1950～1960年到2000～2010年的基尼系数在0.2～0.3之间，处于比较平均水平；以 GDP 指标考察"基础四国"碳排放公平性时，1900～1910年的基尼系数超出"警戒线"0.4，处于差距较大水平；1910～1920年、1920～1930年和1970～1980年的基尼系数在0.3～0.4之间，处于相对合理水平；2000～2010年的基尼系数在0.1～0.2之间，处于绝对公平水平，其余时间段的基尼系数在0.2～0.3之间，处于比较平均水平。"基础四国"的历史碳排放量总体上处于相对合理水平，从1900～2010年每个时间段内，基于人口指标的基尼系数总是比基于 GDP 指标的基尼系数大，显示了基于人口指标的"基础四国"历史碳排放不公平程度大于基于 GDP 指标的不公平程度。

（2）优化分配后的"基础四国"历史碳排放公平性有显著提升。图6-2为1900～2010年"基础四国"碳排放分别基于人口和 GDP 指标优化前后的洛伦兹曲线。由表6-2、图6-3中的洛伦兹曲线对比可知，优化分配后的基于人口和 GDP 基尼系数均比实际值小了很多，都低于0.4的警戒线，且大部分都属于绝对公平水平。

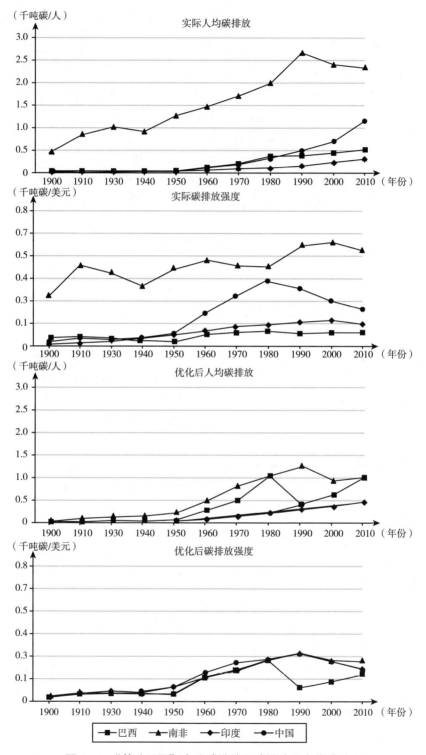

图 6 - 2 "基础四国"人均碳排放和碳排放强度前后对比

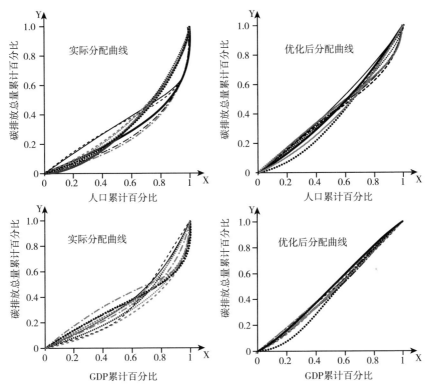

**图6-3　1900～2009年"基础四国"碳排放分别基于人口和
GDP指标优化前后的洛伦兹曲线**

2. "基础四国"历史碳排放剩余与赤字

以上研究发现，"基础四国"历史碳排放存在不公平现象。优化分配后的"基础四国"历史碳排放能够使各个指标的碳排放基尼系数下降，实现较好的历史公平性。将每一个时间段的优化分配碳排放与实际值进行比较，当优化分配量小于实际排放量时，会造成碳排放赤字，当优化分配量大于实际排放量时，会形成碳排放剩余。由此得到"基础四国"历史碳排放的赤字与剩余状况，如图6-4和表6-3所示。

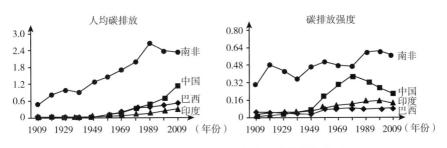

图6-4　"基础四国"历史碳排放量优化分配

表6-3 　　　　　　　　"基础四国"历史碳排放赤字与剩余 　　　　单位：千吨碳

时期	巴西	南非	印度	中国
1900～1909	-0.004	-0.023	-0.007	0.033
1910～1919	-0.002	-0.049	-0.006	0.057
1920～1929	0.002	-0.065	0.017	0.046
1930～1939	0.005	-0.071	0.028	0.037
1940～1949	0.011	-0.116	0.065	0.040
1950～1959	0.085	-0.144	0.148	-0.089
1960～1969	0.221	-0.171	0.270	-0.320
1970～1979	0.690	-0.235	0.629	-1.083
1980～1989	0.051	-0.434	1.171	-0.788
1990～1999	0.280	-0.575	1.190	-0.896
2000～2009	0.896	-0.662	1.640	-1.875
赤字与剩余	2.236	-2.545	5.147	-4.838

（1）南非和中国存在历史碳排放赤字，两国碳排放赤字分别为2.545千吨碳和4.838千吨碳。1900～2009年，"基础四国"的人均碳排放量和碳排放强度都是逐年增加。南非在四个国家的历史人均碳排放量最高，人均碳排放量在每个时间段都远远高于其他三个国家，如在2000～2009年，南非人均碳排放量是中国的2倍，是印度的7.0倍，是巴西的4.5倍；南非碳排放强度是中国的2.6倍，是印度的4.4倍，是巴西的6.7倍。中国从1900～1949年的碳排放剩余转化为1950～2009年的碳排放赤字。改革开放40年来，中国经济发展迅猛，其历史人均碳排放量和碳强度的增长速度在四个国家中是最快的，1900～2009年中国的人均碳排放量增长了207倍，碳排放强度增长了21.6倍。

（2）印度与巴西则存在碳排放剩余，碳排放剩余分别为5.147千吨碳和2.236千吨碳。由图6-4可知，巴西与印度的碳排放赤字与剩余情况比较相似，在1900～1909年和1910～1919年时间段内，由于中国的人均碳排放量和碳排放强度极低，在碳排放优化分配后，巴西和印度都出现了赤字。从1900～2009年，南非人均碳排放和碳排放强度远远高于印度和巴西，中国的人均碳排放和碳排放强度分别于1950～1960年超越巴西和印度。巴西与印度从1920年开始，一直都有碳排放剩余，所以巴西与印度在历史上存在碳排放剩余。印度工业化水平是"基础四国"中最低的，未来还需大量二氧化碳排放额用于基础设施建设，所以其拥有最多的碳排放剩余。

二、"基础四国"的2010～2030年碳排放权分配

由于"基础四国"均将减排目标年定于2030年，为了后续对INDC

目标力度作出评价，本书对"基础四国"2010～2030年的碳排放权进行分配。分配过程包括以下两个步骤。

首先，基于"2℃阈值"进行碳排放权初始分配。目前，国际社会都广泛接受《巴黎协定》提出的"2℃阈值"，各国努力将大气二氧化碳浓度控制在470ppmv① 以内，2005～2050年全球剩余碳排放量为348.43 × 10⁹吨碳。如果未来全球人口平均分配碳排放权，为了完成"2℃阈值"目标，那么全球每人每年的碳排放量是1.19吨碳（人口以2005年为准）。由此，计算得到"2℃阈值"约束下的"基础四国"2010～2030年总碳排放权为66031382千吨碳。综合考虑人口和GDP指标，以2000～2010年碳排放的人口指标和GDP指标基尼系数之和最小为目标，基于式（6－5）得到2010～2030年"基础四国"碳排放权分配方案。

其次，结合历史碳排放赤字及剩余情况进行调整分配。基于"2℃阈值"进行碳排放权初始分配后的"基础四国"碳排放权还不是各国最后的未来碳排放权，还需要结合各国历史碳排放赤字与剩余情况进行调整。由于"2℃阈值"的年限为2050年，本书将各国碳排放权的赤字与剩余均匀的平均分配到2010～2050年中的每一年。考虑到本书研究的是2010～2030年的碳排放权分配，截取"基础四国"2010～2030年的碳排放赤字与剩余分摊，加上基于"2℃阈值"进行碳排放权的初始分配，构成"基础四国"调整分配后的2010～2030年碳排放权。"基础四国"2010～2030年碳排放权分配结果如表6－4所示。

表6－4　　　　　"基础四国"2010～2030年碳排放权分配结果

国家	人口比例（%）	GDP比例（%）	碳排放比例（%）	2℃目标下初始分配额（2010～2030年）	历史赤字与剩余（1900～2009年）	2010～2030年碳排放权
巴西	5.9	13.7	5.7	5.877	2.236	6.995
南非	1.5	3.1	8.7	1.623	− 2.545	0.351
印度	37.8	28.6	17.3	16.211	5.147	18.785
中国	54.8	54.6	62.8	42.319	− 4.838	39.900

（1）"基础四国"2010～2030年碳排放权分配结果中，中国的碳排放权最多，南非的碳排放权最少。中国虽然在历史碳排放上存在赤字，但由于其人口和GDP在"基础四国"中所占的比例较大，所以未来将拥有最多的碳排放权，如表6－5所示，中国拥有39900285.77千吨碳排放权。

———————

① ppmv表示二氧化碳浓度单位，1ppmv表示1立方米气体中含二氧化碳1毫升。

印度由于人口所占比例大，所以未来也有较多的碳排放权，拥有近18784886.86千吨。巴西的人均碳排放量和碳排放强度历年都低于南非，从1960年开始，人均碳排放量和碳排放强度都低于中国，存在历史碳排放剩余，未来也有大量的碳排放空间，其未来碳排放权将达到6995136.85千吨。南非历史碳排放存在大额赤字，所以其未来碳排放权最少，未来碳排放权为351074.81千吨。

（2）对同一个国家来说，基于人口指标和基于GDP指标得到的历史碳排放赤字或剩余差别较大[①]。从人口指标方面来看，1900~2009年，中国历史人口所占"基础四国"人口的比例为54.8%，但其历史碳排放占"基础四国"碳排放的比例已经达到62.8%，中国历史碳排放赤字为8.0%（历史人口比例减去历史碳排放比例）；南非历史人口比例为1.5%，但其历史碳排放比例却高达8.7%，历史碳排放赤字达到7.2%；印度历史人口比例为37.8%，历史碳排放比例为17.3%，其历史碳排放剩余为20.5%；巴西历史人口比例为5.9%，历史碳排放比例为5.7%，其历史碳排放剩余为0.2%。从GDP指标上来看，1900~2009年，中国历史GDP占"基础四国"GDP的比例为54.6%，但其历史碳排放占"基础四国"碳排放的比例已经到62.8%，其历史碳排放赤字为8.2%；南非历史GDP比例为3.1%，其历史碳排放比例为8.7%，其历史碳排放赤字达到5.6%；印度历史GDP比例为28.6%，其历史碳排放比例为17.3%，其历史碳排放剩余为11.3%；巴西历史GDP比例为13.7%，历史碳排放比例为5.7%，其历史碳排放剩余为8.0%。

（3）兼顾人口和GDP指标对"基础四国"进行未来碳排放权分配更为合理。如果仅选择人口指标进行未来碳排放权分配，那么对中国和印度有利。若中国历史碳排放赤字得到减少，则相应地多获得未来的碳排放权；印度则是可以获得更多的排放权。中国和印度作为人口大国，人口总数占"基础四国"总人口的92.2%。中国以人口作为指标的历史碳排放赤字比以GDP作为指标的历史碳排放赤字减少0.2%；印度以人口作为指标的历史碳排放剩余比以GDP作为指标的历史碳排放剩余多出9.2%。当选择GDP作为分配指标时，对南非和巴西有利。南非历史碳排放赤字得到减少，以GDP作为分配指标的历史碳排放赤字会比以人口作为指标的

---

① "基础四国"的人口数据来自世界人口在线统计网站；"基础四国"的GDP数据来源于格罗宁根增长与发展中心（GGDC）；"基础四国"碳排放数据来自美国橡树岭国家实验室二氧化碳信息分析中心（CDIAC）。

历史碳排放赤字减少1.6%；对巴西来说，其以GDP作为分配指标的历史碳排放剩余会比以人口作为指标的历史碳排放剩余多出42倍。所以，在计算未来碳排放权时，应将两个指标都考虑进去，才能使未来碳排放权更加合理，更能体现"共同但有区别"的责任。

第四节　"基础四国"自主贡献力度评价

一、"基础四国"INDC目标力度评价思路

"基础四国"根据《巴黎协定》约定的2℃温控目标先后提交了各自的减排目标。在减排形式上，"基础四国"提出的形式各有不同。巴西采取的相对基础线的绝对减排量，这也是发展中国家第一个绝对量的减排目标；南非和中国都各自提出达到碳排放峰值的时间年限，南非还提出在峰值这段时间内的预排放量；此外，印度和中国的减排形式是降低碳强度。中国在其INDC中首次对外承诺了其碳排放峰值目标，这是中国对未来的碳排放量进行了定量约束。

根据"基础四国"提出的减排目标，并结合"基础四国"1900~2009年历史碳排放轨迹，利用多阶回归分析拟合出2010~2030年各国的碳排放量，并进一步加总得到各国2010~2030年的总碳排放量。对于中国和印度2030年的碳排放目标，本书采用崔学勤等（2016）与吴静等（2016）计算的中国与印度2030年碳排放量目标的平均值，经拟合，四国的未来碳排放轨迹拟合程度R^2均大于95%，显示了模型拟合程度较高。

二、"基础四国"INDC目标力度评价结果

图6-5为"基础四国"未来碳排放轨迹和INDC目标力度评价。总体来看，"基础四国"INDC目标排放量距离实现2℃温控目标仍有20488.3百万吨的差距，占"基础四国"2010~2030年碳排放权配额的31.0%。在四国INDC目标力度对比中，巴西和印度能完成2℃目标要求的碳排放任务，中国与南非距离实现2℃目标碳排放任务尚有差距。

由图6-5可看出2℃约束下的巴西2010~2030年碳排放权配额比INDC目标碳排放量多5234.1百万吨，占2010~2030年碳排放权配额的74.8%；印度2010~2030年碳排放权配额比INDC目标碳排放量多364.7

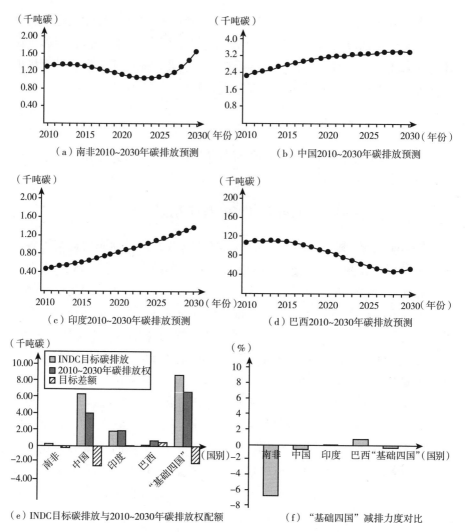

（a）南非2010~2030年碳排放预测 （b）中国2010~2030年碳排放预测

（c）印度2010~2030年碳排放预测 （d）巴西2010~2030年碳排放预测

（e）INDC目标碳排放与2010~2030年碳排放权配额 （f）"基础四国"减排力度对比

图 6 - 5 "基础四国" 2010 ~ 2030 年碳排放轨迹和 INDC 目标力度对比

百万吨，占其 2010 ~ 2030 年碳排放权配额的 1.9%。

中国和南非 INDC 均未能达到 2℃ 温控目标要求。中国 INDC 目标排放量比 2℃ 约束下的 2010 ~ 2030 年碳排放权配额少 22799.2 百万吨，占其 2010 ~ 2030 年碳排放权配额的 59.6%。南非 INDC 目标排放量比 2℃ 约束下的 2010 ~ 2030 年碳排放权配额少 2287.9 百万吨，占其 2010 ~ 2030 年碳排放权配额的 651.7%。

"基础四国"各国提出的自主减排方案，都彰显了对控制全球气候变暖的决心。《巴黎协定》要求每五年对全球盘点，进行全球减排目标评估。目前，中国和南非需加大减排力度，中国应尽快降低碳排放强度，并努力把达到峰值的时间提前。南非则需加快实施绝对减排的目标。巴西和印度则可维持当前的碳排放强度,在未来进行绝对减排。

第五节　本章小结

作为世界上四个主要的发展中国家和碳排放大国,巴西、中国、印度和南非组成了应对气候变化的"基础四国"(BASIC),并在《巴黎协定》中提出了各国的自主贡献目标(INDC)。本章从历史公平和《巴黎协定》提出的全球2℃温控目标的双重视角出发,对"基础四国"国家自主贡献目标的力度进行评估。首先,对"基础四国"1900~2009年的碳排放公平性进行评价。其次,构建以碳排放基尼系数之和最小为目标的最优分配模型,对"基础四国"的历史碳排放权(1900~2009年)和未来碳排放权(2010~2030年)进行分配。最后,对标全球2℃温控目标对"基础四国"的国家自主贡献的力度进行评价。研究发现:(1)"基础四国"的历史碳排放存在不公平现象,南非和中国存在历史碳排放赤字,巴西和印度则有碳排放剩余。(2)在未来的碳排放权分配中,中国拥有最多的碳排放权,南非的碳排放权最小。(3)对"基础四国"INDC目标力度对比发现,巴西和印度能完成《巴黎协定》2℃温控目标要求的碳排放任务,中国与南非距离实现2℃目标的碳排放任务尚有差距。本书的研究对"基础四国"未来减排目标的制定提供了理论参考。

第七章　目标国际比较二：主要发达国家和发展中国家的 INDC 评估——兼论全球温控目标能否实现

第一节　引　　言

一、研究背景

　　二氧化碳是导致全球气候变暖最重要的温室气体，降低碳排放是缓解温室效应的一项重要措施。2015 年 12 月，全球近 200 个国家在巴黎气候大会上签订了《巴黎协定》，确定了新的气候目标：全球平均气温相比于工业化前水平升幅控制在 2℃以内，努力将升幅水平控制在 1.5℃。同时，《巴黎协定》规定了减排目标实行自下而上的"国家自主贡献（Intended Nationally Determined Contributions，INDCs）"模式，即各缔约方根据自身情况确定其应对气候变化的行动目标。INDCs 模式由于其灵活性，吸纳了全球大多数国家的广泛参与。当前，正式提交了"国家自主贡献预案"的国家（地区）已超过 190 个。

　　在《巴黎协定》实施过程中，发达国家和发展中国家的差异是一个关键挑战。一方面，发达国家与发展中国家的国情特征与历史演变存在显著差异。发达国家并不单纯地追求经济的快速增长，经济发展基本上处于比较成熟和稳定的阶段，政府对环保的态度比较积极，碳排放已经相继出现峰值并趋于平稳。与此同时，发展中国家目前正处于工业革命以来发达经济体经历的增长阶段，对全球碳排放的贡献大幅增加。另一方面，全球碳减排合作是一个涉及多国利益分配和责任分摊的复杂问题，不同的国家和利益集团在全球碳减排谈判中存在巨大分歧。从整体来看，发达国家和发展中国家间的矛盾是全球碳减排谈判中的根本冲突，反映在对现实义务的认识、发展权和历史责任上的分歧等方面。

因此，从横向对比的角度对各个国家自主贡献力度进行评估有利于从不同程度凸显发达国家和发展中国家未来碳排放的国际影响和国际责任，为全球气候治理提供新的研究视角。

二、文献综述

在巴黎气候谈判和多个国家、地区缔约达成《巴黎协定》的背景下，众多学者围绕全球气候治理议题从不同视角展开了分析与讨论。

巴黎气候谈判促使全球气候治理进程发生了转变，对当前全球气候治理新模式的运转机制的解读及其对未来长期减排目标的影响成为很多学者关注的重点。可以说，当前全球气候治理以各缔约方的"自主贡献"为核心，INDCs 模式成为引领今后国际气候治理的风向标。以"贡献"代替"责任"，从"硬法之治"向"软硬法共治"的转变，一方面提高了各国对气候治理的广泛参与度，另一方面也弱化了国际强制减排模式的制约。部分学者以 $1.5℃/2℃$ 的全球温控目标为导向，在解读国际气候治理机制的基础上，分析研判未来可能的制度发展，为各国实现《联合国气候变化框架公约》目标提供策略参考。

上述研究主要从定性的角度对全球气候治理新模式作出评价和分析，没有对全球各区域或各排放大国的排放空间、排放路径和减缓需求进行量化分析。而定量评估国家自主贡献减排目标也是全球气候治理新模式下碳排放盘点的关键环节。已有多个研究表明，目前全球汇总的 INDCs 与实现全球 $2℃$ 温控目标存在差距。部分学者基于《联合国气候变化框架公约》（UNFCCC）提出的"公平"和"共同但有区别责任及各自能力"的根本原则，从碳排放配额公平分配的角度，依排放责任、经济能力等公平原则对主要碳排放国的 INDC 目标进行评估。如崔学勤等（2016）基于气候公平的不同原则对美国、欧盟、中国和印度的 INDC 目标的力度和公平性进行了评估，结果表明美国、欧盟、中国、印度总体的 INDC 目标不足以实现 $2℃$ 温控目标；崔学勤等（2017）对 $1.5℃$ 和 $2℃$ 温控目标下的全球碳预算区间进行分析，比较了两种碳预算约束下不同公平分配方案对美国、欧盟、中国、印度碳排放量的利弊影响；潘勋章等（2018）在选取的 $2℃$ 和 $1.5℃$ 温控目标的全球排放路径下，运用 16 种排放配额方案，选取四个发展中经济体和四个发达经济体与 INDC 目标对应的二氧化碳减排力度进行了评估。部分学者通过设置不同排放情景，在评估现行 INDC 目标的基础上，预判各国未来实现 $2℃$ 温控目标的最优路径。如王利宁等（2018）以巴西、中国、印度、南非等10个经济体为研究对象，测度了2℃温控目标对应的最优排放路径的差距，研究发现南非、日本等国承诺力度不足，中国在全球减排进程中的努力和贡献是巨大的；东等（Dong et al.，2018）对世界前十大碳排放国是否能完成《巴黎协定》的INDC目标进行了预测，结果显示：沙特阿拉伯、伊朗和印度尼西亚的碳减排形势相当严峻。

已有研究从不同角度科学地分析了转型后的全球气候治理机制下的国际减排形势，为各国实现《巴黎协定》温控目标提供了依据。尽管如此，已有研究依旧存在一些不足。

第一，已有研究关于自主贡献目标评估对象的选取上主要集中在少部分碳排放大国。不可否认，对于全球气候治理而言，碳排放大国的领导作用至关重要。但是将研究对象仅局限于个别碳排放大国，难以全面综合地反映不同国家间立场差异巨大的碳减排公平观、责任观等的全貌，对各国减碳措施的制定缺乏更广泛的适用性。

第二，忽略了对各国历史碳排放背后的驱动因素的研究。当前研究多基于各国的历史碳排放责任，从碳排放配额的角度测度各国剩余的碳排放空间，评估各国完成碳排放减排目标的可能性。虽然很多学者注意到了各国历史碳排放量对未来碳减排行动和措施制定的影响，但忽略了对各国历史碳排放背后的驱动因素的研究，在对未来碳排放量轨迹进行规划时缺乏有效性和针对性。

第三，已有研究在对现行自主贡献目标进行评估时多采用历史数据。当前研究在采用情景分析探究实现二氧化碳减排目标的路径时，大多采用历史数据，忽略了变量未来演化趋势中的不确定性，这可能造成与未来现实较大的偏差。

三、本章的主要工作及创新点

以《巴黎协定》制定的2℃温控目标为现实考量，基于数据可获得性，本章从世界前50个碳排放大国中选取35个国家作为研究对象，并对这些国家的自主贡献减排目标进行评估。需要说明的是，本章选取的35个国家累计碳排放量占比超过了世界总碳排放量的80%。

依据国际货币基金组织（2013）世界经济展望，将35个国家分为发达国家和发展中国家两大类，依据英国的《经济学家》再将发展中国家划分为新兴经济体第一梯队国家、新兴经济体第二梯队国家和其他发展中国家三类，具体如表7-1所示。本章首先使用扩展的对数平均划分指数（LMDI）模型来揭示发达国家与发展中国家二氧化碳排放的驱动因素并进行纵向和横向比较，在分解的基础上，采用蒙特卡洛模拟方法对各国提交的 INDCs 进行评估。在此基础上，结合情景分析法，对各分类分别设定基准情景、优化情景和强化情景，并对各国二氧化碳排放的轨迹进行预测和对比。

表 7−1　　　　　　　　　　本章研究的国家分类情况

类别	国家名称
新兴经济体第一梯队国家	中国、巴西、印度、俄罗斯、南非
新兴经济体第二梯队国家	阿根廷、埃及、墨西哥、波兰、泰国、土耳其、马来西亚、韩国
其他发展中国家	科威特、沙特阿拉伯、乌克兰、伊朗、哈萨克斯坦、巴基斯坦、乌兹别克斯坦
发达国家	加拿大、美国、日本、奥地利、比利时、丹麦、法国、意大利、荷兰、瑞典、德国、以色列、希腊、西班牙、新加坡

注：虽然美国于 2017 年宣布退出《巴黎协定》，但其依然提交了 INDC 目标，本章将其纳入了讨论。

与已有研究相比，本章在以下三个方面进行了创新和改进：

第一，扩充了研究对象，本章将所要研究的 35 个国家分为发达国家与发展中国家，并从发达国家与发展中国家对比的角度评估各国的 INDC。一方面，发达国家和发展中国家处于碳排放变化的不同阶段，多数发达国家碳排放已经达峰，是历史碳排放的主要来源，而发展中国家是全球目前碳排放和未来碳排放的主要来源。另一方面，经济蓬勃发展的新兴经济体已成为当代世界经济发展越来越强大的引擎，日益深刻地改变着全球治理的战略格局，新兴经济体作为一个类别单列出来，值得专门考察和分析。

第二，定量分析不同驱动因素对各国碳排放量变动的影响。发达国家和发展中国家在经济发展程度、资源禀赋和技术水平等应对气候变化的基础条件不同，考虑各国及各区域的差异性，探讨发达国家与发展中国家碳排放的基本特征和空间格局变化规律，深入分析发达国家与发展中国家碳排放的区域差异及其演变特征，具有重要的现实意义。

第三，对情景分析进行动态模拟。引入风险分析，将蒙特卡洛模拟与情景分析相结合，蒙特卡洛模拟作为一种研究不确定性的风险评估分析方法，可以进行精确的动态模拟。在规划各国未来碳排放轨迹，探索实现二氧化碳减排目标的最优路径时，充分考虑了变量未来演变趋势的风险和不确定性。

本章剩余部分组织如下：第二节为模型构建介绍；第三节讨论了发达

与发展中国家碳排放的历史分解结果；第四节评估了发达国家与发展中国家达成《巴黎协定》目标的可能性以及讨论了碳排放未来可能的轨迹；第五节对本章研究的借鉴意义和未来研究的展望做了说明；第六节为本章小节。

第二节 模型构建与数据来源

一、碳排放历史演进的经验分解模型

碳排放的驱动因素有很多，常被学者纳入模型的因素主要包括人口规模、人均 GDP、能源消费强度和能源结构强度等。研究显示，人口与碳排放量之间存在正相关关系，人口数量和人类社会经济活动对大气二氧化碳浓度增加有直接影响。人均 GDP 对碳排放具有两种效应：正向和负向。正向效应来看，人均 GDP 的提高可增加居民的消费水平，这将导致高耗能产品需求的增加。另外，人均 GDP 提高到一定程度，居民环保意识增强，政府对环保的态度更加积极，减排政策更易推行落实，这在发达国家表现尤其明显。能源消费对二氧化碳排放有决定性影响，能源消费强度反映了宏观经济运行状况，被认为是衡量地区经济增长效率的有效指标。能源结构强度与碳排放量的变化趋同，是衡量能源结构多元化的有效指标，该指标变化可解释为能源结构效应。

上述宏观经济因素确实对二氧化碳排放有显著影响，但无法揭示微观经济行为在碳减排方面的效应。以往研究发现，投资和研发活动对节能减排具有显著影响。这两个因素对与能源相关的二氧化碳排放具有双重影响。一方面，如果投资和研发活动致力于节能减排，那么设备的更新和技术进步对二氧化碳排放减少有积极作用。另一方面，如果投资和研发活动的增加是为了生产规模的扩大，根据"反弹效应"理论，这将导致二氧化碳排放的增加。"反弹效应"理论认为，由于技术进步和效率提高所带来的新一轮经济增长，提高能源效率和技术水平所带来的部分甚至全部预期的节能减排可以被额外的能源消耗和相应的碳排放所抵销，这种现象被称为"产出效应"。同时，当单位能源成本随着能源效率的提高而相对下降时，生产者倾向于以能源替代其他投入，以使生产成本最小化。因此，即使经济产出水平保持不变，二氧化碳排放也会增加，这就是所谓的"替代效应"。增加的价值与研发支出的比率（即 R&D 效率）是能够反映"绿

· 118 ·

色"趋势的因素。如果以节能减排为目标的研发活动增加，而不是扩大生产规模，那么研发效率的降低将导致二氧化碳排放（或强度）的减少，反之亦然。此外，许多研究发现技术进步是中国提高能源效率的关键因素。鉴于技术是一种无形资产，且难以直接衡量，研发支出通常被用作技术进步的度量指标。固定资产投资和研发支出分别反映了地区的实物投入和创新投入。因此，本书使用研发支出与固定资产投资的比率来反映创新强度和技术含量。如果"产出效应"大于"节能减排效应"，研发强度将导致二氧化碳排放量增加。相反，如果"节能减排效应"更大，研发强度将有助于减少二氧化碳排放。因此，研发强度效应是"产出效应"和"节能减排效应"的综合指标。

基于以上考虑，对二氧化碳排放量进行以下分解：

$$C = \frac{C}{E} \times \frac{E}{Y} \times \frac{Y}{P} \times P \times \frac{Y}{R} \times \frac{R}{I} \times \frac{I}{Y} \qquad (7-1)$$

式（7-1）中，C 为各国当年二氧化碳排放量，E 为各国当年一次能源消费总量，Y 为各国当年国内生产总值，P 为各国当年人口规模，R 为各国当年技术研发支出，I 为各国当年资本投入，$\frac{C}{E}$ 为能源结构强度，$\frac{E}{Y}$ 为能源消费强度，$\frac{Y}{P}$ 为人均 GDP，$\frac{Y}{R}$ 为研发效率，$\frac{R}{I}$ 为研发强度，$\frac{I}{Y}$ 为投资强度。

进一步，ΔC 表示从第 0 年到第 t 年的二氧化碳排放量的变化量，能源结构强度变化记为 ΔC_{ES}，能源消费强度变化记为 ΔC_{EI}，人均 GDP 变化记为 ΔC_{PG}，总人口数量变化记为 ΔC_P，研发效率变化记为 ΔC_{RE}，研发强度变化记为 ΔC_{RI}，投资强度记为 ΔC_{II}，采用 LMDI 方法的加法分解形式，得到式（7-2）：

$$\Delta C = \Delta C_{ES} + \Delta C_{EI} + \Delta C_{PG} + \Delta C_P + \Delta C_{RE} + \Delta C_{RI} + \Delta C_{II} \qquad (7-2)$$

式（7-2）中，$\Delta C_{ES} = \omega\ln\left(\frac{ES_t}{ES_0}\right)$，$\Delta C_{EI} = \omega\ln\left(\frac{EI_t}{EI_0}\right)$，$\Delta C_{PG} = \omega\ln\left(\frac{PG_t}{PG_0}\right)$，$\Delta C_P = \omega\ln\left(\frac{P_t}{P_0}\right)$，$\Delta C_{RE} = \omega\ln\left(\frac{RE_t}{RE_0}\right)$，$\Delta C_{RI} = \omega\ln\left(\frac{RI_t}{RI_0}\right)$，$\Delta C_{II} = \omega\ln\left(\frac{II_t}{II_0}\right)$，$\omega = \frac{C_t - C_0}{\ln C_t - \ln C_0}$。

式（7-2）中，ES 为能源结构强度，EI 为能源消费强度，PG 为人均 GDP，P 为人口规模，RE 为研发效率，RI 为研发强度，II 为投资强度。

在对各国碳排放历史演变进行经验分解时，综合各相邻年份碳排放分解因子的演变轨迹，依据式（7-2），设定 ΔC 的变化量为1，得到 ΔC_{CS}、ΔC_{EI}、ΔC_{PG}、ΔC_P、ΔC_{RE}、ΔC_{RI} 和 ΔC_{II} 的相对变化也即贡献率，表示碳排放量变化一个单位时，能源结构强度、能源消费强度、人均 GDP、人口规模、研发效率、研发强度和投资强度的相对变化值。

二、各国碳排放的动态情景模拟

情景分析是一种有用的工具，通过判断各种影响因素，对经济条件做出不同的假设，来规划未来可能的二氧化碳排放趋势。然而，值得注意的是，本章的情景设计目的不是对特定经济条件下未来碳排放的准确估计，而是通过一些"如果……会怎样"的试验加以思考，来探讨在不同判断或假设下可能产生的启示，揭示不同政策对二氧化碳排放的影响，从而找到有效的缓解路径。蒙特卡洛模拟方法被广泛认为是分析涉及各种不确定性问题的最全面、最灵活的技术之一。部分学者在进行情景设定时，根据因素分解结果，围绕若干贡献较突出的驱动因素讨论政策的制定，忽略了对历史碳排放贡献较小的因素的讨论。考虑到贡献较小的因素并非不重要，制定长期政策也需要较大的驱动减排空间，本章根据式（7-1）将所考察的所有七个因素用于进一步的情景分析。设能源消费结构强度、能源消费强度、人均 GDP、人口规模、研发效率、研发强度和投资强度的变化率分别为 δ_1、δ_2、δ_3、δ_4、δ_5、δ_6 和 δ_7，碳排放的变化率为 δ，那么，$CS_{t+1} = CS_t \times (1 + \delta_1)$，$EI_{t+1} = EI_t \times (1 + \delta_2)$，$GP_{t+1} = GP_t \times (1 + \delta_3)$，$P_{t+1} = P_t \times (1 + \delta_4)$，$RE_{t+1} = RE_t \times (1 + \delta_5)$，$RI_{t+1} = RI_t \times (1 + \delta_6)$，$II_{t+1} = II_t \times (1 + \delta_7)$，因此，存在如下关系：

$$\begin{aligned} C_{t+1} &= CS_{t+1} \times EI_{t+1} \times GP_{t+1} \times P_{t+1} \times RE_{t+1} \times RI_{t+1} \times II_{t+1} \\ &= CS_t \times (1 + \delta_1) \times EI_t \times (1 + \delta_2) \times GP_t \times (1 + \delta_3) \times P_t \times (1 + \delta_4) \\ &\quad \times RE_t \times (1 + \delta_5) \times RI_t \times (1 + \delta_6) \times II_t \times (1 + \delta_7) \end{aligned} \tag{7-3}$$

碳排放的变化率可表示为：

$$\begin{aligned} \delta &= (1 + \delta_1) \times (1 + \delta_2) \times (1 + \delta_3) \times (1 + \delta_4) \times (1 + \delta_5) \\ &\quad \times (1 + \delta_6) \times (1 + \delta_7) - 1 \end{aligned} \tag{7-4}$$

发达国家与发展中国家其各成员国的自然属性、经济发展程度和宏观政策各有不同，在进行情景设计时，如果根据各个国家国情特点分别进行情景设定，这不仅大大加重了烦琐的工作量，且可操作性不强。考虑到同一发展阶段的国家其人文经济存在共性，本章根据四类国家二氧化碳排放驱动力的平均变化程度进行设定。七个驱动因素与各国碳排放的演变趋势密切相关，本章将 2016~2030 年划分为三个阶段，基于各因素过去的演化趋势、现有政策实施的有效性及发达国家与发展中国家的发展规律，针对新兴经济体第一梯队国家、新兴经济体第二梯队国家、其他发展中国家和发达国家分别构建了基准情景、优化情景和强化情景。

（1）基准情景。基准情景是以发达国家与发展中国家过去发展特征为基础，假定不采取新的减排措施，当前技术水平和经济环境不变，根据发达国家与发展中国家碳排放历史演变惯性趋势外推而得到的可能情景。对发达国家与发展中国家碳排放进行基准情景设定是根据各国经济发展的惯性趋势进行外推得到的。另外考虑到本章使用蒙特卡洛模拟将变量分布设置为三角分布，各因素变化率设定需要三个值，即 2016~2030 年各因素变化率的最大值、中间值及最小值，需参考其在 2000~2016 年、2005~2016 年和 2010~2016 年的年均变化率设定。

（2）优化情景。优化情景设定中假设各国政府采取了一定的气候变化干预措施，促进减排成效。该情景下，发达国家与发展中国家均加大了研发支出的力度，优化了能源结构，提高了能源效率。考虑到发达国家的经济发展程度更高，低碳技术发展更成熟，清洁能源开发使用率更高，故在进行变化率设定时，发达国家的能源结构强度和能源消费强度的下降速度快于发展中国家。此外，发达国家的工农业发达程度很高，基建设施也相当完善。通过高投资率来追求资本扩张从而促进经济增长的时代已经过去，其投资比率逐年降低，经济增长绝大部分是靠居民消费而非政府的基建投资来拉动，经济增长的质量比较高。而发展中国家的相关配套体系不够完善，当前还主要是粗放式的投资拉动型发展方式，长期以来固定资产投资持续高速增长，导致大量效率流失，资本市场起步较晚，造成大量的碳排放增加。基于此考虑，在优化情景下，发达国家的投资强度变化率设定为负值，发展中国家该因素的变化率设定为正值，但是与历史变化趋势相比，高速增长将转为中低速增长，以提高资本效率减少不必要的碳排放。

（3）强化情景。强化情景是在优化情景的基础上进一步优化技术创新政策来实现节能减排的强化低碳情景。该情景是在能源技术实现突破创新的情形下的强化低碳情景，主要是在优化情景的基础上对投资强度、研发强度、能源消费强度、研发效率和能源结构强度的预期变化率参数进行强化得到的。值得注意的是，投资强度在前两种情景设定中，发展中国家的变化率为正值，发达国家的变化率为负值，在强化情景下，将发达国家与发展中国家的投资强度变化率均设定为正值，旨在凸显各国对节能减排投资的增加。

基于上述情景设定，本章引入风险分析，通过式（7-4），借助 Oracle Crystal Ball 软件用蒙特卡洛模拟方法来模拟不同情景下所选取的代表国家二氧化碳排放的发展趋势，科学地包含影响因素的不确定性，揭示潜在二氧化碳排放量最可能的取值范围，对各代表国家自主贡献目标实现的可能性及其频率分布进行科学评估。

各国提交的 INDCs 目标的数据来源于 UNFCCC 官方网站。根据《巴黎协定》，当前各国提出的 INDC 减排目标可能连实现 2℃升温控制目标都很困难，因此本章只将各国在 INDC 中设定的最高无条件减排目标（unconditional contributions）作为实现全球 2℃/1.5℃温控目标的条件。崔学勤等（2016）在其研究中提到，与 2℃目标相比，1.5℃目标下全球累计碳排放空间将进一步紧缩，其中 2011~2100 年的累计排放空间将减少超过一半，而 2011~2050 年的累计排放空间减少约 1/4，本章根据该比率对全球实现 1.5℃目标的条件进行换算。部分国家提交的 INDC 目标为强度目标，由于本章研究对象为绝对量目标，参考相关文献的计算方法将强度目标转换为绝对量目标。

三、各国 INDC 目标年的碳排放核算

本书所选取的 35 个国家在其提交的自主贡献预案中 INDC 目标的形式差异较大，主要分为五大类：第一类是巴西、南非、加拿大、德国、阿根廷、比利时等以温室气体排放量的绝对值给出 INDC 目标；第二类是中国、印度、马来西亚等以碳排放强度的形式给出 INDC 目标；第三类是以色列等以人均碳排放量的形式给出 INDC 目标；第四类是巴基斯坦等以二氧化碳排放量的绝对值给出 INDC 目标；第五类是乌兹别克斯坦等以温室气体排放强度的形式给出 INDC 目标。本书的研究对象为二氧化碳排放的绝对量目标，为了统一形式以便于展开研究，本书参考相关文献（崔学勤等，2016；顾高翔等，2017）的计算方法将强度目标转化为绝对量目标。下面将具体介绍计算过程。

（1）巴西、南非、加拿大等国 INDC 目标年的碳排放核算：根据世界资源研究所（World Resources Institute），全球温室气体排放与二氧化碳排放之间的比例关系稳定在 68%~70%，近似为固定比例。因此，本书认为

巴西、南非、加拿大等国给出的温室气体较 BAU 下的减排比例可用来近似计算各国 INDC 目标年的二氧化碳减排量。以巴西为例，其提交的自主贡献预案中的 INDC 目标"2030 年温室气体排放在 2005 年的基础上减排 37% ~ 43%"等同为"二氧化碳排放量较 2005 年下降 37% ~ 43%"，本书以 43% 核算。根据 IEA，巴西 2005 年二氧化碳排放量为 310.6 百万吨，根据目标减排比例，计算得到 2030 年巴西目标碳排放量为 177.03 百万吨，采用同样的计算方法得到南非、加拿大、德国、阿根廷、比利时等国 INDC 目标年的碳排放量。

（2）中国、印度等国 INDC 目标年的碳排放核算：中国的 INDC 目标为，预计到 2030 年较 2005 年下降 60% ~ 65%，本书以 65% 核算。根据 IEA，中国 2005 年消耗能源带来的二氧化碳强度为 2.421 吨二氧化碳/千美元，计算得出中国在 2030 年的碳排放强度应下降至 0.847 吨二氧化碳/千美元，根据 CIECIA 预测，2030 年中国的 GDP 为 16.97 万亿美元（2010年平价），折合碳排放量为 3921.34 百万吨。依据同样方法，得到印度等国 INDC 目标年的碳排放量。

（3）以色列等国 INDC 目标年的碳排放核算：以色列计划 2030 年人均碳排放量比 2005 年降低 26%。根据 IEA，2005 年以色列的碳排放量为 58.8 百万吨。根据《世界银行》，2005 年以色列的人口数量为 6.93 百万人，则 2005 年以色列人均碳排放量为 58.8/6.93 = 8.48（吨）。根据 INDC 目标，以色列 2030 年的人均碳排放量为 8.48 × (1 − 26%) = 6.28（吨）。根据以色列统计局公布预测的数据，预计 2024 年人口达千万，2048 年人口约为 1520 万人，假设 2024 ~ 2048 年以色列人口呈匀速增长，则 2030 年人口预计为 1.11 千万人，2030 年以色列碳排放量约为 11.1 百万人 × 6.28 吨/人 = 69.71（百万吨）。

（4）巴基斯坦等国 INDC 目标年的碳排放核算：巴基斯坦计划 2030 年排放 1602 百万吨二氧化碳，努力至多减少预计的 20%。巴基斯坦直接给出了二氧化碳的排放量。而二氧化碳的分子质量为 12 + 16 × 2 = 44，故可根据二氧化碳排放量推算出 C 量。因此最理想情况下，2030 年巴基斯坦预计碳排放量为 1602 × (1 − 20%) × (12/44) = 349.53（百万吨）。

（5）乌兹别克斯坦等国 INDC 目标年的碳排放核算：乌兹别克斯坦计划 2030 年温室气体排放强度较 2005 年水平下降 10%。参见上文所述，乌兹别克斯坦提交的自主贡献预案中的 INDC 目标等同于"2030 年温室碳强度较 2005 年水平下降 10%"。参考乌兹别克斯坦提交的国家自主贡献预案，提到其 GDP 年增长稳定在 8%。根据 IEA，2005 年乌兹别克斯坦碳排放量为 107.2 百万吨。根据《世界银行》，2005 年乌兹别克斯坦 GDP 为 26085.05 百万美元（2010 年平价）。据此得到 2005 年乌兹别克斯坦碳排放强度为 107.2 百万吨/26085.05 百万美元 = 0.0041（吨/美元）。则 2030 年的碳排放强度为 0.0041 × (1 - 10%) = 0.0037（吨/美元）。2030 年乌兹别克斯坦的 GDP 为 26085.05 × (1 + 8%)25 = 178642.8（百万美元），则 2030 年乌兹别克斯坦的碳排放量为 178642.8 × 0.0037 × (12/44) = 180.14（百万吨）。

上面已经给出了各国 INDC 目标年的折算碳减排量，考虑到后文蒙特卡洛模拟的实现形式，在这里还需要进一步计算出各个国家 INDC 目标年碳排放量相对于 2016 年的减排比例。根据 IEA 中各国在 2016 年的碳排量，最终计算结果如表 7-2 所示。

表 7-2　　各国 INDC 目标年（2030 年）相对于 2016 年的下降幅度

国家	2016 年碳排放量（百万吨）	2030 年碳排放量（百万吨）	自主决定贡献（INDCs）
中国	9101.5	3921.34	2030 年碳排量相较于 2016 年下降 57%
巴西	416.7	177.03	2030 年碳排量相较于 2016 年下降 58%
印度	2076.8	990.18	2030 年碳排量相较于 2016 年下降 52%
俄罗斯	1438.60	1900.4	2030 年碳排量相较于 2016 年下降 32%
南非	414.4	250.74	2030 年碳排量相较于 2016 年下降 39%
阿根廷	90.19	42.1	2030 年碳排量相较于 2016 年下降 53%
埃及	204.80	94.00	2030 年碳排量相较于 2016 年下降 54%
墨西哥	445.47	321.70	2030 年碳排量相较于 2016 年下降 28%
马来西亚	216.15	290.50	2030 年碳排量相较于 2016 年下降 34%
波兰	293.13	192.60	2030 年碳排量相较于 2016 年下降 34%
泰国	160.20	244.56	2030 年碳排量相较于 2016 年下降 35%
土耳其	338.76	170.60	2030 年碳排量相较于 2016 年下降 50%
韩国	288.30	589.17	2030 年碳排量相较于 2016 年下降 51%
巴基斯坦	153.38	349.53	2030 年碳排量相较于 2016 年下降 128%
科威特	90.19	42.10	2030 年碳排量相较于 2016 年下降 53%
沙特阿拉伯	527.23	193.70	2030 年碳排量相较于 2016 年下降 63%
乌克兰	212.80	197.72	2030 年碳排量相较于 2016 年下降 8%
伊朗	563.38	299.20	2030 年碳排量相较于 2016 年下降 47%

国家	2016 年碳排放量 （百万吨）	2030 年碳排放量 （百万吨）	自主决定贡献 （INDCs）
乌兹别克斯坦	85.33	180.14	2030 年碳排量相较于 2016 年下降 111%
哈萨克斯坦	229.95	156.80	2030 年碳排量相较于 2016 年下降 32%
加拿大	540.77	378.00	2030 年碳排量相较于 2016 年下降 30%
美国	4106.30	4833.08	2030 年碳排量相较于 2016 年下降 15%
以色列	63.74	69.71	2030 年碳排量相较于 2016 年下降 9%
日本	1147.13	868.10	2030 年碳排量相较于 2016 年下降 24%
奥地利	62.88	52.00	2030 年碳排量相较于 2016 年下降 17%
比利时	91.56	75.20	2030 年碳排量相较于 2016 年下降 18%
丹麦	33.46	33.90	2030 年碳排量相较于 2016 年下降 1%
法国	292.92	260.30	2030 年碳排量相较于 2016 年下降 11%
希腊	63.08	61.90	2030 年碳排量相较于 2016 年下降 2%
意大利	325.67	319.50	2030 年碳排量相较于 2016 年下降 2%
荷兰	157.07	108.70	2030 年碳排量相较于 2016 年下降 31%
西班牙	238.64	233.60	2030 年碳排量相较于 2016 年下降 2%
瑞典	38.01	34.40	2030 年碳排量相较于 2016 年下降 10%
新加坡	45.27	49.60	2030 年碳排量相较于 2016 年下降 10%
德国	731.62	1448.11	2030 年碳排量相较于 2016 年下降 98%

四、全球温控目标下各国 2030 年碳排放配额的计算

本书借鉴已有研究（丁仲礼等，2009），兼顾各国各自的立场，考虑"共同而有区别的责任"原则和公平正义原则，采用"人均累计排放指标"对各国的未来碳排放配额进行分配。具体的推算过程如下：

第一，2005～2050 年温控目标约束下的全球碳排放空间的计算。

目前国际上广泛接受的 2℃ 阈值涉及大气温度对二氧化碳浓度的敏感性，设定 2050 年前将大气二氧化碳浓度控制在 470ppmv，是在 2℃ 阈值限制下的当前技术水平预测的二氧化碳最高浓度，两者是近似等价的关系。在该假设成立的前提下，设定 2050 年将大气二氧化碳的浓度控制在 470ppmv 目标来对各国今后的排放配额进行计算。在确定浓度目标后，考虑到数据的易获得性，以 2005 年作为计算起点。

根据地球系统研究实验室（ESRL）提供的数据，2005 年大气浓度为 379.75ppmv。因此，从 2006 ~ 2050 年的 45 年间，大气中的二氧化碳浓度可以增加 90.25ppmv。根据大气密度，1ppmv 的二氧化碳浓度约为 1.52ppm[①]，而大气的总质量约为 5.121015 吨（Trenberth K. E.，1981）。因此，对于每个 ppmv 大气中的二氧化碳浓度增加，碳的质量增加约 $1.52 \times 10^{-6} \times (12/44) 5.12 \times 10^{15} = 2.12 \times 10^{19}$ 吨（12 代表 C 的原子量，44 是二氧化碳的分子量，12/44 代表二氧化碳的碳含量），即 2.12 十亿吨。综上可知，90.25ppmv 二氧化碳浓度的增加意味着大气中将有 191.33 十亿吨增加。

考虑到海洋、陆地生态系统会吸收一部分大气圈中的二氧化碳，根据相关资料（Canadell J. G. et al.，2007），假定 2050 年前人为排放的二氧化碳以 54% 的吸收率被吸收，则排放空间可从 191.33 十亿吨增加到 415.93 十亿吨（191.33/0.46）。此外，由于土地利用也会产生一部分二氧化碳，这会造成人类向大气圈排放二氧化碳的空间缩小。根据相关资料（CDIAC，2008），假定从 2006 年到 2050 年，每年通过土地利用排放的二氧化碳为 1.50×10^9 吨碳，那么 2006 ~ 2050 年人类获得的二氧化碳排放空间为 348.43 十亿吨，即 12775.77 亿吨二氧化碳。

第二，2005 ~ 2050 年各国的碳排放配额计算。

2005 ~ 2050 年的各国碳排放配额，本书按 2005 年的全球人口（65.15 亿人）计算，在这 45 年中，每年每人的排放配额为 1.19 吨 ×（348.43 × 10 ÷ 65.15 ÷ 45），或为 4.36 吨二氧化碳，用此数值乘上各国 2005 年的人口，便得出各国 2005 ~ 2050 年的碳排放配额。

第三，温控目标约束下各国 INDC 目标年（2030 年）碳排放配额计算。

根据各国 2005 年的碳排放情况，结合 2005 ~ 2050 年的碳排放配额，可将 35 个国家未来碳排放增长类型分为四类：（1）已形成排放赤字的国家。主要为发达国家和石油大国，包括俄罗斯、波兰、科威特、沙特阿拉伯、乌克兰、哈萨克斯坦、加拿大、美国、奥地利、比利时、丹麦、法国、荷兰、瑞典、新加坡和德国等 16 个国家。（2）年度排放量需逐年降低的国家。这类国家从 2006 年起尚有一定排放空间，但如果继续保持 2005 年的排放水平，则 2006 ~ 2050 年的排放总量将超过其排放空间，故

①　ppm 是 parts per million 的缩写，是每百万分中的一部分，即表示百万分之（几），或称百万分率。

今后需要设法降低年排放量，包括南非、马来西亚、韩国、伊朗、乌兹别克斯坦、以色列、日本、希腊、意大利和西班牙10个国家。（3）年度碳排放增速需降低的国家。在保持2005年的排放水平前提下，到2050年，这类国家的排放总量将小于排放空间，但如果保持2000~2005年这五年间的二氧化碳排放增长速率，这类国家的排放总量将超过其排放空间，因此这些国家或地区需设法逐年降低排放增长速率，这类国家包括中国、阿根廷、埃及、墨西哥、泰国和土耳其6个国家。（4）可保持目前排放增速的国家。这类国家如果继续保持1996~2005年的二氧化碳排放增长速率，在2006~2050年期间，这类国家的排放总量也不会超过其排放空间，这类国家包括巴西、印度和巴基斯坦3个国家。

假设从2005~2015年各个国家在理想状态下按照均匀变化实现2℃阈值的碳排放配额，则各个国家在INDC目标年需得到的碳排放量见表3-2。此外，罗杰利等（Rogelj et al.，2015）、崔学勤（2016）在其研究中提到，1.5℃目标下全球累计碳排放空间将进一步紧缩，与2℃目标相比，2011~2050年的累计排放空间减少约1/4，而2011~2100年的累计排放空间将减少超过一半，本书认为2005~2050年的累计排放空间减少约1/4作为全球实现1.5℃目标的条件，对上述2℃的配额结果进行换算，结果如表7-3所示。

表7-3　　　　　　　　　　2030年各国碳排放额分配结果

国家	温控目标约束下各国碳排放配额		国家	温控目标约束下各国碳排放配额	
	2℃	1.5℃		2℃	1.5℃
中国	1128.61	846.46	乌兹别克斯坦	23.21	17.41
巴西	212.22	159.16	哈萨克斯坦	（13.08）	（17.43）
印度	1378.98	1034.23	加拿大	（45.00）	（60.00）
俄罗斯	（123.49）	（164.65）	美国	（475.27）	（633.69）
南非	21.94	16.46	以色列	2.30	1.73
阿根廷	34.56	25.92	日本	39.60	29.70
埃及	80.13	60.10	奥地利	（6.19）	（8.26）
墨西哥	91.87	68.90	比利时	（8.95）	（11.93）
马来西亚	16.56	12.42	丹麦	（5.39）	（4.04）
波兰	（24.69）	（32.92）	法国	（41.32）	（30.99）
泰国	60.96	45.72	希腊	4.09	3.06
土耳其	72.38	54.28	意大利	26.73	20.05

国家	温控目标约束下各国碳排放配额		国家	温控目标约束下各国碳排放配额	
	2℃	1.5℃		2℃	1.5℃
韩国	12.36	9.27	荷兰	(18.57)	(13.93)
巴基斯坦	195.99	146.99	西班牙	20.23	15.17
科威特	(5.40)	(7.19)	瑞典	(4.09)	(5.46)
沙特阿拉伯	(24.84)	(33.12)	新加坡	(1.68)	(3.16)
乌克兰	(24.19)	(32.15)	德国	(65.56)	(87.41)
伊朗	45.26	33.94	—	—	—

注：表中带"（ ）"的表示负值，均为已形成碳排放赤字的国家，理论上其碳排放空间为零。

五、数据来源

本书数据来源及处理方法为：（1）2000～2016 年的天然气、石油、煤等能源消费量来源于《2018BP 世界能源统计年鉴》；与能源相关的二氧化碳排放量等数据来源于《IEA2018》；各国国内生产总值、人口总量、科研支出占国内生产总值比例、固定资产投资占国内生产总值比例等数据来源于世界银行。（2）主要能源单位均经过统一换算，且不考虑能源消耗的地区差异。（3）国内生产总值按 2005 年的美元可比价换算；（4）碳排放驱动因素模型可对影响二氧化碳排放的相关因素进行较系统的量化和完整的分解。采用官方数据，碳排放因子被设定为固定值。

第三节　各国碳排放历史演进的经验分解

一、驱动因子影响方向和程度分析

分析所考察的七个驱动因素在 2000～2016 年期间对所选取的 35 个国家碳排放的影响方向和大小中发现，各驱动因素对各个国家历年碳排放的影响呈现不均衡的特点，但就其国家发达程度而言，同一属性国家的因素分解结果表现出相近的演变趋势。根据这一特点，同时考虑篇幅限制，本章对主要分解结果进行汇总，如表 7－4 所示，就发达国家与发展中国家间驱动因素演变趋势的异同展开讨论。

表7－4　　2000～2016 年发达国家与发展中国家碳排放驱动因素分解结果

驱动因素	影响程度	第一梯队国家	第二梯队国家	其他发展中国家	发达国家
ΔC_{CS}	贡献大小	较小	较小	较小	较小
	驱动方向	正向	正向	正向	正向
ΔC_{EI}	贡献大小	较大	较小	较小	较小
	驱动方向	负向	负向	正向	正向
ΔC_{PG}	贡献大小	较大	较大	适中	较小
	驱动方向	正向	正向	正向	不稳定
ΔC_{P}	贡献大小	很小	很小	较小	很小
	驱动方向	正向	正向	正向	正向
ΔC_{RE}	贡献大小	较大	较大	较大	较大
	驱动方向	不稳定	负向	负向	不稳定
ΔC_{RI}	贡献大小	较大	较大	较大	很大
	驱动方向	负向	负向	正向	不稳定
ΔC_{II}	贡献大小	较大	较大	较大	较大
	驱动方向	正向	正向	正向	不稳定

由表7－4 可以看出：

（1）研发效率、研发强度和投资强度对发达国家与发展中国家碳排放变化量贡献均较为突出。研发效率促进了发展中国家碳排放的减缓，这意味着各国增加研发支出的目标是开发节能技术而非提高生产率的技术。研发强度对新兴经济体国家碳排放的负向抑制作用明显，对其他发展中国家碳排放的正向拉动作用突出。这说明新兴经济体国家在研发支出中用于发展低碳技术的比例在不断上升，节能减排效应发挥了主导作用。投资强度对三类发展中国家的碳排放发挥了正向拉动作用，这意味着各国增加的投资主要用于扩大生产规模而非节能减排。

（2）能源结构强度和人口规模对发达国家与发展中国家碳排放变化量的贡献率较低。人口规模和能源结构强度对各国碳排放的影响程度比较小，这与各国的自然属性与经济增长方式有关，但并不表示这些因素就不重要，人口规模和能源结构强度不是短期可以调整的因素，虽然目前其驱动力较小，但若实施长期调控战略，其驱动力将是不可小觑的。其中，人口规模因素作用下的区域碳排放量变化一直较稳定，且对碳排放变化量主要为正向拉动作用。而能源结构强度对碳排放的影响波动较大，这表明各国能源结构有一个持续改善过程，能源结构趋于合理。

（3）能源消费强度对新兴经济体国家碳排放的主要表现为负向抑制作用。第一梯队国家的能源消费强度对碳排放的抑制作用最强；第二梯队国家能源消费强度对碳排放的抑制作用稍弱于第一梯队国家，这些国家多为资源型国家；对非新兴经济体国家碳排放具有较弱的正向拉动作用，这些国家存在重工业化倾向和较严重的粗放式发展模式，能源效率较低。人均GDP 对发展中国家碳排放均表现为较大的正向拉动作用。

二、影响因子演变趋势分析

对各因素在 2000 ~ 2016 年期间对各国碳排放的贡献率变动趋势进行分析，由于各国经济和社会发展情况不同，各因素在各个国家的变动趋势差异较大，限于文章篇幅要求，本章在此不便一一展开详细分析，只总结部分较明显突出的变化特点进行分析说明。

观察发现，发达国家与发展中国家的影响因子演变趋势存在一些共同特点，包括：（1）整体来看，所考察的七个因素在各个国家都是波动变化的。对各国碳排放贡献度较大的因素变动的不稳定性更强，波动更活跃，而贡献度较小的因素的变动趋势更稳定。如人口规模和能源结构强度，其平缓的波动趋势与其对碳排放长期以来的弱驱动作用相对应。（2）尽管各因素的波动较大，但其贡献率在 2000 ~ 2016 年间出现的极值点时间基本一致，个别国家除外。（3）各驱动因素对碳排放贡献率的极值点出现的年份与各国历年碳增量最低点出现的年份一致。（4）个别因素之间存在正逆抵销变动趋势，尤其是表现在正负贡献率极值点所在年份区间内，但是各因素之间的这种变动趋势在不同历史时期会有变动。

发达国家与发展中国家的影响因子演变趋势有各自的特点：（1）新兴经济体第二梯队国家各驱动因素变动趋势的波动程度相较于新兴经济体第一梯队国家更大，驱动方向也更不稳定。（2）其他发展中国家中各驱动因素对各国碳排放变化量贡献率差异较大，影响很不均衡。（3）发达国家中所考察的七个驱动因素对发达国家各国的碳排放变化量的贡献率分布较为均衡，尽管如此，各因素的影响程度也有主次之分。所考察的因素对大部分国家碳排放的驱动方向不稳定，导致各因素的碳排放贡献率趋势变化在折线图上表现的特点为峰值较多，但是观察趋势图不难发现，各因素历年的同向作用强度多呈现波动减小的变化趋势。

第四节　各国自主贡献减排目标评估

一、各国的 INDC 能否完成：三种情景下的分析解读

对各国在不同情景设定下自主贡献目标的实现情况汇总如表 7 – 5 所示。

表 7 – 5　　　　各国在不同情景设定下自主贡献目标的实现情况

国家类别	基准情景（%）	优化情景（%）	强化情景（%）
第一梯队发展中国家	0.0	60.0	80.0
第二梯队发展中国家	12.5	50.0	87.5
其他发展中国家	28.6	57.0	71.4
发达国家	26.7	73.3	86.7

（1）基准情景下，仅有少数国家可以达成 INDC 目标年的减排目标。可以达到 INDC 目标年减排目标的国家分别是马来西亚、巴基斯坦、以色列、乌兹别克斯坦、希腊、西班牙和新加坡，这些国家除巴基斯坦外其余国家制定的都是强度目标，将其核算为绝对碳排放量后，INDC 目标年的碳排放量与基准年相比均增加。例如，马来西亚目标年碳排放绝对量比 2016 年增加了 34.42%，乌兹别克斯坦目标年碳排放绝对量比 2016 年增加了 281.76%，以色列和新加坡目标年碳排放绝对量比 2016 年分别增加了 28.05%、9.53%，希腊和西班牙目标年碳排放绝对量比 2016 年分别减少了 1.94%、2.11%。近 90% 的国家在现有政策下不能达成其 INDC 目标，世界主要碳排放国中国、印度、美国、沙特阿拉伯、伊朗等国基准情景下的碳排放与其提交的 INDC 目标差距也很大。

（2）优化情景下，发达国家和发展中国家均超五成可以完成自主贡献目标。新兴经济体国家里可以达成 INDC 减排目标的国家有马来西亚、中国、俄罗斯、南非、墨西哥、波兰、泰国和土耳其。其中，第一梯队国家和第二梯队国家在优化情景下 INDC 目标年的碳排放比 2016 年分别减少了 63.2% 和 51.75%。墨西哥、波兰和泰国在优化情景下表现突出，减排率分别为 27.79%、34.31% 和 34.51%。其他发展中国家可以达成 INDC 减排目标的国家包括巴基斯坦、乌兹别克斯坦、乌克兰和哈萨克斯坦。在优化情景下，非新兴经济体的发展中国家目标年碳排放量比 2016 年减少了

37.2%，乌克兰、哈萨克斯坦以 2016 年为基准核算的目标年减排率分别为 34% 和 31.82%，刚好可以达成预设目标；除了丹麦和德国，发达国家在优化情景里均可以达成目标年的碳减排目标。由表 7-5 可以看出，在优化情景下，发展中国家可以达成减排目标的国家占比约为 55%，发达国家可以达成减排目标的国家占比为 73%。相比基准情景，优化情景下各国采取积极的气候变化应对措施和宏观调控政策后，碳排放的快速增长得到了有效抑制。

（3）强化情景下，超过 80% 的国家可以完成自主贡献目标。发展中国家新增的可以达成减排目标的国家有巴西、阿根廷、土耳其、韩国和伊朗，不能达成减排目标的国家有印度、埃及、科威特和沙特阿拉伯，各国在该情景下实现的碳减排率与其目标减排率的差距分别为 19.95%、0.33%、1.58% 和 11.51%。埃及和科威特与目标差距很小，本书在进行蒙特卡洛模拟时是基于概率分布，埃及和科威特在强化情景下也是有可能达成减排目标的，印度和沙特阿拉伯在该情景下可以实现的碳减排率与 INDC 目标年份的减排目标差距较大。德国和丹麦作为发达国家在强化情景下依旧不能达成减排目标，距离目标实现差距分别为 2.10% 和 5.05%。

二、各国的 INDC 对全球温控目标的实现是否足够

对各国在 1.5℃/2℃ 温控目标下自主贡献目标的评估结果汇总如表 7-6 所示。

表 7-6　各国 2030 年相对于 2016 年要实现 INDC 目标的减排幅度　　单位:%

国家	实现全球温控目标减排幅度		完成 INDC 目标减排幅度	基准情景减排幅度	优化情景减排幅度	强化情景减排幅度
	2℃	1.5℃				
中国	71.8	78.9	56.9	5.7	57.3	63.2
巴西	67.7	75.7	57.5	5.7	57.3	63.2
印度	73.7	80.3	83.2	5.7	57.3	63.2
俄罗斯	100.0	100.0	40.0	5.7	57.3	63.2
南非	99.8	99.9	43.4	5.7	57.3	63.2
阿根廷	71.7	78.8	45.1	(6.0)	43.1	53.8
埃及	30.8	48.1	54.1	(6.0)	43.1	53.8
墨西哥	67.8	75.9	27.8	(6.0)	43.1	53.8
马来西亚	84.6	88.5	(34.4)	(6.0)	43.1	53.8

国家	实现全球温控目标减排幅度		完成INDC目标减排幅度	基准情景减排幅度	优化情景减排幅度	强化情景减排幅度
	2℃	1.5℃				
波兰	100.0	100.0	34.3	(6.0)	43.1	53.8
泰国	54.0	65.5	34.5	(6.0)	43.1	53.8
土耳其	62.4	71.8	49.7	(6.0)	43.1	53.8
韩国	91.9	94.0	51.1	(6.0)	43.1	53.8
巴基斯坦	63.3	72.5	(39.5)	(11.0)	37.2	51.8
科威特	100.0	100.0	53.3	(11.0)	37.2	51.8
沙特阿拉伯	100.0	100.0	63.3	(11.0)	37.2	51.8
乌克兰	100.0	100.0	34.0	(11.0)	37.2	51.8
伊朗	84.9	88.7	46.9	(11.0)	37.2	51.8
乌兹别克斯坦	93.1	94.9	(381.0)	(11.0)	37.2	51.8
哈萨克斯坦	100.0	100.0	31.8	(11.0)	37.2	51.8
加拿大	100.0	100.0	30.1	2.5	32.4	41.3
美国	100.0	100.0	15.0	2.5	32.4	41.3
以色列	95.7	96.8	(28.1)	2.5	32.4	41.3
日本	99.2	99.4	24.3	2.5	32.4	41.3
奥地利	100.0	100.0	17.3	2.5	32.4	41.3
比利时	100.0	100.0	17.9	2.5	32.4	41.3
丹麦	100.0	100.0	43.4	2.5	32.4	41.3
法国	100.0	100.0	11.1	2.5	32.4	41.3
希腊	82.9	87.2	19.0	2.5	32.4	41.3
意大利	87.2	90.4	1.9	2.5	32.4	41.3
荷兰	100.0	100.0	30.8	2.5	32.4	41.3
西班牙	81.8	86.4	2.1	2.5	32.4	41.3
瑞典	100.0	100.0	9.5	2.5	32.4	41.3
新加坡	100.0	100.0	(9.5)	2.5	32.4	41.3
德国	100.0	100.0	46.4	2.5	32.4	41.3

注：①本书进行发达国家与发展中国家的碳排放历史演变驱动因素分解分析的考察阶段是2000~2016年，因此对各国在INDC目标年是否可以达成目标减排率进行预测模拟时，基准参考年份应设定为2016年，再重新进行减排率的核算；②带"（）"的数据表示其减排幅度为负值，也即减排绝对值相对基准年份不降反增；③100.0表示该国家已经是排放赤字。

由汇总结果可以看出，即使在强化情境下，各国仍然无法实现全球2℃温控目标，这个结果与当前的多数研究结果一致。加拿大、美国、奥地利、比利时、法国等发达国家制定的 INDC 目标距离实现 2℃温控目标缺口约为 60%。主要石油输出国如科威特、沙特阿拉伯等制定的 INDC 目标距离实现 2℃温控目标缺口也超过了 40%。俄罗斯作为发展中国家的领导大国，其在强化情景下的减排幅度距离全球 2℃温控目标的碳排放配额有 36.8% 的缺口。作为世界第一大碳排放国，中国在强化情景下实现的减排幅度距离实现 2℃温控目标的碳排放配额缺口为 8.59%。此外，土耳其、巴西、泰国、埃及等存在的温控目标缺口也不足 10%，相对其他国家差距较小。相比 2℃目标，1.5℃对全球累计碳排放的预算约束更为严格，碳排放空间进一步紧缩，各国与 1.5℃温控目标的缺口更大，达成 1.5℃温控目标的形势更为严峻。以中国、土耳其、巴西等在 2℃温控目标约束下表现较为突出的国家为例，在 1.5℃温控目标约束下，其在强化情境下的减排幅度由原来不足 10% 的缺口上升至近 20%。

总体来看，结合各国在不同情景下实现 INDC 目标的情况可以发现，多数发达国家在优化情景和强化情景下 INDC 目标的实现情况要优于发展中国家。而对比各国在全球 1.5℃/2℃温控目标约束下碳排放配额减排幅度的实现情况发现，发展中国家距离实现全球温控目标的碳排放缺口小于发达国家。

需要说明的是，INDC 为各国自主提出的目标，该目标的实现情况好不意味着减排力度大，评估 INDC 的最终标准应该是能否为全球温控目标的实现做出切实贡献。从全球温控目标的约束角度来看，各国需要制定更加严苛的减排目标，当前的 INDC 无助于全球温控目标的实现。

第五节　讨论与分析

一、本章研究与已有研究比较

本章选取王利宁等（2018）、董聪等（Cong Dong et al.，2018）对各国自主贡献目标的评估研究作为当前已有研究的代表，将其研究结果与本章研究结果进行对比。前者与本章选取的共同评估对象有中国、美国、印度、沙特阿拉伯、俄罗斯、日本和韩国等。从对各国 INDC 的评估结果入手进行对比，具体结果如表 7 - 7 所示。

表7-7　　　　　对中国、美国、印度等国的 INDC 评估结果对比

评估对象	评估结果		
	王利宁等	董聪等（Cong Dong et al.）	本章
中国	减排力度较大	在某些情况下可以实现 INDC 目标	优化情景下可以实现2℃温控目标下的碳减排目标
美国	减排力度不足	目标实现可能存在缺口	优化情景下可以实现2℃温控目标下的碳减排目标
俄罗斯	减排力度不足	在某些情况下可以实现 INDC 目标	优化情景下可以实现2℃温控目标下的碳减排目标
巴西	减排力度较大	—	强化情景下可以实现2℃温控目标碳减排目标
印度	—	在某些情况下可以实现 INDC 目标	强化情景下距离2℃温控目标存在较大缺口
沙特阿拉伯	—	减排形势严峻	强化情景下距离2℃温控目标存在较大缺口
日本	减排力度不足	目标实现可能存在缺口	强化情景下可以实现2℃温控目标碳减排目标
韩国	减排力度不足	目标实现可能存在缺口	强化情景下可以实现2℃温控目标碳减排目标

注：由于选取的对比文献评估标准为全球2℃温控目标，本章也只提取了2℃的评估结果与之进行对比。

由表7-7可看出，本章与代表文献所选取研究对象存在重合，且评估结果基本趋于一致，个别结果存在差异。如王利宁等（2018）认为巴西减排力度较大，优于其他国家，而本章在进行评估时发现，巴西在强化情景下才可能完成 INDC 目标。这是由于王利宁等基于全球变化评估模型（global change assessment model，GCAM）对各国自主贡献目标的减排力度进行评估时，将各国的减排成本纳入考量范围之中，而巴西主要通过实施限制土地相关碳排放的政策用以减排，导致一定程度上对巴西减排成本的高估，进而高估了其减排力度。董聪等（Cong Dong et al.，2018）认为，印度的减排形势较为乐观，而本章得出印度的减排形势十分严峻的结论。前者在对各国未来实现 INDC 目标的可能性进行预测时只将一次能源消耗、可再生能源比重和各国 GDP 三个碳排放驱动因素纳入情景设计之中，而本章考虑了包括上述因素在内的七个碳排放驱动因素，评估结果更全面、更系统。

二、本章研究的借鉴意义

本章在评估各国自主贡献目标时，不仅将目光投放在各国在未来全球气候治理中应扮演的角色和承担的责任，还回溯了各国历史碳排放的演变趋势，对碳排放背后的若干驱动因素进行了分析。其有助于各国从主要影响因素入手，采取针对性更强的减排措施，兼顾潜力因素，充分挖掘、发挥其对碳减排的潜在影响力。此外，本章的研究方法不仅适用于本章选取的 35 个国家，也适用于对单个国家、单个行业碳减排力度的评估，扩大研究对象也依旧适用。

三、本章未来的研究方向

气候变暖、生态环境恶化早已成为全球亟待解决的问题，每个国家均不能置身事外，在对各国的减排力度进行评估时，未来可以进一步扩大研究对象，就各国如何实现全球温控目标需做出的政策制定、战略方向调整等提供更为全面、系统的指导意见。

第六节　本章小结

本章使用一个扩展的 LMDI 模型，探讨了 2000～2016 年七个驱动因素对发达国家与发展中国家历史碳排放的影响，结合蒙特卡洛模拟和情景分析，对发达国家与发展中国家 2016～2030 年的碳排放潜在演变的动态情景展开讨论，并重点分析各国的 INDC 能否实现全球温控目标这一问题。

模型分解结果表明，对所考察的发达国家与发展中国家碳排放变化量贡献均较为突出的驱动因素为研发效率、研发强度和投资强度，能源结构强度和人口规模对发达国家和发展中国家的历年碳排放贡献率均较低。

蒙特卡洛模拟结果和情景分析结果表明：在基准情景中，仅有少数国家可以达成 INDC 目标年的减排目标，这些国家分别是马来西亚、巴基斯坦、以色列、乌兹别克斯坦、希腊、西班牙和新加坡；在优化情景下，新兴经济体国家中可以达成 INDC 减排目标的国家有中国、俄罗斯、南非、墨西哥、波兰、马来西亚、泰国和土耳其，其他发展中国家可以达成 IN-DC 减排目标的国家有巴基斯坦、乌兹别克斯坦、乌克兰和哈萨克斯坦，发达国家除了丹麦和德国不能达成减排目标外，其余国家均可以达成减排目标；强化情景下，发展中国家新增的可以达成减排目标的国家有巴西、阿根廷、土耳其、韩国和伊朗，发达国家里可以达成目标年碳减排目标的国家除了丹麦和德国，其余国家均可以达成减排目标。此外，各国提交的 INDC 目标均不足以实现全球温控目标，且发达国家中距离实现全球 2℃／1.5℃温控目标的缺口远大于发展中国家。

| 第三篇 |

地区层面的实践路径

第八章　重点城市实践：中国一线城市碳排放达峰的影响因素及组合情景预测

第一节　引　　言

一、研究背景

中国是目前世界上第二大能源消耗国和最大的温室气体排放国。2017年，中国碳排放量占全球碳排放量的27%，居全球首位。IEA预测，2030年中国与能源相关的二氧化碳排放量将上升到116.15亿吨，其增量占这一时期（2007~2030年）全球增量的48.6%。近年来，为积极应对全球气候变暖，中国相继制定了一些碳减排目标和政策，其中最主要的减排目标为2030年左右实现碳排放达峰。2014年11月12日，中国在《中美气候变化联合声明》中承诺2030年左右二氧化碳排放达到峰值且将努力早日达峰，非化石能源占一次能源消费比重提高到20%左右。这个目标在2015年中国向联合国提交的"国家自主决定贡献"以及气候变化巴黎大会中都得到了重申。中国做出碳排放达峰的承诺展现了中国在应对气候变化领域的行动力，彰显出了中国负责任的大国形象，为全球应对气候变化做出了积极表率，得到国际社会的广泛关注和赞赏。但是，中国承诺碳排放达峰将给国内能源结构、产业结构调整带来巨大的转型压力和挑战，包括经济、能源和技术上的协同和权衡，因此，中国能否实现2030年碳排放达峰存在很大的不确定性及现实压力。

城市是温室气体的主要排放源，中国70%的碳排放来自城市。一线城市碳排放达峰对中国实现碳排放达峰意义重大，中国一线城市经济发达、人口密集，导致其能源需求量远远大于其他城市，而更多的能源消费量使得碳排放量也远远大于二三线城市。为配合国家层面实现碳排放达峰目标，2015 年 9 月，中国部分省份在第一届"中美气候智慧型/低碳城市峰会"上宣布成立中国达峰先锋城市联盟（APPC），承诺在 2030 年国家二氧化碳排放达到峰值之前率先达到城市排放峰值。中国碳达峰先锋城市联盟的宗旨是加强城市间的低碳发展与减排达峰的经验总结和分享，发挥示范引领作用，带动国内其他城市加快绿色低碳转型升级，最终为实现国家 2030 年左右碳排放达峰目标做出贡献。目前，中国共有 6 个省份、79 个城市和 2 个县被国家发展改革委列为低碳试点地区。

综上所述，一线城市的减排行动能够为其他城市做出示范引领作用，因此准确预测一线城市碳排放峰值和达峰时间具有重要的现实意义。本书选择北京、上海、广州、深圳、天津和重庆为研究对象，对这六个城市碳达峰进行情景预测。需要指出的是，这六个城市既是中国城市 GDP 排行榜上的前六名，也是全国低碳城市的试点对象。所以，对这六个城市碳达峰进行研究具有重要的现实意义。

二、研究综述

城市碳排放达峰是目前学术界关注的热点。为了准确地预测城市（区域）碳达峰，已有研究不断地提出新的方法，包括 Kaya 分解法、环境库兹涅茨曲线（EKC）模型、LEAP 模型和 STIRPAT 模型及扩展模型等。日本学者与世伽耶（Yoichi Kaya）首次提出的 Kaya 恒等式将二氧化碳排放与人类活动的四个方面联系起来，包括单位能源的二氧化碳排放量、能源强度、人均 GDP 和人口，由此产生的 Kaya 分解法被广泛用于研究预测碳排放峰值（杨秀等，2015；王金南等，2010；邓宣凯等，2014）。在 Kaya 恒等式的四个分解因素基础上还可添加城市化水平等其他方面的影响因素，并且利用协整方程（王凯等，2013；刘爱东等，2014）对未来二氧化碳排放量进行预测（冯宗宪等，2016），而且一些研究在预测方面使用蒙特卡洛模拟方法突破了情景分析（叶玉瑶等，2014）中的静态局限，动态预测了二氧化碳排放量的变动（林伯强等，2010）。传统的 EKC 曲线认为随着经济的增长，碳排放强度、人均碳排放量和碳排放总量会呈现倒"U"型，常被用作描述区域碳排放和地区经济发展之间的关系和预测拐点出现的时间（即达峰时间）。在预测城市碳排放达峰时间和峰值大小的研究中，大多数学者使用环境库兹涅茨曲线（EKC）模型以及适当加入其他固定效应的扩展模型，通过进行城市碳排放拐点分析找到对应的碳排放达峰时间（吴立军等，2016；郑海涛等，2016）。LEAP 模型是评估未来能源消耗和二氧化碳排放的常用方法，可以进行丰富的技术规格和最终用途细节分析，设置建模参数和数据结构比较灵活。部分已有研究使用LEAP模型估算了城市或一些部门的未来二氧化碳排放量（Lin et al.，2011；Yu et al.，2016）。由于 IPAT 模型系统能够有效地揭示环境压力与人类活动的各种驱动因素之间的关系，越来越多的学者在关注该模型。然而 IPAT 模型中驱动因素弹性是相同且不变的，并且没有考虑到环境影响背后的其他重要驱动因素。为了克服这些限制，IPAT 模型的随机形式——STIRPAT 模型被开发并被广泛应用。学者们在 STIRPAT 模型的基础上加入其他排放因子，STIRPAT 模型常被用于度量单个或多个城市碳排放和人口、经济、技术以及其他驱动因素之间的关系（彭智敏等，2018；沈明等，2015；高标等，2013），进而预测城市碳排放达峰时间和峰值大小（Wu et al.，2018；吴青龙等，2018）。在研究方法上，已有研究将汉森（Hansen，1999）提出的静态面板数据门限回归模型和扩展的 STIRPAT 模型相结合，构成了门限—STIRPAT 扩展模型（Dong et al.，2019；王泳璇，2016）。

已有研究在城市碳排放达峰预测方面有不少的成果，但仍有两点不足之处：

第一，碳排放因子对碳排放的阶段性影响有待明确。已有城市碳排放研究大多是基于 10 年以上的研究数据，在这一期间是中国城市化发展迅速的时期，城市碳排放因子对碳排放的影响效应并非是一成不变的。而已有研究在进行城市碳排放驱动因素分析时没有考虑到是否存在阶段性变化，这可能会使碳排放达峰预测结果存在偏差。加入碳排放因子对城市碳排放的阶段性影响有利于提高模型的拟合效果，更加贴切地描述城市的发展对城市碳排放的影响变化，为城市碳排放尽快达峰找到更有效、更准确的解决办法。

第二，在城市碳排放的情景预测方面，情景类型的设定不够全面。已有文献在对城市碳排放峰值进行预测时大多使用情景分析方法，这一方法主要是根据各城市发展现状以及未来规划对城市碳排放驱动因素进行多种增长率的设定，然后组合成各个情景。但是以往研究在情景预测时情景设定的种类较少，这样可能会导致碳排放达峰情况考虑不全面，对城市实现碳排放达峰目标的指导作用较弱。增加情景类型有利于比较城市多种碳达峰情况的异同点，为推动城市碳排放达峰提供更多不同路径的选择，为相关政府部门制定相关政策提供更多思路。

三、本章主要工作及创新点

本章以北京、上海、广州、深圳、天津和重庆这六个城市为研究对象，考虑了 STIRPAT 模型中常住人口、居民富裕程度和技术水平这三个碳排放驱动因素，先利用静态面板门限模型根据能源强度的高低划分成几个阶段，再利用门限—STIRPAT 模型确定碳排放与上述三种驱动因素之间的关系，最后通过情景分析设定参数，确定不同情景下城市碳排放的达峰时间和峰值大小。

本章的主要工作和创新点体现在以下三个方面：

第一，本书的研究对象定位于北京、上海、广州、深圳、天津和重庆六个一线城市。与其他文献不同的是，本书既没有单独研究某一个城市，也没有将城市特性复杂的城市群放在一起分析，而是将几个经济实力和发展进程相近的同类型城市综合起来研究，这样更能够体现同一类城市的相同特点，利于对同类型城市进行共性分析，利于同类型城市进行碳达峰政策制定的经验共享。一线城市的二氧化碳排放量大，因此一线城市更加有责任、有义务尽快实现碳排放达峰，为其他城市提供实现碳达峰的有效方法和参考路径。

第二，考察了碳排放驱动因素对城市碳排放的阶段性影响。本书将门限模型和 STIRPAT 模型结合起来，首次将门限—STIRPAT 模型应用于城市层面碳排放达峰研究。为了提高模型的拟合效果，本书首先验证技术水平对城市碳排放是否有阶段性影响，再进行模型拟合。

第三，基于 27 种组合情景对六个一线城市碳排放达峰进行预测。本书根据各城市发展现状以及未来规划，将城市碳排放驱动因素变化率设定为三种强度（高、中和低），将所有可能的组合都加以考虑，共建立了 27 种组合情景，为各城市碳排放的发展提供较为全面的情景考虑。

第二节　模型构建

一、门限—STIRPAT 模型构建

传统的 STIRPAT 模型由 IPAT 模型发展而来，用公式表示如下：

$$I = aP^b A^c T^d e \qquad (8-1)$$

式（8-1）中，I、P、A 和 T 分别表示区域的碳排放量、人口、经济发展水平和技术因素；a 为模型系数；b、c、d 分别为变量 P、A、T 的指数；e 为模型误差项。

其对数形式为式（8-2）：

$$\ln I = m + b\ln P + c\ln A + d\ln T + \varepsilon \qquad (8-2)$$

式（8-2）中，$m = \ln a$，$\varepsilon = \ln e$。

已有研究大多只研究了各个解释变量与碳排放量之间不变的关系，忽略了碳排放量在不同发展阶段和某解释变量并不是一种不变的因果关系，而是会在某个特定时期该解释变量对碳排放的影响程度会发生改变。本书将 STIRPAT 模型与面板门限模型结合在一起，人口和居民富裕程度作为控制变量；李国志（2011）认为技术对二氧化碳排放的影响呈阶段性变化特征，将技术水平作为门限变量，同时也作为受门限变量影响的解释变量，构成门限—STIRPAT 模型，进而对城市碳排放量达峰进行预测。在实际应用中，常以对数形式表示，因此本书设定门限—STIRPAT 模型（假设是单个门限）如下：

$$\ln C = m + b\ln P + c\ln A + d_1\ln T \times I(\ln T \leqslant \gamma) + d_2\ln T \times I(\ln T > \gamma) + \varepsilon$$
$$(8-3)$$

式（8-3）中，$I(\cdot)$ 为示性函数，相应条件成立时取 1，不成立时取 0；为了与示性函数区分开，用 C 表示城市二氧化碳排放量。

二、模型变量选择

第一，被解释变量：城市碳排放量用各地区化石能源消费（终端消费 + 中间投入）和调入电力产生的二氧化碳排放量表示，单位为万吨，用 C 表示。二氧化碳排放量的核算公式如下：

$$C_t = \sum_{i=1}^{N} C_i = \sum_{i=1}^{N} E_i \times \beta_i \times \frac{44}{12} \qquad (8-4)$$

式（8-4）中，C_t 表示 t 年消费的所有能源的二氧化碳排放量，C_i 表示第 i 种能源的二氧化碳排放量，β_i 为该种能源的碳排放系数，E_i 为能源消费量。其中，式（8-4）中能源的碳排放系数 β_i 是参考 IPCC2006 中的各种能源二氧化碳排放系数根据我国热值调整得到的。

第二，解释变量与控制变量：本书选取人口、居民富裕程度和技术水平作为门限—STIRPAT 模型的控制变量。其中，用地区常住人口表示人口（P），单位为万人；用人均 GDP 表示居民富裕程度（A），人均 GDP 是由地区生产总值除以常住人口得出（2005 年不变价），单位为元；用能源强度（万元生产总值能耗）表示技术水平（T），单位为千克。

第三，门限变量：本书选取表示技术水平的能源强度（T）作为门限变量。

第三节　情景设计及数据来源

一、情景设计

以中国以及各省、区、市《国民经济与社会发展第十三个五年计划纲要》中的发展目标和"十二五"期间的社会发展现状为基础，本书设置了人口、人均 GDP、能源强度 3 种因素的 3 种变化速率（低速率、中速率和高速率），具体设定如表 8 – 1 所示。

表 8 –1　　　　各城市二氧化碳排放影响因素的情景参数设定

城市	人口增量/万人			人均 GDP 增速（％）			能源强度增速（％）		
	低速	中速	高速	低速	中速	高速	低速	中速	高速
北京	15	25	40	5	5.5	6	– 4.0	– 5.5	– 6.5
重庆	25	35	45	8	10.0	12	– 6.5	– 8.5	– 10.0
广州	10	20	40	6	7.0	8	– 5.0	– 6.5	– 8.0
上海	10	15	20	6	6.5	7	– 4.5	– 5.5	– 7.0
深圳	10	20	30	6	6.5	7	– 5.0	– 6.0	– 7.0
天津	20	30	40	5	6.0	7	– 4.5	– 6.0	– 7.5

人口的情景设计。到 2020 年，北京、上海和天津的常住人口分别要求控制在 2300 万人、2500 万人和 1800 万人，广州的常住人口预期达到 1550 万人，其他城市的常住人口数并无明确的预期性或约束性指标。将上述人口发展目标、"十二五"期间和 2016 年的实际人口增量进行比较。控制人口的北京、上海和天津将最大值设定为高速，最小值为中速，以中高速差值和中低速差值相差不大为依据设定低速；广州的最小值设定为中速、最大值为高速，深圳"十二五"期间实际人口增量设定为中速，重庆的最小值为低速，以 ±10 的变化设定其余增速。由于人口增量设定结合了各城市的发展现状和"十三五"规划，尤其在非首都功能疏解背景下的北京人口增量高速不超过"十二五"期间年均增量，那么意味着该设定具

有现实可行性。

　　人均 GDP 的情景设计。北京在"十三五"期间 GDP 预期年均增速6.5% 左右，重庆 GDP 预期年均增速 9% 左右，广州预期年均增速 7.5% 左右，上海预期年均增速 6.5% 左右，深圳 GDP 预期到 2020 年达到 26000亿元、人均 GDP 达到 17.6 万元，天津 GDP 预期年均增速 8.5% 左右。以"十二五"期间人均 GDP 年均增速为主要基础，根据 2016 年增速和"十三五"预期进行必要调整，北京和上海的人均 GDP 增速设其为中速，以±0.5% 的变化设定其余增速；重庆、广州和深圳设其为高速，分别以±2%、±1% 和 ±0.5% 的变化设定其余增速；天津在相关基础上结合最严格环保制度的新形势下调了增速，设定中高速差值和中低速差值为 1%，这也具有可行性。

　　能源强度的情景设计。广州的单位地区生产总值能耗在"十三五"期间计划累计降低 19.3%，其他 5 个城市则计划累计降低国家制定的目标15%。以各个城市或国家的"十三五"规划和"十二五"期间发展现状为基础，将其最值设定到能源强度下降率可取的范围，并以 ±0.5% 的变化来缩小，得到能源强度变化速率的临界值（只要能源强度下降速率高于低速，就会出现能够达峰的情景；只要低于高速，达峰情景数就会减少很多），设定为能源强度变化速率的最终范围，中速则取其中间值，并且这在实际中容易实现。

　　为了全面考虑各城市的发展方向、更加谨慎地预测城市碳达峰情况，本书将人口、人均 GDP 和能源强度的 3 种变化率进行排列组合，总共考虑了 27 种情景，按能源强度下降速率分组，如表 8 - 2 所示。

表 8 - 2　　　　　　　　　　　　27 种情景设定说明

情景	情景设定
情景 1～情景 9（能源强度高下降速率）	低 - 低 - 高、低 - 中 - 高、低 - 高 - 高、中 - 低 - 高、中 - 中 - 高、中 - 高 - 高、高 - 低 - 高、高 - 中 - 高、高 - 高 - 高
情景 10～情景 18（能源强度中下降速率）	低 - 低 - 中、低 - 中 - 中、低 - 高 - 中、中 - 低 - 中、中 - 中 - 中、中 - 高 - 中、高 - 低 - 中、高 - 中 - 中、高 - 高 - 中
情景 19～情景 27（能源强度低下降速率）	低 - 低 - 低、低 - 中 - 低、低 - 高 - 低、中 - 低 - 低、中 - 中 - 低、中 - 高 - 低、高 - 低 - 低、高 - 中 - 低、高 - 高 - 低

　　注：表中的低 - 中 - 高依次指的是人口低增长、人均 GDP 中速率增长、能源强度高速率下降。

二、数据来源

北京、重庆、上海、天津4个城市的能源消费数据（实物量）来源于《中国能源统计年鉴》地区能源平衡表，广州和深圳的能源消费数据通过对应省份的能源消费数据估算得到。城市碳排放量根据《中国能源统计年鉴》中除其他能源以外的原煤、洗精煤、其他洗煤、汽油等各种化石能源的消费量（中间投入和终端消费量的总和）和调入电力的量计算。能源消费总共包括了《中国能源统计年鉴》中除其他能源以外的原煤、洗精煤、其他洗煤、汽油等各种化石能源、热力和电力的消费量（损失量和终端消费量的总和）。能源各项系数参考《中国能源统计年鉴》附表和《2006年IPCC国家温室气体排放清单指南》中的数据。碳排放量使用我国热值进行调整。人口、人均地区生产总值和间接计算广州和深圳的能源消费量时使用的数据均来自各地区以及所属省份的统计年鉴数据，缺失数据采用插值法或者前一年的增长率或增量确定。本章使用的经济数据均以2005年不变价表示。

第四节　模型检验结果分析

一、平稳性检验

为了避免伪回归，需要对面板数据进行平稳性检验。对面板数据分别进行 LLC 和 PP 检验，其检验结果如表8-3所示。结果显示，每个变量的检验统计量均显著，即模型中的变量均平稳，可以进行回归分析。

表8-3　　　　　　　　　　　　　平稳性检验结果

变量	检验方法	
	LLC	PP
$\ln C$	-4.63 ***	51.75 ***
$\ln P$	-4.07 ***	24.55 **
$\ln A$	-4.54 ***	19.10 *
$\ln T$	-2.46 ***	29.94 ***

注：*、** 和 *** 分别代表10%、5%和1%的显著性水平。

二、门限效应检验及估计

能源强度作为模型的门限变量，需要先进行门限效应检验，从而确定门限效应是否存在以及门限的个数，检验结果如表 8 - 4 所示，其中 F 统计量和 p 值通过 Bootstrap 方法（通常反复抽样 300 次）得到。门限变量能源强度在单重门限抽样的 p 值为 0.07，在 10% 显著性水平下显著，故拒绝了线性模型的假设；在双重门限抽样的 p 值为 0.78，即使在 10% 显著性水平下也不显著，所以拒绝了双重门限的假设；在三重门限抽样的 p 值为 0.62，在 10% 显著性水平下并不显著，所以也拒绝了三重门限的假设。因此，以能源强度为门限变量的门限—STIRPAT 模型对应单重门限模型。

表 8 - 4　　　　　　　　门限效应检验结果

门限变量	门限数	F	p 值	1%	5%	10%	门限值	95% 置信区间
能源强度	单重门限	9.92*	0.07	18.4905	10.99	8.83	6.00	[5.65，6.01]
	双重门限	2.06	0.78	14.3703	8.49	7.14	6.27 6.22	[6.26，6.30] [6.22，6.26]
	三重门限	2.78	0.62	19.4361	12.65	10.18	—	—

注：* 表示 10% 的显著性水平。

单重门限模型确定之后，需进一步确定门限—STIRPAT 扩展模型中的门限值。门限值和置信区间如表 8 - 4 所示，能源强度的门限值为 403.43 千克，即 $\ln T$ 等于 6.00。

根据门限效应计算结果，不同能源强度阶段下的门限—STIRPAT 模型可以具体表示为：

$$\ln C = m + b\ln P + c\ln A + d_1\ln T \times I(\ln T \leqslant 6.00) + d_2\ln T \times I(\ln T > 6.00) + \varepsilon$$

$$(8 - 5)$$

分析上述结果可推测，万元能耗处于 403.43 千克前后时，城市碳排放所受的影响有阶段性的变化。

三、门限—STIRPAT 模型参数估计及分析

根据上述对门限值的确定，样本数据可以分成低技术水平阶段（$T >$ 403.43 千克）、高技术水平阶段（$T \leqslant 403.43$ 千克）两个阶段。分组之后，进一步进行差异性分析。用最小二乘法来估计模型参数，估计结果如表 8 - 5 所示。

表 8 - 5 门限—STIRPAT 模型参数估计结果

变量	单重门限模型
$\ln P$	1. 46 ***
	(0. 13)
$\ln A$	0. 90 ***
	(0. 06)
$\ln T$ ($\ln T \leqslant 6.00$)	1. 169 ***
	(0. 091)
$\ln T$ ($\ln T > 6.00$)	1. 170 ***
	(0. 09)
$Cons$	- 18. 03 ***
	(1. 60)

注：*** 表示 1% 的显著性水平。括号中的数值为标准偏差。

单重门限下，观察对样本的回归结果，门限—STIRPAT 模型的具体形式为式（8 -6）：

$$\ln C = -18.03 + 1.46\ln P + 0.90\ln A + 1.169\ln T \times I(\ln T \leqslant 6.00)$$
$$+ 1.170\ln T \times I(\ln T > 6.00) \qquad (8-6)$$

在技术水平的两个阶段中，常住人口和人均 GDP 对碳排放均为正效应且固定不变。常住人口弹性为 1. 46，即常住人口数每增长 1%，碳排放量就会增长 1. 46%；人均 GDP 弹性为 0. 90，即人均 GDP 每增长 1%，碳排放量就会增长 0. 90%。虽然在技术水平的不同阶段，能源强度对碳排放的效应均为正，但是两阶段的能源强度弹性不同。当能源强度低于 403. 43 千克时，碳排放的技术水平弹性为 1. 169；当能源强度高于 403. 43 千克时，弹性为 1. 170。无论是高能源强度水平还是低能源强度水平，首先人口效应最大，其次是能源强度（技术水平）效应，最后是人均 GDP（居民富裕程度）效应。

能源强度对二氧化碳排放的影响呈阶段性变化特征。由式（8 -6）可以得到，能源强度低水平阶段的弹性比高水平阶段的弹性要小，说明了能源强度越低，越有利于城市碳排放量的减少，促进城市碳排放尽快达峰。虽然能源强度效应不如人口效应，但是分别加上能源强度变化率和人口变化率的影响（城市能源强度变化率是人口变化率的 3~6 倍），会使得能源强度弹性和能源强度变化率的综合影响超过人口弹性和人口变化率的共同作用，从而使碳排放尽快达峰，这也体现了注重技术进步和开发清洁能源的重要性。

四、稳健性检验

稳健性检验就是通过在改变计量方法或某些参数时，进行重复的实验，来观察实证结果是否发生变化，如果不发生变化，说明该模型并不是只适用于书中的样本数据来证明模型具有稳健性。稳健性检验结果如表8-6所示，结果显示门限值和参数系数并不发生改变且均能通过显著性检验。因此，本书建立的模型具有稳健性。

表8-6　　　　　　　　　稳健性检验后的模型参数估计结果

变量	单重门限模型
$\ln P$	1.46 *** (0.12)
$\ln A$	0.90 *** (0.04)
$\ln T$ ($\ln T \leq 6.00$)	1.169 *** (0.13)
$\ln T$ ($\ln T > 6.00$)	1.170 *** (0.12)
Cons	-18.03 *** (2.04)

注：*** 表示1%的显著性水平。括号中的数值为标准偏差。

第五节　中国超大城市碳排放达峰的组合情景预测

一、不同能源强度下降速率下的城市达峰预测

《城市达峰指导手册》指出，城市二氧化碳达峰并不仅指某一年二氧化碳排放达到峰值，只有城市二氧化碳排放出现持续稳定下降，才意味着城市实现二氧化碳达峰。根据第三节对中国6个城市的情景设定以及第四节的驱动因素分析，本节预测了北京、上海、广州、深圳、天津和重庆6个城市在能源强度变化率不同时碳排放达峰情况也会明显不同。不同情景下的二氧化碳排放达峰时间和峰值预测如图8-1至图8-3所示。

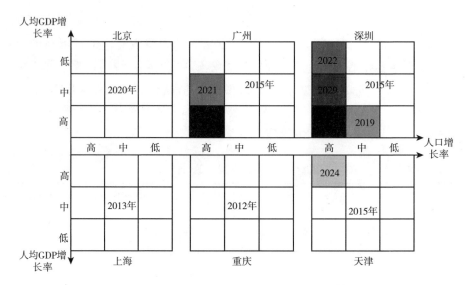

图 8－1　能源强度高下降速率情景下各城市二氧化碳排放达峰预测

注：白色底纹表示到现在已经实现碳达峰，颜色越深表示碳排放达峰时间越晚，纯黑色表示在 2030 年前未实现碳达峰，图中数字为年份。

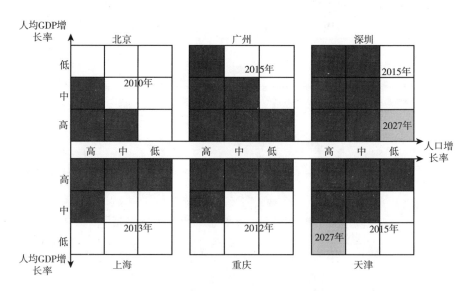

图 8－2　能源强度中速率下降下的各城市二氧化碳排放达峰预测

注：白色底纹表示到现在已经实现碳达峰，颜色越深表示碳排放达峰时间越晚，纯黑色表示在 2030 年前未实现碳达峰，图中数字为年份。

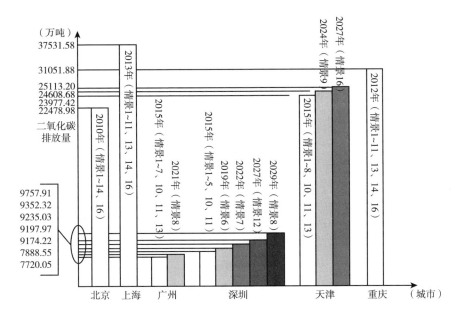

图 8 - 3 北京、上海、广州、深圳、天津和重庆二氧化碳排放峰值及达峰时间

1. 能源强度以高下降速率下的城市碳排放达峰

能源强度以高下降速率下的北京、重庆和上海均已实现碳排放达峰。北京、重庆和上海的碳排放分别在 2010 年、2012 年和 2013 年已经达峰，峰值分别为 22478.98 × 10^4 吨、31051.88 × 10^4 吨和 37531.58 × 10^4 吨。天津碳排放在能源强度高下降速率情景下均能在 2030 年前实现达峰：在最宽松的高 - 高 - 高情景下会在 2024 年达峰，峰值为 24608.68 × 10^4 吨；其余情景下已于 2015 年达峰，峰值为 23977.42 × 10^4 吨。除高 - 高 - 高情景外，广州和深圳碳排放在其余情景下均能在 2030 年前达峰。其中高 - 中 - 高情景下的广州碳排放会在 2021 年达峰，峰值为 7888.55 × 10^4 吨；其余情景下的广州碳排放在 2015 年已达峰，峰值为 7720.05 × 10^4 吨。深圳在高 - 中 - 高的情景下的碳排放会在 2029 年达峰，峰值为 9757.91 × 10^4 吨；高 - 低 - 高情景下的碳排放会在 2022 年达峰，峰值为 9235.03 × 10^4 吨；中 - 高 - 高情景下的碳排放会在更早的 2019 年达峰，峰值为 9197.97 × 10^4 吨；其余情景下的广州碳排放在 2015 年已达峰，峰值为 9174.22 × 10^4 吨。

2. 能源强度以中下降速率下的城市碳排放达峰

能源强度以中下降速率下的北京、上海、广州和重庆的碳排放达峰情况基本类似，深圳和天津的碳排放达峰情况更多样。在能源强度以中速率下降前提下，北京在低 - 低/中/高 - 中、中 - 低/中 - 中和高 - 低 - 中情景下碳排放已于 2010 年达峰，峰值为 22478.98 × 10⁴ 吨；上海碳排放在低／中／高－低－中和低／中－中－中情景下已于 2013 年达峰，峰值为 37531.58 × 10⁴ 吨；广州碳排放在低－低／中－中和中－低－中情景下已于 2015 年实现碳排放达峰，峰值为 7720.05 × 10⁴ 吨；重庆碳排放在低／中／高－低－中和低／中－中－中情景下已于 2012 年达峰，峰值为 31051.88 × 10⁴ 吨；其余情景下的北京、上海、广州和重庆均不能在 2030 年前实现碳达峰。深圳碳排放在低－低／中－中情景下已于 2015 年达峰，峰值为 9174.22 × 10⁴ 吨；其在低－高－中情景下将在 2027 年达峰，峰值为 9352.32 × 10⁴ 吨；其余情景下均未在 2030 年前达峰。天津碳排放在低－低／中－中和中－低－中情景下已于 2015 年达峰，峰值为 23977.42 × 10⁴ 吨；其在高－低－中情景下会在 2027 年达峰，峰值为 25113.20 × 10⁴ 吨；其余情景下均不能在 2030 年前达峰。

3. 能源强度以低下降速率下的城市碳排放达峰

能源强度以低速率下降的前提下，无论在哪个情景下，北京、上海、广州、深圳、天津和重庆的碳排放都不能在 2030 年前实现达峰。因此，这 6 个城市要想能够在 2030 年前达峰，需要合理制定低碳减排政策，达到比低能源强度下降率更高的目标。

二、各城市碳排放达峰情景及峰值预测

北京、上海和重庆的碳排放达峰情况只有 1 种，广州、深圳和天津的碳排放达峰情况分别有 2 种、5 种和 3 种。北京、上海和重庆在能源强度高下降速率的全部情景和能源强度中下降速率的部分情景下分别已于 2010 年、2013 年和 2012 年实现碳排放达峰，而在能源强度低下降速率前提的任何情景下都不能实现在 2030 年前达峰。这意味着北京、上海和重庆的能源强度下降率需要高于低速，才能保证未来的二氧化碳排放量持续降低。广州和深圳在除高－高－高外的高能源强度下降率的全部情景和中能源强度下降率的部分情景下均有在 2030 年前达峰的可能，但在低能源强度下降率情景下不能实现在 2030 年前达峰。因为广州和深圳的碳排放量和能源强度本就低于其他四座城市，低碳减排进程的阻力较大，所以它们在碳排放方面需要进行全方位管理，比如加快建设低碳能源体系、着力打造低碳产业体系、健全碳排放权交易机制、加强低碳科技创新、完善低碳基础管理和加强低碳政策落实等。天津碳排放在高能源强度下降率的全部情景和中能源强度下降率的部分情景下能够在 2030 年前实现达峰，但高－高－高和高－低－中情景下的碳达峰时间从 2015 年被分别推迟到

2024 年和 2027 年，而在低能源强度下降率前提的任何情景下都不能在 2030 年前达峰。预测结果表明，广州、深圳和天津可以根据自身的发展要求来选择合适的碳达峰时间，制定相应的发展和低碳减排政策。

第六节　讨论与分析

一、结果讨论

本书研究了 6 个超大城市，寻求 6 个城市碳排放达峰过程中的共性，研究结果既可以同时对 6 个城市碳排放达峰提供参考指导，又能对国内其他城市未来的碳排放管理发挥前瞻性作用，而研究方法也能对国内其他同类城市的碳排放驱动因素研究具有借鉴性意义。通过研究这 6 个超大城市碳排放特征，为国内其他城市碳排放研究提供思路，有效地促进所有城市碳达峰进程，从而实现全国碳排放达峰目标。从研究方法来看，本书使用的门限—STIRPAT 模型是将 STIRPAT 模型和门限模型结合起来，将 6 个城市的面板数据根据能源强度的大小分成合适的几类，与单一地使用 STIRPAT 模型研究多城市面板数据相比，对多个同类城市的碳排放达峰研究有更贴切实际的解释和刻画，同时验证了能源强度对超大城市碳排放会有阶段性影响。从研究内容来看，以往使用门限—STIRPAT 模型的研究缺少碳排放达峰预测。同时，以往对城市碳达峰预测时设定的情景较少，为了能够更全面地预测城市碳排放达峰，本书设定了 27 种组合情景。

需要说明的是，由于数据有限，本书研究使用的广州和深圳的能源消费统计数据不同于直辖市可以直接得到，根据广东省的能源消费量间接估计得到，这可能会对本书的研究结果造成一定影响。受到多重共线性等统计问题的影响，反映碳排放总量的相关指标（如能源消费总量、GDP 等）无法加入模型当中，而且对碳排放直接相关的、反映总量相关指标的有限性也限制了模型变量的选择。

二、门限系数说明

由地区层面的中国重点城市碳排放门限模型的估计结果显示，门限之下和门限之上的回归系数的估计值分别为 1.169 和 1.170。虽然两个系数的估计值只差 0.01，但是不论从统计意义上还是从经济意义上看，两者都相差甚远。从统计意义上看，能源强度作为模型的门限变量时，单重门限效应检验是通过的，证明设置门限是必须的。从经济意义上看，分别使用两个系数对 2005~2016 年的已发生的实际数据套用估计模型计算对应的碳排放量，发现两者结果差距明显，如表 8 - 7 所示，其中 C_1 和 C_2 分别表示以系数为 1. 169 和 1. 170 计算碳排放量。

表 8 - 7　　　　　　　　　　两个系数的模型结果比较　　　　　　　　单位：万吨

年份	北京			上海			天津		
	C_1	C_2	两者差值	C_1	C_2	两者差值	C_1	C_2	两者差值
2005	20526. 46	20659. 90	133. 43	30081. 35	30277. 48	196. 13	12113. 98	12195. 06	81. 08
2006	21654. 35	21793. 67	139. 32	34006. 07	34227. 58	221. 51	13226. 19	13314. 11	87. 92
2007	23006. 08	23152. 39	146. 31	36905. 30	37143. 37	238. 07	14520. 77	14616. 58	95. 80
2008	22399. 47	22539. 32	139. 85	37662. 45	37902. 69	240. 24	16720. 19	16830. 10	109. 91
2009	23368. 88	23513. 35	144. 47	39039. 42	39286. 61	247. 19	18930. 69	19054. 51	123. 82
2010	23668. 63	23812. 80	144. 17	43017. 15	43289. 03	271. 88	20272. 92	20403. 61	130. 70
2011	23047. 78	23185. 93	138. 15	42465. 39	42730. 29	264. 90	22141. 74	22283. 09	141. 34
2012	23680. 76	23821. 56	140. 80	42484. 61	42746. 98	262. 38	24412. 93	24567. 85	154. 92
2013	21889. 72	22016. 90	127. 18	44903. 85	45180. 39	276. 53	23957. 69	24106. 68	148. 98
2014	22284. 37	22412. 77	128. 40	43304. 99	43567. 93	262. 94	24524. 56	24675. 38	150. 82
2015	21671. 11	21794. 25	123. 14	43523. 28	43785. 54	262. 27	24641. 55	24791. 24	149. 69
2016	22075. 22	22199. 86	124. 65	43744. 01	44005. 50	261. 49	24000. 90	24144. 42	143. 52

年份	广州			深圳			重庆		
	C_1	C_2	两者差值	C_1	C_2	两者差值	C_1	C_2	两者差值
2005	4709. 66	4736. 57	26. 91	5584. 80	5618. 10	33. 30	20601. 69	20741. 26	139. 57
2006	5382. 24	5413. 00	30. 75	7038. 74	7081. 10	42. 36	21574. 00	21719. 03	145. 03
2007	5974. 16	6008. 03	33. 87	7282. 43	7325. 53	43. 10	22220. 69	22368. 05	147. 37
2008	6570. 02	6607. 02	37. 00	7654. 67	7699. 46	44. 79	32407. 61	32629. 54	221. 93
2009	7180. 80	7220. 97	40. 17	8184. 55	8232. 10	47. 54	33781. 58	34010. 37	228. 80
2010	7390. 25	7430. 83	40. 58	7827. 93	7872. 24	44. 31	33999. 28	34225. 44	226. 15
2011	7934. 16	7977. 42	43. 26	8485. 54	8533. 49	47. 95	38245. 63	38499. 18	253. 56
2012	7951. 88	7994. 62	42. 74	8416. 47	8463. 33	46. 85	39724. 68	39985. 24	260. 56
2013	7168. 81	7206. 06	37. 26	9031. 96	9082. 06	50. 10	31835. 44	32035. 19	199. 76
2014	7707. 26	7747. 27	40. 01	9258. 07	9308. 94	50. 88	35561. 88	35785. 44	223. 55
2015	7981. 47	8022. 56	41. 09	9486. 69	9538. 16	51. 46	28800. 35	28973. 73	173. 38
2016	8797. 94	8843. 29	45. 34	10163. 12	10217. 96	54. 83	33624. 19	33828. 27	204. 08

第七节　本章小结

以北京、上海、广州、深圳、天津和重庆六个一线城市为研究对象，以能源强度为门限变量，建立门限—STIRPAT 模型，首先确定六个一线城市碳排放的驱动因素，然后对 27 种情景下的各城市碳排放达峰进行预测。研究结果表明：（1）人口、人均 GDP 和能源强度对各城市碳排放起到正向促进效应，人口的影响效应最大，其次是能源强度，人均 GDP 对碳排放的影响最小。（2）能源强度对二氧化碳排放的影响呈阶段性变化特征。（3）北京在高能源强度下降率和中能源强度下降率情景下已于 2010 年实现碳排放达峰；上海、天津和重庆在高能源强度下降率情景下分别于 2013 年、2015 年和 2012 年实现碳排放达峰，而在中能源强度下降率前提下实现在 2030 年前碳排放达峰的可能性变小；广州和深圳在高能源强度下降率和中能源强度下降率情景下均有在 2030 年前实现碳排放达峰的可能。

第九章 重点省份实践：高耗能省份碳排放达峰的预测研究

第一节 引 言

一、研究背景

2019 年 3 月，国家能源署（IEA）发布全球能源和二氧化碳状况报告。2018 年，全球与能源相关的碳排放量达 330 亿吨，创历史新高，较 2017 年增长了 1.7%，是 2013 年以来增长最快的一年。其中，中国碳排放量达 100 亿吨，较 2017 年增长了 2.3%，占全球碳排放总量的 1/4 以上，是目前主要的碳排放大国，而煤炭消费碳排放量约占碳排放总量的 70% 以上，较 2017 年也有所增长。新气候研究所（New Climate Institute）合伙人尼古拉斯·霍尼曾表示：中国对于全球排放量具有根本重要性。中国作为世界上最大的发展中国家，一直在追求低碳发展。2014 年，在中美发布的联合声明中，中国首次提出 2030 年碳排放达峰的目标。2015 年，巴黎峰会上，中国再次强调 2030 年实现碳排放达峰，并争取尽早达峰。新常态下，中国既要保持经济中高速发展，又要实现 2030 年碳排放达峰的承诺。但是，受地域差异的影响，东、中、西部地区不管是在经济发展还是环境方面都存在一定的差异性。因此，要实现中国 2030 年碳排放达峰的承诺，区域差异不容忽视。

因东北三省特殊的地理位置及资源优势，故自中华人民共和国成立以来，其一直是中国的老工业基地，产业结构以高耗能高污染的第二产业为主。2003 年，中共中央提出振兴东北老工业基地的重大决策，使得东北经济进一步发展，但也因此对能源的消耗增多，能源经济有力地支撑了东北三省经济的发展，造成东北三省碳排放量不断增加。2003～2016 年，除

2012年碳排放量有些许下降外，其他年份均处于增长状态，平均增长率约为6%，其碳排放量约占中国碳排放总量的10%。其中，辽宁省碳排放量约占东北三省碳排放总量的52%，是目前东北三省碳排放量最多的省份。从东北三省2003~2016年的碳排放数据可以得出，东北三省短期内经济增长与碳排放处于弱脱钩状态，即经济增长的同时，碳排放也在增长，但经济增长率高于碳排放增长率，这种状态将持续一段时间。因此，要实现中国2030年碳排放达峰的目标，东北三省作为中国的老工业基地，不容忽视。本章利用东北三省的碳排放相关数据，从三个省份的角度，对东北三省的碳排放达峰进行预测。

二、文献综述

目前，国内外关于中国碳排放达峰的研究，不管是从研究尺度、研究方法还是影响因素上，都取得了一定的进展。

（1）从研究尺度上来说，主要分中国、省际和城市三个尺度。关于中国的研究，多基于中国30个省区市的碳排放相关数据，对中国碳排放达峰时间进行预测，并对其影响因素及地区差异进行分析，最终为实现碳排放尽早达峰对企业间的合作策略以及相关的政策建议进行探究。多数研究表明，人均GDP、能源结构、产业结构等都对碳排放有着显著影响。在经济发展的同时保持着碳排放强度的合理下降，并推动不同区域间企业的合作，中国预计将于2030年之前达峰。省际的研究多针对生态薄弱的西北五省、能源发达的东北三省、华北的山西省等和经济发达的长江经济带。研究结果表明，不同区域间存在一定的差异性。长江经济带等经济发达、第二产业占比较小的地区，预计于2030年左右或更早达峰，东北三省等能源发达地区达峰时间可能稍晚。对于生态系统薄弱且经济发展尚存在较大空间的西北地区，技术和财富因素对碳排放的峰值时间以及峰值额影响较为重要，在西北地区经济增长的情况下，保持碳排放强度的合理下降，西北五省区将能在2030年之前达峰。城市的研究多针对经济发达的一线城市如北京、上海、深圳等，以及沿海城市如青岛等的碳排放达峰分析，这些地区经济发达，第三产业发展迅猛，达峰时间都相对于其他城市要早，预计2030年之前便可达峰。

（2）从研究方法上来说，对碳排放达峰的研究方法主要有环境库兹涅茨曲线及情景分析法。环境库兹涅茨曲线法主要对是否存在倒"U"型曲线及倒"U"型曲线的拐点进行分析；"情景分析法"多结合IPAT模型、STIRPAT模型、Kaya恒等式等对影响碳排放的影响因素进行分解，或利用 LEAP 模型对生产过程进行模拟,并对每一因素或过程的未来数值进行情景设定,以此探究各情景模式下碳排放达峰的时间点及达峰值。

(3) 从影响因素上来说,学者们多从三个方面对影响碳排放达峰的因素进行分析,即人口、经济、技术因素。人口因素多选取人口总量为其特征指标,经济因素多选取人均 GDP 作为其特征指标,技术因素多选取碳排放强度为其特征指标。多数研究表明,人口因素、经济因素是促进碳排放增长的主要因素,能源强度是抑制碳排放增长的决定因素,为实现中国 2030 年碳排放达峰的目标,应在推动经济发展的同时,保持碳排放强度的合理下降。

国内外对于碳排放达峰的分析虽有不少,但也存在一定的局限性:一方面,省际层面的研究较少,且多针对单一的省份进行分析,省份间的达峰差异分析较少。中国承诺在 2030 年实现碳排放达峰,但是达峰的同时离不开各省区市的共同努力,东、中、西部地域经济发展不同、资源不同,对于碳排放达峰的时间更是存在较大差异。另一方面,对碳排放达峰因素的分析,多采用传统的人口、经济、技术因素,然而不同的省份影响因素不同,应结合基本的模型进行拓展分析。

三、本章主要工作及创新点

本章以工业发达、资源密集的东北三省为例,对东北三省的碳排放达峰时间进行情景预测,因东北三省相对经济发达的其他省市而言,工业生产在其经济发展中占据较高的比重,其碳排放达峰时间可能会有所延迟,故本章以 2050 年为时间界限,对东北三省在各情景模式下的达峰时间及峰值进行比较,根据模拟结果,提出一定的政策建议,以此促进东北三省更早实现碳排放达峰并不断减少碳排放达峰总量。

相对于其他研究,本章的创新点为:(1) 从研究对象而言,本章选取东北三省作为研究对象,并根据东北三省各省份间的差异性,对每一省份未来影响碳排放的因素分别进行情景设定,以更好地模拟未来三个省份碳排放达峰的情况,并进行一定的比较分析。(2) 相对于其他研究而言,在研究碳排放影响因素时,除 STIRPAT 模型中基本的人口、经济、技术因素外,本章将老龄化率加入模型中,从近几年东北三省人口老龄化率的发展中可以发现,其老龄化率增长速度较快,已影响到人口的自然年增长率,故本章将其引入,以便更准确地模拟东北三省碳排放的达峰情况。

第二节　研究方法及数据说明

一、碳排放估算方法及数据来源

根据 IPCC 碳排放计算指南及常用的碳排放估算方法来确定碳排放的计算模型。因碳排放主要来源于化石能源消耗，故主要估算化石能源消耗产生的碳排放。根据东北三省统计数据的特点，其公式如下：

$$C_{it} = \sum_j E_{ijt} \times A_j \times F_j \ (i = 1,2,3; j = 1,2,\cdots,11) \qquad (9-1)$$

式（9-1）中，C_{it} 为省 i 第 t 年的碳排放量，E_{ijt} 为省 i 第 t 年第 j 种能源的消耗量，A_j 为第 j 种能源的折标煤系数，F_j 为第 j 种能源的碳排放系数。根据《中国能源统计年鉴》统计口径，本章将最终能源消费划分为 11 类，分别是：原煤、洗精煤、其他洗煤、焦炭、原油、汽油、煤油、柴油、燃料油、液化石油气、天然气。各类能源的折标煤系数及碳排放系数见表 9-1。

表 9-1　　　　　　　　各类能源的折标煤系数和碳排放系数

系数类别	原煤	洗精煤	其他洗煤	焦炭	原油	汽油	煤油	柴油	燃料油	液化石油气	天然气
折标煤系数	0.7143	0.9000	0.2587	0.9714	1.4286	1.4714	1.4714	1.4571	1.4286	1.7143	1.3300
碳排放系数	0.7559	0.7559	0.7559	0.8550	0.5857	0.5538	0.5714	0.5921	0.6185	0.5042	0.4483

本章样本区间为 2003～2016 年，数据来源于历年《中国统计年鉴》《中国能源统计年鉴》《辽宁省统计年鉴》《吉林省统计年鉴》及《黑龙江省统计年鉴》，分析对象为东北三省，各地区的 GDP 为 2003 年不变价的实际 GDP，煤炭的折标煤系数采用原煤的折标煤系数，并依此来计算人均GDP 及能源结构。

二、东北三省碳排放驱动因素分析模型

IPAT 模型是一个被广泛认可的用于阐述环境、人口、经济、技术关系的分析模型，其最早由恩里奇（Enrich）与霍顿（Holden）于 1971 年提出，后来被广泛应用于能源及碳排放研究，表达式为：

$$I = P \times A \times T \qquad (9-2)$$

式（9-2）中，I 代表环境负荷，P 代表人口，A 代表财富，T 代表

技术。通过此表达式可以探究影响环境的驱动因素以及该驱动因素的影响机制。但是，IPAT 模型存在一定的局限性，即在研究问题时，通过改变一个因素而其他因素保持不变，从而得出该因素对因变量的影响是等比例的。为了克服这一缺点，约克等（York et al.，2003）在经典 IPAT 模型的基础上进一步发展构建了随机回归因素模型，即 STIRPT 模型，其表达式为：

$$I = a \times P^b \times A^c \times T^d \times e \qquad (9-3)$$

式（9-3）中，a 代表系数，b、c、d 代表指数，e 代表随机误差项。STIRPAT 模型弥补了 IPAT 模型的缺陷，可以用来研究各影响因素对变量的非等比例影响。在具体的实证研究中，一般对 STIRPAT 模型两边取对数：

$$\ln I = \ln a + b\ln P + c\ln A + d\ln T + \ln e \qquad (9-4)$$

本章根据东北三省的实际情况，在 STIRPAT 模型的基础上，通过对人口变量进行扩展并对各省份构造了统一的 STIRPAT 模型，对模型两边取对数：

$$\ln C = \beta_0 + \beta_1 \ln P_1 + \beta_2 \ln P_2 + \beta_3 \ln A + \beta_4 \ln T \qquad (9-5)$$

式（9-5）中，C 为各省份碳排放总量。P_1 为人口规模。P_2 为 65 岁及以上人口占比，即老龄化率。A 为人均 GDP。T 为能源结构。β_0、β_1、β_2、β_3、β_4 为模型参数。人口规模、老龄化率、人均 GDP、能源结构数据均来自《中国统计年鉴》（2003~2016 年）及《中国能源统计年鉴》（2003~2016 年），并根据原始的数据进行了一定的换算，各变量的表征及含义如表 9-2 所示。

表 9-2　　　　　　　　　　　　　各变量表征及含义

提取因素	变量	表征	含义
环境（I）	C	环境负荷	碳排放总量（万吨）
人口（P）	P_1	人口规模	人口量（万人）
	P_2	年龄结构	65 岁及以上人口占总人口的比重（%）
经济（A）	A	人均 GDP	人均 GDP（万元/人）
技术（T）	T	能源结构	煤炭消费总量占能源消费总量比重（%）

注：①65 岁及以上人口占总人口的比例除 2005 年外均通过国家统计局各省份人口抽样调查数据所得，2005 年为各省普查数据；②人口规模为居住在该省份范围内的全部常住人口；③各能源消费量均为折算成标准煤的消费量，其中煤炭的折标煤系数由原煤折标煤系数代替。

第三节　情景设计

为预估2017～2050年东北三省碳排放量，对东北三省未来各因素变化进行情景设定，以更好地模拟碳排放的达峰过程。首先分别对辽宁、吉林、黑龙江影响碳排放量的四种因素设定低、中、高三种模式。低发展模式下，人口、老龄化率、人均GDP、能源结构均按照低速度增长；中发展模式下，人口、老龄化率、人均GDP、能源结构均按照中等速度增长；高发展模式下，人口、老龄化率、人均GDP、能源结构均按照高速度增长。在这三种基本模式下，根据各因素影响碳排放的力度，又分别设置了低中模式、高中模式、中低模式、中高模式。各情景模式的具体说明如表9-3所示。

表9-3　　　　　　　　　　　情景模式设定

情景模式	具体说明
低模式	各变量均按低速增长
中模式	各变量均按中速增长
高模式	各变量均按高速增长
低中模式	中模式＋低模式人口增长
高中模式	中模式＋高模式人口增长
中低模式	中模式＋低模式能源结构
中高模式	中模式＋高模式能源结构

东北三省因其发展现状的不同，在设定情景模式时，分别对不同的省份按照其具体的发展情况及相关的政策规划设定相应的发展速度。对人口、老龄化率、人均GDP和能源结构分四段时间（2016～2025年、2026～2035年、2036～2045年、2046～2050年）进行设定，具体设定情况如下。

人口。人口增长率将随着经济的增长而进一步降低，依此分别设定辽宁、吉林、黑龙江三省份的人口发展模式。（1）辽宁省。中模式下辽宁省人口发展参照《辽宁省人民政府关于印发辽宁省人口发展规划（2016—2030年）的通知》，2020年人口需达到4385万人，2030年人口需达到4500万人，按照此发展模式及人口发展的基本特点，人口预计在2035年达峰；按照辽宁省目前的人口发展趋势，2005～2015年人口增长率介于

0.1~0.3 之间，依此设定发展的低模式下人口预计 2025 年达峰，高模式下 2035 年达峰。（2）吉林省。按照吉林省"十三五"规划及 2005~2015 年吉林省人口发展趋势，低模式下，人口预计 2025 年达峰；中模式下，人口预计 2035 年达峰；高模式下，人口预计 2045 年达峰。（3）黑龙江省。2005~2015 年，黑龙江省人口呈现先增长后降低的趋势，平均增长率为负值，黑龙江省作为全国人口流失最为严重的省份之一，提高人口增长率是未来发展的任务之一。按照其目前人口发展的特点及黑龙江省"十三五"规划，同辽宁省、吉林省相同，其人口在三种模式下，达峰时间相同，但中间增长率有所差异（见表 9-4）。

老龄化率。随着经济社会的发展及人口相关政策的实施，人口老龄化增长率将逐步降低。按照目前的人口结构发展趋势，2016~2030 年，东北三省人口老龄化率将加速发展，高龄化趋势日趋明显，并据此设置东北三省的老龄化率。

表 9-4　　　　　　　　东北三省社会经济发展情景假定

模式	变量	2016~2025 年			2026~2035 年			2035~2045 年			2045~2050 年		
		辽宁	吉林	黑龙江	辽宁	吉林	黑龙江	辽宁	吉林	黑龙江	辽宁	吉林	黑龙江
低速 (L)	P_1(%)	0.1	0.1	0.1	0	0	0	-0.1	-0.1	-0.1	-0.2	-0.2	-0.2
	P_2(%)	2.5	3	3	2	2.5	1.5	1	2	1	0.5	1	0.5
	A(%)	9	10	8	6	8	6	3	3	3	2	2	2
	T(%)	-2.5	-2	-1.5	-2	-1.5	-1	-1.5	-1	-0.5	-1	-0.5	-0.2
中速 (M)	P_1(%)	0.2	0.2	0.12	0.1	0.1	0.02	0	0	0	-0.1	-0.1	-0.1
	P_2(%)	3	3.5	4	2.5	3	2	1.5	2.5	1.5	1	1	1
	A(%)	11	11	10	8	9	8	4	4	4	3	3	3
	T(%)	-3	-3	-2	-2.5	-2.5	-1.5	-2	-1.5	-1	-1.5	-1	-0.5
高速 (H)	P_1(%)	0.3	0.3	0.14	0.2	0.2	0.04	0.1	0.1	0.02	0	0	0
	P_2(%)	4.5	4	4.5	3.5	3.5	2.5	2.5	2	2	1.5	1.5	1.5
	A(%)	12	12	11	9	10	9	5	5	5	4	4	4
	T(%)	-3.5	-3.5	-2.5	-3	-3	-2	-2.5	-2	-1.5	-2	-1.5	-1

人均 GDP。人均 GDP 增长率的基本设定为，随着经济社会的发展，其增长率逐步降低。（1）辽宁省。依据《辽宁省国民经济和社会发展第十三个五年规划纲要》及人均 GDP 2005~2015 年的平均增长率，地区生产总值年均增长率不低于全国平均增长率，据此计算人均 GDP 的增长率，并分别设置低、中、高三种情景模式，中模式增长速度基本在低模式及高

模式发展速度下的中间值附近。（2）吉林省。依据吉林省"十三五"规划，2020 年实现地区 GDP 较 2010 年翻一番，人均 GDP 达到 8 万元，设定高模式下，2016～2025 年人均 GDP 增长率为 12%。按照目前的发展趋势，设定中模式下 2016～2025 年人均 GDP 增长率为 11%，低模式下为 10%。并按照人均 GDP 增长率逐渐降低的趋势来设定三种模式下其他时间段的具体值。（3）黑龙江省。按照黑龙江省"十三五"规划，地区 GDP 较 2010 年翻一番，人均 GDP 将保持中高速发展。2005～2015 年，人均 GDP 位于 8%～10% 之间，据此设置 2016～2025 年低模式下人均 GDP 平均增长率为 8%，中模式下人均 GDP 平均增长率为 10%，高模式下人均 GDP 增长率较低中模式有所增长，设置为 12%。按照 GDP 基本设定，设定 2026～2050 年人均 GDP 增长率逐步降低，具体设置如表 9－4 所示。

能源结构。煤炭消费总量占能源消费总量的比重将逐步降低，且随着时间的推移，其下降速度也将逐步降低。依据潘霄等（2015）对辽宁省"十三五"能源发展趋势预测、吉林省能源发展"十三五"规划和黑龙江省能源发展"十三五"规划，2020 年，辽宁、吉林、黑龙江三省份煤炭消费比重约分别降为 52%、71.62%、71.9%，据此设置 2016～2025 年三省份能源结构下降的平均速率，并按照能源消费的特点，设置 2026～2050 年的具体速率（见表 9－4）。

在低、中、高模式的基础上又进一步延伸出四种情景模式，东北三省在各模式下的变量依据表 9－3 做进一步具体设定，低中模式、高中模式相对于中模式人口发展有所变化，中高模式及中低模式中能源结构相对于中模式有所变化，以此更好地探究人口因素及能源结构对碳排放达峰的影响情况，如表 9－5 所示。

表 9－5　　　　　　　　　　　七种情景参数设定

情景	P_1	P_2	A	T
低模式	L	L	L	L
中模式	M	M	M	M
高模式	H	H	H	H
低中模式	L	M	M	M
高中模式	H	M	M	M
中低模式	M	M	M	L
中高模式	M	M	M	H

第四节 结果与分析

一、东北三省碳排放驱动因素分析

最小二乘法是估计回归方程常用的方法，其原理是通过使预测数据与真实数据之间误差平方和达到最小来建立数据的拟合模型，但该方法存在一定的局限性，除了对残差项有一定的要求外，还要求数据之间不能存在多重共线性，如果不能满足这些条件，最小二乘法将不再是最优的方法，且用此方法拟合出来的模型将不再具有优良的性质。偏最小二乘法是一种新型的多元统计方法，最早是由伍德（S. Word）和阿巴诺（C. Albano）于1983年提出，它可以对病态数据进行分析，即当数据中存在多重共线性，样本量较少且希望能考虑所有自变量的影响时，用偏最小二乘法建立回归模型是比较合理的方法。故本章采用偏最小二乘法对辽宁、吉林、黑龙江三省份 STIRPAT 模型进行系数估计。

基于 2003~2016 年东北三省的时间序列数据，利用扩展的 STIRPAT 模型，通过 Minitab16.0 软件利用偏最小二乘法分析影响辽宁、吉林、黑龙江省碳排放的驱动因素，得到偏最小二乘回归的估计结果如表9-6所示。

表 9 - 6　　　　　　　　　偏最小二乘回归估计结果

地区	Intercept	P_1	P_2	A	T
辽宁	-90.3481	11.8181	-0.1584	0.0747	0.3686
吉林	-209.1990	27.1460	-0.5010	0.1980	0.9360
黑龙江	-273.8650	34.1800	0.2890	0.3350	0.0797

由此，得出碳排放 STIRPAT 模型的最终结果为：

辽宁：

$$C = 5.7852 \times 10^{-40} P_1^{11.8181} P_2^{-0.1584} A^{0.0747} T^{0.3686} \qquad (9-6)$$

吉林：

$$C = 1.39968 \times 10^{-91} P_1^{27.146} P_2^{-0.501} A^{0.198} T^{0.936} \qquad (9-7)$$

黑龙江：

$$C = 1.1533 \times 10^{-119} P_1^{34.180} P_2^{-0.289} A^{0.335} T^{0.079} \qquad (9-8)$$

用以上四种因素对东北三省碳排放影响做弹性分析：

（1）人口规模。对于东北三省来说影响碳排放的主要因素均为人口规模，而且人口规模对碳排放的影响力度极高。21世纪以来，东北三省的人口结构受内部及外部的双重影响发生着显著变化，人口结构的非均衡性问题日益突出。2015年，"二孩"政策全面实施，对东北三省人口发展是一个大的机遇，同时这也意味着人口对环境方面的影响将进一步增大，尤其是黑龙江与吉林，应合理控制好人口规模。

（2）人口老龄化率。除黑龙江省外，人口老龄化率对碳排放总量呈负向影响，对于辽宁和吉林而言，老龄化人口所占的比重越高，一方面，会影响中青年人口所占总人口的比重，必然会影响整个社会的经济发展，造成产值的降低；另一方面，老龄化人口增加，会改变整个社会的交通方式，65岁及以上老人，由于行动不便，多乘坐公交等交通工具，私家车的使用会减少，最终会造成碳排放总量的降低。

（3）人均GDP。人均GDP对东北三省的碳排放总量均为正向影响，东北三省作为重要的老工业基地，经济的发展多来自第二产业中工业所创造的增加值，故经济的增长必然会带来环境污染程度的增加，从表9-6中的数值来看，人均GDP对碳排放总量的弹性影响大小为：黑龙江>吉林>辽宁。黑龙江拥有着世界十大油田之一的大庆油田，其主要经济发展为能源的开发与利用，随着经济的发展，人民生活水平提高，再加之黑龙江冬日寒冷的气候特点，冬季取暖用煤量不断增加，虽然黑龙江同其他省份一样也在开发新能源，但其开发及利用度不及吉林和辽宁，故人均GDP的增长所带来的能源消耗要高于其他两省份，其人均GDP每增长1%，碳排放量将增长0.335%。

（4）能源结构。此处能源结构为煤炭消费总量占能源消费总量的比重，可以作为影响碳排放总量的一项技术因素。从表9-6中偏最小二乘法的结果可以看出，能源结构与碳排放之间是正向关系，且吉林>辽宁>黑龙江。一方面，能源结构增长意味着煤炭消费比重的增加，煤炭的碳排放系数多用原煤代替，碳排放系数较高，造成的环境污染必然较大。另一方面，煤炭消费比重增加，其他能源（如天然气）的消费必然会减少，而其他能源的碳排放系数较小，造成的碳排放量相对煤炭而言也较少。

二、东北三省碳排放峰值预测

依据各情景模式下各变量的具体设定，将相应的增长率代入数据，计算 2017～2050 年在各情景模式下各变量的具体值，并将其代入各省份的 STIRPAT 模型，即式（9-6）～式（9-8），由此测定出七种情景模式下东北三省碳排放总量峰值出现的时间及峰值额，如表 9-7 所示。

表 9-7　　　　　　　　　　东北三省碳排放总量达峰结果

模式	辽宁		吉林		黑龙江	
	达峰时间（年）	峰值（万吨）	达峰时间（年）	峰值（万吨）	达峰时间（年）	峰值（万吨）
低模式	2025	22561.482	2025	9594.880	2035	30793.881
中模式	2035	25854.358	2035	12023.117	2045	48843.640
高模式	2045	31431.383	2045	19112.605	2050 年未达峰	—
低中模式	2025	22005.620	2025	8661.482	2035	36071.000
高中模式	2045	34389.060	2045	22476.620	2050 年未达峰	—
中低模式	2035	27171.100	2035	14560.950	2045	49433.310
中高模式	2035	24890.320	2035	10917.160	2045	48258.070

1. 辽宁省

通过表 9-7 可以看出，辽宁省各情景模式下碳排放均可在 2050 年前实现达峰。低模式与低中模式下，辽宁省达峰时间均为 2025 年，但达峰额有差异，分别为 22561.482 万吨、22005.620 万吨，造成此差异的原因为：低中模式下，人口规模按照低模式发展，老龄化率、人均 GDP、能源结构按中模式发展，按照式（9-6）所得出的 STIRPAT 模型结果，人均 GDP、能源结构对碳排放量起正向作用，人口老龄化率起负向作用。中模式下，人口老龄化率各时间段年均增长率较低发展模式高 5 个百分点，能源结构各时间段年均负增长率较低模式高五个百分点，故低中模式下要比低模式下达峰额小。中模式与中低模式、中高模式达峰时间相同，但达峰额为：中低模式＞中模式＞中高模式，各情景模式与其相邻模式间碳排放达峰额相差 1000 万吨左右，该三种模式下能源结构年均增长率不同，可见，能源结构对碳排放达峰额的影响极为重要。由能源结构年均增长率不同引起达峰额不同的还有高模式与高中模式，两个模式亦是达峰时间相同，但达峰额相差较大。

2. 吉林省

吉林省各发展模式下，达峰时间与辽宁省基本相同，但各模式下达峰额要比辽宁省少许多，主要原因为：一方面，吉林省与辽宁省经济发展不同，从 2003～2016 年人均 GDP 数据可以看出，辽宁省比吉林省经济发展要好，而人均 GDP 与碳排放量之间是正向关系。另一方面，吉林省与辽宁省人口规模不同，从表 9-6 中偏最小二乘法的结果可以看出，吉林省同辽宁省一样，人口规模的弹性最大，且均为正向影响，而辽宁省比吉林省人口规模要大。因此，虽然辽宁省同吉林省的达峰时间基本相同，但达峰额上存在较大差异。通过表 9-7 中各模式下达峰时间及达峰额可以看出，同辽宁省相似，能源结构及老龄化率是影响吉林省碳排放量的重要因素。

3. 黑龙江省

除高模式及高中模式外，黑龙江省各模式下都能于 2050 年之前实现碳排放达峰。低模式与低中模式下达峰时间相同，但达峰额之间相差 5000 万吨，差额较大，且低中模式＞低模式，此处与辽宁、吉林有所不同，主要原因是，黑龙江省老龄化率、人均 GDP 与碳排放量成正比，能源结构与碳排放量成反比，且老龄化率与人均 GDP 的弹性系数较大，低中模式相对于低模式下，老龄化率年均增长率除 2015～2025 年上升 1 个百分点外，其他时间段均上升 0.5 个百分点，且人均 GDP 年均增长率之间也差别较大（见表 9-4），因此造成低中模式下碳排放量达峰额较低模式有较大增长。同辽宁省、吉林省相同，黑龙江省在中、中低、中高模式下达峰时间相同，达峰额为：中低模式＞中模式＞中高模式，说明能源结构对碳排放达峰额极为重要。从黑龙江省总体的达峰情况可以看出，黑龙江省达峰时间较吉林省、辽宁省要晚，且达峰额较大。主要有两个原因：一方面，黑龙江省老龄化率与碳排放呈正向关系，且根据目前黑龙江省的老龄化现状，设定未来的老龄化率年均增长率较其他两个省份要高。另一方面，黑龙江省能源结构年均负增长率较小，能源结构变动相对于其他两省份要小。这两个变量的共同作用造成黑龙江省碳排放量较其他两个省份要高，且达峰时间有所延迟。

第五节　本章小结

本章选取碳排放总量作为度量环境的指标，采用 2003～2016 年的东北三省时间序列数据，利用拓展的 STIRPAT 模型对未来东北三省碳排放进行了达峰预测。研究表明，辽宁省、吉林省相对于黑龙江省而言达峰时间较早，人口规模对碳排放达峰时间最为重要，能源结构则影响碳排放达峰总量。若能做到经济发展的同时保持合理的人口规模及能源结构，那么东北三省达峰时间预计在 2025～2045 年之间。因此，总体上应尽快拉动辽宁省、吉林省早日达峰，并带动黑龙江省尽快达峰，同时控制人口规模，加大清洁能源使用是今后的重点工作任务。

| 第四篇 |

行业层面的实践路径

第十章 工业部门实践：中国工业碳排放达峰的情景预测与减排潜力评估

第一节 引 言

碳排放达峰是近年来国际节能减排领域关注的重点，受到越来越多国家的关注。作为中国碳排放最主要的行业，工业每年碳排放量占全国碳排放总量的70%以上，工业能否实现碳排放达峰对实现中国整体碳排放达峰具有重要意义，是决定中国能否兑现"达峰承诺"的关键环节。在此背景下，研究中国工业碳排放达峰具有明确的现实意义。

近年来，碳排放达峰的预测研究是学术界的研究热点之一，目前国内外学者预测中国碳排放峰值的主流方法有：环境库兹涅茨曲线、STIRPAT模型、灰色预测法等。如朱永彬等（2009）在内生经济增长模型 Moon-Sonn 的基础上对传统的环境库兹涅茨曲线进行了优化，研究认为中国如果在当前技术进步的速率下继续发展，将在2040年实现碳排放达峰，如果中国能源强度的下降速率达到4.5%～5%，中国碳排放很有可能在2040年之前达到峰值；林和黄（Lin & Huang，2011）利用GM（1，1）灰色预测模型预测了中国台湾地区2009～2012年的二氧化碳排放趋势和达峰时间；渠慎宁等（2010）利用 STIRPAT 模型对未来中国碳排放峰值进行了相关预测，认为中国若能够在经济社会发展的同时保持碳排放强度合理下降，那么实现碳达峰的时间应在2020～2045年之间；程璐等（2016）对电力行业的碳排放峰值进行了研究，研究表明：实现电力行业碳排放尽早达峰并降低峰值，关键在于能源消费总量的控制以及清洁电力的发展；郭士伊（2016）对中国工业控制碳排放的峰值管理进行了分析，最终认为2020年和2030年是中国碳排放峰值管理的两个关键点，预计工业领域可以在2030年前实现碳排放达峰，应该分短期（未来5年）、中期（未来

10 年）和长期（未来 15 年）三个阶段实施工业领域的碳排放峰值管理。

对行业减排潜力的研究中，国内外学者也基于不同的评价方法，如王和卢（Wang & Lu，2007）利用 LEAP 模型分别分析了中国钢铁工业在三种情景模式下的二氧化碳减排潜力，最终认为在不同情景下钢铁行业有潜力降低的碳排放量存在差异，大体分布在 0.51 亿～1.07 亿吨之间；高福光等（2017）利用 MARKAL-MACRO 模型对中国台湾地区电力部门在不同经济发展模式下的二氧化碳减排潜力进行了相关预测分析；郭朝先（2010）采用经济核算方法，从结构减排和强度减排两个角度来估算中国工业碳减排的潜力，认为中国减排可以充分发挥"双轮驱动"效果来促进减排；沃尔特斯多尔塔（Voltes-Dorta，2013）等利用 DEA-Malmqust 指数法计算和预测了西班牙汽车制造商的节能潜力；黄金碧等（2012）将江苏省城市碳排放现状与全国包括北京等城市进行对比分析，认为在任何方面江苏省都具有较大的碳减排潜力。

总体来说，已有研究极大地促进了中国碳排放峰值的研究，为该领域的后续研究奠定了基础。尽管如此，当前研究还存在以下几点不足之处：（1）研究对象上，工业碳排放达峰研究有所欠缺。目前大多数文献只是预测了中国整体或某地区未来的碳排放量，对工业碳排放达峰研究有待深入，特别是缺少对工业内部细分行业碳排放达峰情景的具体研究，不利于工业行业减排政策的制定。（2）研究方法上，碳排放量预测模型有待改进。如基于 EKC 曲线的研究是在这一曲线存在的假设下进行的，而碳排放与经济发展是否存在倒"U"型的曲线关系还有待商榷。此外，有些模型适合已经完成工业化的发达国家，对中国等发展中国家的适用性仍存在未知，并且在碳排放影响因素的选择上，大多数学者仅仅将碳排放强度指标作为评价行业技术水平的唯一尺度，这样做得出的研究结论有待商榷。（3）研究角度上，中国碳减排潜力的研究视角比较单一。以往关于行业碳减排潜力的研究主要从减排效率角度进行分析，忽略了就业人数这一反映公平因素的规模变量，既考虑"效率视角"又兼顾"公平视角"的研究成果并不多，个别基于公平与效率双重视角研究行业减排潜力的对象仅局限于农业，缺乏对工业的研究。

基于目前的研究现状，本章对中国工业碳排放达峰研究的主要工作体现在以下三个方面：（1）将碳排放达峰的研究对象定位于中国碳排放的主要行业——工业，并且不仅对整个工业的碳排放达峰进行了预测，对工业内部的细分行业也进行了具体的预测研究。（2）基于 STIRPAT 模型对工业及其细分行业的碳排放达峰进行预测研究时，为了消除变量之间多重共线性的影响，选择岭回归法建立模型。另外，在选择碳排放的影响因素时，不仅考虑了经济水平、产业结构等公认因素，还加入了两个代表行业技术水平的因素——碳排放强度和能源利用效率，并且在设定行业的情景参数时，为不同能耗级别的细分行业设计了不同的情景模式。（3）基于"效率"和"公平"双重视角建立了完整的工业减排潜力评估体系，对各行业减排潜力的评估更加科学。

第二节　数据来源及处理

一、工业碳排放规模的测算

本章将工业领域的碳排放分为两部分，一部分是化石燃料燃烧带来的直接碳排放，另一部分是电力消耗带来的间接碳排放。因此工业碳排放量的公式为：

$$C = C_1 + C_2 \tag{10-1}$$

其中，C_1 表示直接碳排放量，C_2 表示间接碳排放量。

（1）直接碳排放量的测算，本章采用《2006 年 IPCC 国家温室气体清单指南》（以下简称《IPCC 指南》）中介绍的基准方法，即从各种化石燃料的消耗角度对工业领域的碳排放进行测算，具体计算公式为：

$$C_1 = \sum_{j=1}^{m} \left(E_j \times NCV_j \times CC_j \times COF_j \times \frac{44}{12} \right) \tag{10-2}$$

式（10-2）中，C_1 表示二氧化碳排放量，单位为吨；j 表示第 j 种能源种类，本章根据 IPCC 的能源划分选取了八种能源种类，分别为原煤、焦炭、原油、汽油、煤油、柴油、燃料油、天然气；E_j 表示第 j 种能源的消费量，单位为吨，数据来源于《中国能源统计年鉴》（1994 - 2014 年）；NCV_j 表示第 j 种能源的低位发热量，单位为 TJ/吨或 TJ/立方米，数据来源于《IPCC 指南》；CC_j 表示第 j 种能源的碳含量，单位为吨碳/TJ，数据来源于《IPCC 指南》；COF_j 表示第 j 种能源的碳氧化因子，根据《IPCC 指南》通常该值取 100%，表示完全氧化；44/12 表示二氧化碳与碳的分子量之比，即碳转化成二氧化碳的转化系数。

计算步骤：第一，将各种一次能源的消费量利用折标准煤系数转换为标准煤单位消费量；第二，利用式（10-2）计算各种能源燃烧产生的碳排放量。

（2）间接碳排放量的计算公式为：

$$C_2 = QE \times DE \times EE \qquad (10-3)$$

式（10-3）中：C_2表示二氧化碳排放量，单位为吨；QE表示电力总消费量，单位为千瓦时，数据来源于各年度《中国能源年鉴》；DE表示电力碳排放系数，单位为吨/兆瓦，本章取不同研究计算的平均值0.7173吨/兆瓦；EE表示供电煤耗，每年具体的供电煤耗数值取自国家电网发布的新闻数据。

二、工业细分行业的划分

《中国国民经济行业分类》将工业分为30个分行业，本章按照《中国工业统计年鉴》中的行业分类将30个小类归为9个大类。为了研究能源消耗结构对工业碳排放的影响，本章按照能耗强度将平均能耗强度大于1吨/万元的行业划分为"高能耗行业"，平均能耗强度小于1吨/万元的行业划分为"低能耗行业"。在工业九个细分行业中，属于"高能耗行业"的有：电力行业（电力、煤气及水生产和供应业的统称）、采矿业、化工制造业、钢铁制造业、建材制造业、石油制造业；属于"低能耗行业"的有：纺织制造业、轻工制造业、机电制造业。

第三节　碳排放达峰预测及减排潜力的模型构建

一、工业碳排放达峰预测的 STIRPAT 模型构建

1. 整体工业的 STIRPAT 达峰预测模型

STIRPAT（Stochastic Impacts by Regression on PAT）模型是约克等（York et al.，2003）在 IPAT 模型和 ImPACT 模型的基础上重新提出的预测模型，针对以上两个模型无法反映模型中各个因素非均衡与非单调的函数关系的缺陷进行了修正。目前，STIRPAT 模型已被广泛用于碳排放达峰的预测研究中。

整体工业碳排放达峰预测的初始 STIRPAT 模型为：

$$C = \beta_0 QP^{\beta_1} ES^{\beta_2} OD^{\beta_3} EE^{\beta_4} TS^{\beta_5} e \qquad (10-4)$$

式（10-4）中：C表示因变量"工业碳排放量"；QP表示自变量中的规模因素"经济水平"，用人均工业总产值计量；ES表示自变量中的结

构因素"能源结构"，用煤炭消费量与一次能源消费总量的比值计量；OD表示自变量中的结构因素"开放程度"，用港澳台商及外商投资企业工业产值与工业总产值的比值计量；EE 表示自变量中的技术因素"能源利用效率"，用工业总产值与一次能源消费总量的比值计量；TS 表示自变量中的技术因素"碳排放强度"，用碳排放量与工业总产值的比值计量。

实际应用中对式（10-4）两边取对数，即：

$$\ln C = \ln\beta_0 + \beta_1\ln(QP) + \beta_2\ln(ES) + \beta_3\ln(OD) + \beta_4\ln(EE) +$$
$$\beta_5\ln(TS) + \ln e \qquad (10-5)$$

式（10-5）中，β_0 为模型的比例常数项，$\beta_1 \sim \beta_5$ 为指数项，e 表示误差项。

为了消除自变量之间的多重共线性，本章使用岭回归方法建模。岭回归分析法可以通过在自变量标准化矩阵的主对角线上加入非负因子的方法消除多重共线性对分析结果的干扰，从而使回归结果的有效性得到显著提高。

以 1994～2014 年的数据进行回归建模，最终建立的标准化岭回归方程为：

$$\ln C = 14.603 + 0.145\ln(QP) + 4.293\ln(ES) + 0.197\ln(OD) +$$
$$0.198\ln(EE) - 0.199\ln(TS) \qquad (10-6)$$

为了证明该预测模型的有效性，基于各年度数据通过模型计算得到碳排放的方程回归值，然后对碳排放实际值与回归值进行两独立样本 T 检验，检验结果显示 p 值为 0.961，大于显著性水平 0.05，说明根据上述模型计算的碳排放量与实际情况没有显著差异，方程预测效果较好。

2. 工业内部细分行业的 STIRPAT 达峰预测模型

以整体工业达峰预测模型为基础，根据工业各细分行业的特点对工业细分行业的 STIRPAT 预测模型做适当调整。工业细分行业的初始 STIRPAT 碳排放达峰预测模型如式（10-7）所示：

$$C = \varepsilon_0 IQ^{\varepsilon_1} IIS^{\varepsilon_2} IEE^{\varepsilon_3} IES^{\varepsilon_4} e \qquad (10-7)$$

式（10-7）的 STIRPAT 预测模型中：C 表示因变量"工业内部分行业碳排放量"；IQ 表示自变量"自身经济发展"，用行业总产值计量；IIS 表示自变量"产业占比"，用分行业产值与总工业总产值的比值计量；IEE 表示自变量"能源利用效率"，用行业总产值与一次能源消费总量的比值计量；IES 表示自变量"能源结构"，用行业煤炭消费量与一次能源消费总量的比值计量。

实际应用中我们常将式（10-7）两边取对数，即：

$$\ln C = \ln\varepsilon_0 + \varepsilon_1\ln(IQ) + \varepsilon_2\ln(IIS) + \varepsilon_3\ln(IEE) + \varepsilon_4\ln(IES) + \ln e$$

$$(10-8)$$

式（10-8）中，ε_0 为模型的比例常数项，$\varepsilon_1 \sim \varepsilon_4$ 为指数项，e 表示误差项。

为了消除多重共线性对计算结果的干扰，同样选择岭回归方法建立各行业的碳排放预测模型。以 $\ln C$ 为因变量，"自身经济水平"等四个因素为自变量，以 1994~2014 年的数据进行回归建模，最终得到的工业各细分行业碳排放预测模型回归系数及模型检验结果如表 10-1 所示。

表 10-1　　　　　　　　工业细分行业岭回归系数及模型检验

行业	回归系数					模型检验		
	$\ln\varepsilon_0$	ε_1	ε_2	ε_3	ε_4	R^2	F 检验量	Sig F
电力行业	9.26	0.27	-0.21	0.26	14.32	0.989	186.155	0
采矿业	6.54	0.40	-0.05	-0.18	0.40	0.957	43.626	0
化工制造业	9.47	0.14	-0.21	0.12	1.88	0.978	89.071	0
钢铁制造业	9.31	0.23	0.18	0.24	-0.69	0.991	147.815	0
建材制造业	9.28	0.17	-0.01	0.12	6.55	0.977	84.287	0
石油制造业	10.88	0.21	-0.05	0.35	0.82	0.993	273.241	0
纺织制造业	10.09	0.08	0.72	0.04	2.32	0.981	100.321	0
轻工制造业	9.71	0.07	0.31	0.03	3.58	0.972	67.749	0
机电制造业	5.11	0.24	-1.03	0.06	-0.26	0.938	29.116	0

从表 10-1 可以看出，工业全部九个细分行业的预测模型通过显著性检验。为了验证各预测模型的有效性，将已有年度各细分行业数据代入各自的回归方程中计算各年度的碳排放模拟值，然后分别对各个行业碳排放的模拟值与实际值进行两次独立样本 T 检验，检验结果显示 p 值均大于显著性水平 0.05，说明各细分行业的碳排放预测模型的预测效果较好。

二、工业碳排放的情景设计

1. 整体工业的情景设计

情景分析法中各指标预测值的设置都要参考相关政策规划及发达国家发展规律，并与过往不同阶段的变化率进行对照，确保数据的设置符合工业经济社会发展的实际情况。本章将 2016~2050 年平均划分为七个时间段，整体工业碳排放预测模型中的各个指标均分为"强"和"中"两个取值。

根据各参数的不同组合最终设计出工业碳排放的九种情景模式，如表10-2所示。考虑到经济社会发展中增碳与减碳因素的实际变化，并结合中国未来经济社会发展中的经济发展、能源和产业等政策，将"经济水平""城市化率""能源结构""产业结构""开放程度""能源强度"归为积极因素（促进碳排放），将"企业规模""能源利用效率"和"碳排放强度"归为消极因素（抑制碳排放）。

2. 工业内部细分行业的情景设计

对于工业内部细分行业的情景设置，本章将"自身经济水平""能源结构"归为积极因素，将"能源利用效率"归为消极因素，而将"产业占比"归为积极因素还是消极因素应取决于具体的研究行业。根据本章对工业细分行业的能耗结构划分，对于电力行业等高能耗行业来说，"产业占比"应被归入积极因素，对于纺织制造业等低能耗行业来说，"产业占比"应归入消极因素。由此，本章对工业九种细分行业设计的碳排放发展模式如表10-2所示。

表10-2　　　　　　　　　整体工业及细分行业的情景模式

模式	整体工业					高能耗行业				低能耗行业			
	积极因素			消极因素		积极因素			消极因素	积极因素		消极因素	
	QP	ES	OD	TS	EE	IQ	IIS	IES	IEE	IQ	IES	IIS	IEE
基准模式	中	中	中	中	中	中	中	中	中	中	中	中	中
抑制排放模式1	中	中	中	强	中	—	—	—	—	中	中	强	中
抑制排放模式2	中	中	中	中	强	—	—	—	—	中	中	中	强
低碳模式	中	中	中	强	强	中	中	中	强	中	中	强	强
激进排放模式	强	强	强	中	中	强	强	强	中	强	强	强	中
促进排放模式1	强	强	强	强	中	—	—	—	—	强	强	强	中
促进排放模式2	强	强	强	中	强	—	—	—	—	强	强	中	强
中和模式	强	强	强	强	强	强	强	强	强	强	强	强	强

三、工业减排潜力的评估指标体系

虽然工业各细分行业的实际减排量代表了各自的减排效果，但并不能简单地认为减排量大的行业就一定具有更高的减排潜力。一个行业的减排潜力应该从"公平"和"效率"两个角度进行全面评估。

首先，"公平视角"的核心思想是按照"公平"原则分解减排指标，即综合考虑行业间就业人数的差异分解，就业人数越多的行业应该获得更多的碳排放空间。以往的有些研究认为，碳排放量大的行业具有较大的减排潜力。事实上，一个行业的碳排放量还与其规模有关，规模大的行业往往会比规模小的行业排放更多的二氧化碳，但并不意味它们会具有更高的减排潜力，因为规模大的行业往往就业人数多，所以按照碳排放绝对量进行分析是不公平的。基于以上原因，本章将行业的就业人数作为考虑因素，从"人均"角度评价一个行业基于"公平视角"的减排潜力。

其次，"效率视角"核心思想是按照"产出最大化"原则进行分解，指有利于使国家在既定的碳排放总量目标下产生更多的发展利益，单位碳排放产生 GDP 越大的行业会有更多的碳排放空间。"效率视角"下的减排评估主要依据行业减排空间指数和碳排放强度。其中碳排放强度指标代表着一个行业的减排技术水平，碳排放强度较小的行业通常减排技术也比较发达，减排潜力也因此得到提升。减排空间指数 DS 是指在一定时间内，某细分行业碳排放强度的实际变化值 $\Delta TS_{practical}$ 与参考变化值 $\Delta TS_{reference}$ 之比，其中实际变化值是指该细分行业在一段时间内碳排放强度的实际变化值，而参考变化值是假设该细分行业与整体工业在某时间段内碳排放强度的下降速率相等时的碳排放强度变化值。即 i 行业在第 t 年的减排空间指数为：

$$DS_{i,t} = \frac{\Delta TS_{practical}}{\Delta TS_{reference}} \qquad (10-9)$$

如果 $DS_{i,t} > 1$，意味着 i 行业减排空间比较小，因为其在降低碳排放强度方面的效率高于工业整体的平均水平。反之，则意味着其减排空间比较大。减排空间较大的行业在减排和达峰过程中比其他行业有更宽阔的进步空间，因此减排潜力也比较高。

本章建立的基于公平和效率双重视角的减排潜力评估指数体系分别赋予公平指数和效率指数不同的权数，从而根据式（10-10）计算出行业的减排潜力指数，如下：

$$ERP_{i,t} = \omega \times equity_{i,t} + (1 - \omega) \times efficiency_{i,t} \qquad (10-10)$$

式（10-10）中，$ERP_{i,t}$ 是减排潜力指数，i 表示行业，t 表示时期。ω 为权重值，反映的是决策者在公平原则与效率原则之间的决策偏好，取值范围为 [0，1]。$equity$ 表示公平指数，$efficiency$ 表示效率指数。

公平指数 $equity$ 和效率指数 $efficiency$ 的计算公式分别如式（10-11）和式（10-12）所示，数据来源于《中国工业统计年鉴》（2010~2014年）。

$$equity = \alpha \times CP + (1 - \alpha) \times QP \qquad (10-11)$$

式（10-11）中，$equity$ 是工业减排潜力公平指数，由相同权重的人均工业碳排放量 CP 和人均工业总产值 QP 共同决定，即 α 取值为 0.5。其中人均工业碳排放量 CP 和人均工业总产值 QP 分别等于某细分行业在 2010~2014 年平均碳排放量和平均总产值与平均就业人数的比值：

$$efficiency = \alpha \times TS + (1 - \alpha) \times \frac{1}{DS} \qquad (10-12)$$

式（10-12）中，$efficiency$ 是工业减排潜力效率指数，包括工业碳排放强度 TS 和工业减排空间指数 DS 两个指标，并赋予二者同等的重要性，即 α 取值为 0.5。其中碳排放强度 TS 是指某行业在 2010~2014 年平均的碳排放量与产值之比。减排空间指数 DS 取倒数的原因是减排空间指数的值越小代表行业的减排空间越大，所以将其倒数后再计算出的效率指数就与该行业在效率视角下的减排潜力呈正相关关系。

本章将计算减排潜力指数的模式设置为"同等重要模式"，在该情景中两个视角下的潜力指标具有相等的重要性，也就是 ω 取 0.5，表示决策者在制定达峰计划时对公平性与效率性没有明显的偏好。

第四节　中国工业碳排放达峰的情景预测

一、整体工业的碳排放预测及达峰分析

利用整体工业的碳排放预测模型式（10-6）可计算出 2015~2050 年中国工业的碳排放量预测值，根据预测结果绘制出各种情景模式下整体工业碳排放量的预测曲线如图 10-1 所示。

（亿/吨）

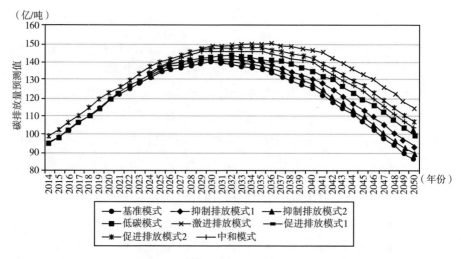

图 10 - 1　不同情景模式下整体工业的碳排放量预测曲线

从图 10 - 1 中可以看出，工业在不同碳排放模式下的达峰时间和峰值大小都有差异，其中工业在低碳模式下最早实现碳达峰，峰值也是最小的；相反，工业在激进排放模式下最晚实现碳达峰，峰值也是最大的。整体工业的达峰时间大致分布在 2030 ~ 2036 年。郭士伊（2016）在其对工业控制碳排放峰值管理的研究中得出的结论为：中国工业碳排放峰值在 2020 ~ 2030 年出现，与本章预测的时间区间稍有提前，主要是由其对工业增加值及能源强度的发展速度设定不同导致的，不过该研究同样支持中国 2030 年的碳达峰目标，表明中国工业有能力在 2030 年左右实现碳达峰。

各情景模式下碳排放达峰的具体分析如下：

低碳模式和抑制排放模式 2 能够实现工业碳排放在 2030 年达到峰值。低碳模式下，中国工业碳排放达峰时间为 2030 年，峰值为 140.43 亿吨；抑制排放模式 2 下，中国工业碳排放达峰时间为 2030 年，峰值为 141.77 亿吨。根据情景参数设计，若工业在低碳模式下发展，那么工业在 2016 ~ 2030 年期望的总产值增长率由 6.51% 下降到 5.72%，煤炭占比的增长率从 0.21% 下降至 0.18%，外企投资占比下降率从 3.88% 继续降至 -5.28%，能源利用效率的增长率和碳排放强度的下降率在 2030 年之前将分别达到 3.25% 和 6.26%。

基准模式下，中国工业碳排放无法实现 2030 年的按时达峰。基准模式是指所有指标的影响力度都为"中"的情景模式，即不采取任何减碳措施的基准发展模式。在这种模式下，中国工业碳排放量将在 2032 年实现达峰，峰值为 143.29 亿吨，显然该模式无法满足中国在 2030 年碳排放达峰的要求，需要外部政策的干预。

两种抑制排放模式下，中国工业碳排放达峰时间比基准模式有所提前，峰值也有所下降。两种抑制排放模式分别单独将碳排放强度和能源利用效率的影响强度调为"强"，而其他指标的影响力度保持"中"的情景模式。碳排放强度表示增加单位产值所带来的碳排放量，能源利用效率表示消耗单位一次能源总量所带来的总产值增量，二者在很大程度上代表了一个行业的技术水平，即碳排放强度越低、能源利用效率越高，行业的减排技术水平越发达，而技术水平的提高必然会对二氧化碳的排放起抑制作用，因此两种模式下的达峰时间都比基准模式提前，峰值也有所降低。低碳模式是指所有积极因素的影响力度为"中"，而所有消极因素的影响力度为"强"的情景模式，虽然低碳模式与抑制排放模式 2 下的达峰时间都是在 2030 年，是所有模式中最早实现碳达峰的，但是低碳模式下峰值比抑制排放模式 2 少了 1.34 亿吨，这主要是因为低碳模式比抑制排放模式 2 多出一个抑制碳排放的消极因素。

激进排放模式下，中国工业碳排放的达峰情景与达峰目标相差甚远，不仅达峰时间严重推迟，峰值也偏高。激进排放模式是指所有消极因素的影响力度为"中"，而所有积极因素的影响力度为"强"的情景模式。这个模式下的碳排放达峰时间最晚，为 2036 年，峰值也最高，为 150.09 亿吨。两种促进排放模式是分别在激进排放模式的基础上将碳排放强度指标和能源利用效率指标的影响力度均调为"强"的模式，可以看出两种模式因为有各自的消极因素对碳排放实施起抑制作用，所以达峰时间都比激进排放模式提前，峰值也有所降低。

对比基准模式、低碳模式和中和模式可以得出结论：积极因素对碳排放的促进作用要比消极因素的抑制作用明显，更容易使碳排放达峰的时间延后、峰值升高。首先，在基准模式的基础上将消极因素对碳排放的抑制力度调为"强"后，使工业碳排放的达峰时间提前了两年，峰值也降低了 2.87 亿吨；其次，在低碳模式的基础上将所有积极因素对碳排放的促进力度全部调为"强"后，使工业碳排放的达峰时间滞后了四年，峰值增加了 5.19 亿吨。因此可以看出，积极因素对工业碳排放达峰的负面影响比消极因素对工业碳排放达峰的正面影响更加严重。

以上预测结果说明：如果工业在减排过程中能够合理控制自身经济的发展速度、尽量减少煤炭等化石能源的消耗占比、保持合适的对外开放程度，并且通过升级减排技术等方式来适当降低碳排放强度和提高能源使用效率，那么工业就可以实现 2030 年碳排放达峰，并且能源利用效率的提高在提早达峰时间和降低峰值方面的贡献更明显一些。但是，如果中国工业在达峰工作中忽略了对减排技术的升级，则会使其碳排放的达峰时间延后、峰值增加，并且忽略能源利用效率的提高也将对工业碳排放达峰产生较为严重的负面影响。

二、工业细分行业的碳排放预测及达峰分析

对于工业细分行业的碳排放达峰预测，本章挑选了具有代表性的三个情景模式进行重点分析，分别是基准模式、低碳模式和激进排放模式，工业细分行业在这三个模式下的达峰情景预测如表 10 - 3 所示。

表 10 - 3   工业细分行业的碳排放达峰情景

行业	基准模式		低碳模式		激进排放模式	
	达峰时间	峰值（亿吨）	达峰时间	峰值（亿吨）	达峰时间	峰值（亿吨）
电力行业	2031	57.69	2030	56.97	2035	72.35
采矿业	2045	9.25	2035	9.05	2040	9.73
化工制造业	2030	13.01	2029	12.93	2036	14.75
钢铁制造业	2035	25.79	2033	25.43	2040	26.81
建材制造业	2027	6.64	2025	6.61	2031	7.50
石油制造业	2035	43.47	2034	42.74	2040	43.98
纺织制造业	2028	1.01	2025	1.02	2031	1.02
轻工制造业	2032	3.23	2029	3.26	2034	3.37
机电制造业	2032	2.68	2029	2.81	2036	2.79

从表 10 - 3 中可以看出，在相同模式下不同细分行业的达峰时间存在一定差异，但基本分布在整体工业达峰时间前后。基准模式下，整体工业的达峰时间为 2032 年，工业细分行业的碳排放达峰时间分布在 2027 ~ 2045 年；低碳模式下，整体工业的达峰时间为 2030 年，工业细分行业的碳排放达峰时间分布在 2025 ~ 2035 年；激进排放模式下，整体工业的达峰时间为 2036 年，工业细分行业的碳排放达峰时间分布在 2031 ~ 2040 年。总体来看，三种情景模式下预期最早实现碳排放达峰的都是建材制造业，其次是纺织制造业；三种情景模式下达峰时间最晚的均为采矿业，钢铁制造业和石油制造业的达峰时间也比较晚。

同一行业在不同模式下的达峰时间也存在差异，且峰值差异显著。大部分工业细分行业在三种情景模式下的达峰顺序是：低碳模式—基准模

式—激进排放模式，并且峰值也是按照这个顺序由低变高，仅有采矿业碳排放是在基准模式下的达峰时间最晚、峰值最高。

在工业逐步实现碳排放达峰的整个过程中，有的细分行业是在总工业之前实现达峰，而有的细分行业则是在总工业的碳排放达峰后才逐渐实现，所以在总工业达到峰值的过程中是某些行业实现了提前碳排放达峰（比如建材制造业和纺织制造业），然后带动着其他细分行业逐步实现碳排放达峰（如采矿业），最终使整个工业的碳排放量达到峰值后缓慢下降。

第五节　中国工业碳排放达峰的减排潜力评估

一、工业细分行业基于减排潜力指数的分析

基于公平和效率双重视角下工业细分行业的减排潜力分别由公平指数（equity）和效率指数（efficiency）来衡量，这两个指数又分别由相等权重的人均碳排放量和人均总产值、减排空间指数和碳排放强度共同决定。本章以 2008 年为基期分别计算了工业各细分行业的减排公平指数（equity）和效率指数（efficiency）。另外为了消除数值间的量纲关系，本章采用 min—max 标准化方法将两个指数进行了标准化，最后按照"同等重要原则"计算出的工业各细分行业减排潜力综合指数 ERP 如图 10 - 2 所示。

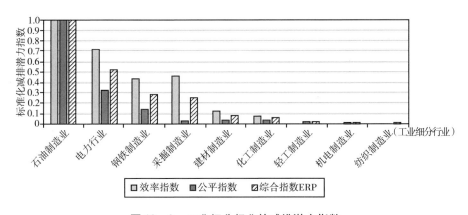

图 10 - 2　工业细分行业的减排潜力指数

分析图 10 - 2 可以得到如下结论：

从 ERP 指数的计算结果可以看出，工业细分行业的减排潜力差别较大。首先，综合减排潜力较大的行业有石油制造业、电力行业、钢铁制造

业和采矿业，它们标准化后的 ERP 指数分别为 1.000、0.520、0.291 和 0.250。可以看出石油制造业的综合减排潜力比较突出，几乎比第二名的电力行业高出一倍，同时前四名行业的减排潜力指数明显大于排名靠后的其他行业（如综合减排潜力排名第五的建材制造业，其 ERP 指数只有 0.087），说明工业细分行业间的减排潜力呈现出两极分化的状态。其次，轻工制造业、机电制造业和纺织制造业的综合减排潜力最小，ERP 指数均在 0.01 以下，这主要是由于这三个细分行业较低的人均产出和减排效率导致，所以国家应适当降低对它们的减排要求，因为减排潜力较小的行业由于技术水平进步有限以及减排成本升高，所以它们比其他行业在减排和达峰的进程中要克服更多的困难。

减排效率视角下，减排潜力最大的行业是石油制造业，其次是电力行业，二者标准化后的效率指数（efficiency）分别为 1.000 和 0.723，所以应该重点提升这两个行业在节能减排方面的技术水平，这将对整个工业的减排工作起到举足轻重的作用。比如电力行业关键的减排技术有：大规模陆地风力发电、高效天然气发电等；石油制造业关键的减排技术有：工艺设备节能减排技术等。另外，电力行业的减排潜力一直得不到充分挖掘也与当前占主要地位的火力发电技术有关，火力发电最主要的燃料就是煤炭，大量煤炭的燃烧不仅使电力行业变成工业碳排放最主要的领域，同时也拉低了电力行业的减排效率。因此，电力行业可以考虑优化其能源结构，尽量多的使用绿色能源，并且开发更加清洁的发电技术。

减排公平视角下，减排潜力最大的行业仍然是石油制造业，电力行业排在第二，这与效率指数的排名一致，二者标准化后的公平指数（equity）分别为 1.000 和 0.318。值得注意的是，石油制造业的公平指数远远超过其他行业，说明石油业在公平视角下的减排潜力较高。采矿业、化工制造业和建材制造业的公平指数排名稍后，这三个行业减排潜力稍显落后的原因主要是其经济水平的超速发展，从这三个行业的碳排放量预测模型中也可以看出，它们的碳排放规模受其自身产出的影响比较大。因此，今后在鼓励这三个行业使用洁净能源的同时，还应控制其经济水平保持在一个合理的发展速度。另外，公平视角下减排潜力最小的行业是纺织制造业，主要是由其较多的就业人数导致。

总的来说，国家应根据工业细分行业不同的减排潜力，在制定达峰计划和分布减碳任务时适当调整分摊体系，从而在碳排放约束框架下合理制定相关行业的发展目标。相对于减排潜力较小的行业来说，减排潜力较大的行业在节能减排以及实现达峰目标过程中要面临的困难会少很多，并且进一步降低能源强度或者提高绿色能源消费占比的边际成本也更少，相关减排技术的开发和运用也更加容易实施。

二、工业细分行业减排潜力基于公平性和效率性的分类

本章根据工业细分行业的减排潜力公平指数和效率指数，将工业内部的九个分行业归为四类，分类结果如图 10-3 所示。

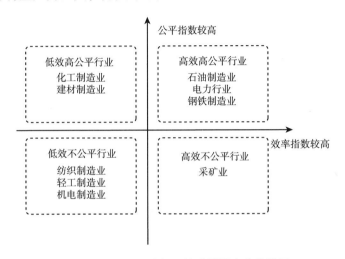

图 10-3 工业细分行业的减排潜力分类结果

"高效高公平行业"中有石油制造业、电力行业和钢铁制造业，这三个行业无论在公平视角还是在效率视角都有着较高的减排潜力。这类行业是减排潜力最大的行业，其减排重点既应该放在碳排放规模的降低上，还应该放在减排技术的提高上。

"低效高公平行业"有化工制造业和建材制造业，这类行业的特点是减排效率指数较低，而公平指数较高。针对这类行业的减排重点应该放在碳排放总量的降低上，同时也应该保持其经济水平在适当的增速下平稳发展。

"高效不公平行业"只有采矿业，这类行业的特点是减排公平指数低于工业平均水平，但是效率指数很高。拉低公平指数的主要原因是该类型行业中较多的就业人数，由于采矿业的就业人数很难在短时间内快速下降，所以今后的减排重点应放在其碳排放强度的效率降低上，将其较大的减排空间充分利用起来，想要达到这个目的最主要的手段还是加快减排技术的升级，另外借鉴其他行业的先进技术也不失为一种快速提升的途径。

"低效不公平行业"中有纺织制造业、轻工制造业和机电制造业，这

类行业无论在公平视角还是效率视角上都是减排潜力较低的行业，所以不需要在减排工作中受到过多关注。但从往年数据中可以看出它们的减排空间其实并不小，甚至超过了建材制造业，所以这三个行业可以在加快减排效率上更加努力，充分利用其并不狭小的减排空间。

总之，不同的行业在减排公平性和效率性上会有所差异，因此国家在发布减排任务时应避免"一刀切"的做法，即针对不同行业制定不同的减排和达峰管理措施，兼顾公平与效率，将减排重点放在各行业最具减排潜力的方面。

第六节　本章小结

以中国碳排放的主要行业工业为研究对象，首先运用拓展的 STIRPAT 模型对工业及其 9 个细分行业的碳排放达峰进行了情景预测，然后基于公平和效率的双重视角对工业细分行业的减排潜力进行评估。研究表明：(1) 仅有低碳情景和抑制排放情景 2 可以实现中国碳排放 2030 年达峰，低碳情景是实现中国工业碳排放达峰的最佳发展模式，达峰时间最早（2030 年），峰值最低（140.43 亿吨），激进排放情景则是最差的发展模式，达峰时间最晚（2036 年），峰值也最高（150.09 亿吨）。(2) 建材制造业和纺织制造业能够实现提前达峰，可以在这类行业率先实施达峰管理措施，使其带动其他行业陆续达峰。(3) 最具减排潜力的行业是石油制造业，其次是电力行业，这些减排潜力较大的行业应该成为国家节能减排的重点对象。(4) 石油制造业、钢铁制造业和电力行业属于"高效高公平行业"；化工制造业、建材制造业属于"低效高公平行业"；采矿业属于"高效不公平行业"；纺织制造业、轻工制造业和机电制造业属于"低效不公平行业"。

第十一章 电力部门实践：中国电力部门碳达峰的因素分解、经济脱钩及预测评估

第一节 引 言

一、研究背景

温室气体排放与人类生活息息相关，是近年来的研究热点。中国作为目前世界上第二大能源消耗国和最大的温室气体排放国，2017年，中国碳排放量占全球碳排放量的27%，居于全球首位。国际能源署（IEA）预测，2030年中国与能源相关的二氧化碳排放量将上升到116.15亿吨，其增量占这一时期（2007~2030年）全球新增量的48.6%。近年来，为积极应对全球气候变暖，中国相继制定了一些碳减排目标和政策，其中最主要的减排目标为2030年实现碳排放达峰。2014年11月12日中国在《中美气候变化联合声明》中承诺2030年左右二氧化碳排放达到峰值且将努力早日达峰，非化石能源占一次能源消费比重提高到20%左右。这个目标在2015年中国向"联合国"提交的"国家自主决定贡献"以及气候变化巴黎大会中都得到了重申。中国做出碳排放达峰的承诺展现了中国在应对气候变化领域的行动力，彰显出了中国负责任的大国形象，为全球应对气候变化做出了积极表率，得到了国际社会的广泛关注和赞赏。但是，中国承诺碳排放达峰给国内能源结构、产业结构调整带来巨大转型压力和挑战，包括经济、能源和技术上的协同和权衡。因此，中国能否实现2030年碳排放达峰存在很大的不确定性及现实压力。

电力部门碳排放是中国碳排放总量中不可忽视的一部分。过去的十几年中，中国电力部门碳排放占中国碳排放总量的49.1%和世界碳排放总量

的 32.1%。《2016 清洁能源蓝皮书》指出，电力部门是碳排放和减碳的重要领域，目前我国发电装机容量已超过美国位居世界第一，同时也是世界最大的燃煤发电大国，电力部门具有较大的减碳潜力。根据国际能源署（IEA）公布的数据，2015 年中国电力部门（含热力）碳排放占总排放的48.6%，中国的五大发电集团（中国华能集团、中国大唐集团、中国华电集团、中国国电集团、中国电力投资集团）碳排放量平均约为 3 亿~4 亿吨二氧化碳当量的水平。而同期的全球主要发电集团（如法国电力、意昂集团等）2015 年碳排放量平均约为 0.5 亿~1.5 亿吨二氧化碳当量的水平，中国发电集团的碳排放水平远高于全球主要发电集团的水平，相当于一个中等规模的发达国家的排放量。为了降低电力部门的碳排放量，中国政府采取了很多措施，例如大力发展清洁能源和可再生能源、调整火电结构等，中国发电煤耗和输电损耗也确实有所降低，非化石能源装机占比由2010 年的 27.2% 提高为 2015 年的 24.8%。中国的资源禀赋决定未来中国电力部门的发电结构仍然以煤电为主，能源结构仍然以煤炭为主，因此电力部门的节能减排还存在一定的挑战。同时中国电力部门的碳排放总量从2005 年的 21 亿吨二氧化碳增长到 2015 年的 35 亿吨二氧化碳，显示了电力部门碳排放减排面临的巨大现实压力。综上所述，研究电力部门碳排放达峰对中国能否实现全国层面 2030 年碳排放达峰目标具有重要的现实意义。

二、文献综述

目前，学术界对电力部门碳排放有很多研究，包括运用指标分解方法对碳排放进行分解研究，运用情景模拟对碳排放进行预测等。在对电力部门碳排放的分解方面，由于 kaya 恒等式具有数学形式简单、分解无残差、对碳排放变化推动因素解释力强等优点，主流分解方法大都是以 kaya 恒等式为基础的，主要的分解方法有 Divisia 指数分解（祖国海等，2010；Xiangzheng Li，2018）、IDA 模型（B. W. Ang et al.，2016）、LMDI 模型（唐葆君等，2016；Xue-Ting Jiang，2017；Yuhan Zhao，2017）。但是，由于以 kaya 恒等式为基础的因素分解方法存在不能全面地反映不同因素对碳排放演变的实际贡献的局限性（Alexander Vaninsky，2014），因此有越来越多的学者开始寻找更好的替代方法，如 GDMI（Lin Zhu，2018）。在碳排放的预测方面，主要可以分为自上而下的预测模型和自下而上的预测模型，自上而下的情景预测模型将经济描述为一个系统，包含 GDP、投入产出表等经济要素，能更好地反映出各个影响因素包括经济因素在碳排放预测中发挥的作用。例如，支持向量回归和蒙特卡洛模拟相结合可以把多个影响因素作为因变量进行预测并且减小了误差（Yu et al.，2016），CGE 模型在考虑碳交易的情况下对未来的碳排放进行预测，体现了碳交易在碳减排方面的重要作用（Wei Li，2018）。由于自上而下的预测模型只考虑了宏观因素，很少考虑技术等因素，能详细反映技术参数以及能量流的自下而上的情景预测模型为更多学者所使用。例如 Elesplan-m 模型（Pleβmann et al.，2017）、TIMES 模型（Oiang Lin，2018）、LEAP 模型（Betül Özer，2013；Nnaemeka Vincent Emodi et al.，2019）、REpower Europe 模型（Seán Collins et al.，2018）、EnergyPLAN 优化模型系统（H. Ali et al.，2017）、NET-Power 模型（Baojun Tang，2018）。

在碳排放与经济增长的脱钩关系的研究中主要涉及其他部门和行业，更多的研究是采用"Tapio"脱钩指数（Guo Wenbo，2018；Yuhong Wang，2016；Haibin Han，2018；António Cardoso Marques，2018），"Tapio"脱钩理论以弹性系数的方法反映了经济增长和碳排放之间是否存在脱钩关系及所处的脱钩状态。为了更好地反映碳排放分解因素在脱钩进行中做出的贡献，越来越多的学者将分解方法和脱钩模型结合起来（Ya Wu，2018；Jean Engo，2018），这不仅能反映各个碳排放影响因素对碳排放的贡献，还能反映对脱钩进程的影响。迪亚库拉基等（Diakoulaki et al.，2017）提出了一个新的基于 LMDI 的脱钩分析方法，并对 14 个欧盟国家制造业的增加值和碳排放的脱钩关系进行了研究，以评估各个国家对减少碳排放做出的努力，张越君等（Yuejun Zhang，2015）和李华南等（Huanan Li，2019）也运用相同的方法对中国能源相关的碳排放和中国碳排放与经济增长之间的脱钩关系进行了研究。

已有研究对电力部门碳排放取得了丰富的研究成果，但是还存在一些不足。

第一，在研究方法上，目前对电力部门碳排放影响因素的研究主要采用 LMDI 分解方法，但是 LMDI 分解方法中各因素是相乘的形式，各个因素之间存在关联性，分解结果也受选取影响因素的影响，可能会产生相反的结论。

第二，在研究范围上，大部分的研究都是集中于中国电力部门这个整体进行研究，很少有研究是区域层面的电力部门碳排放研究，忽视了各个区域的差异性，很难对各个区域提出针对性的建议。

第三，针对经济增长和电力部门碳排放的脱钩关系的研究很少。目前大部分的脱钩研究是针对中国整体碳排放和经济增长，忽视了经济增长和电力部门碳排放的相关关系，无法在经济增长和电力部门碳排放方面提出针对性的意见与建议。

三、本章的主要工作及创新点

在已有研究的基础上，为了更好地研究中国各个区域电力部门的碳排放达峰的可行性，本章对中国八个区域的电力部门碳排放进行分解研究，并且在分解结果的基础上进一步研究了各个区域经济增长和电力部门碳排放的脱钩关系。与已有研究相比，本章的创新点主要包括以下四点。

第一，运用 GDIM 方法对中国八个区域 2003～2016 年的电力部门的碳排放进行了分解，分析不同区域电力部门碳排放的驱动因素及其差异。GDIM 弥补了以 Kaya 恒等式为基础的指数分解方法（如 LMDI）的不足，能够准确而全面地反映各个因素对电力部门碳排放的实际贡献。

第二，基于区域细分的角度对中国八大区域电力部门碳排放进行分析。本章依据经济特点及自然资源特点，将中国划分为八大区域①。西南地区、南部沿海和黄河中游由于清洁电力的发展，电力部门碳排放均于 2013 年开始出现下降趋势；东北地区由于经济发展缓慢，电力需求增长缓慢，因此电力部门碳排放增长也比较缓慢；北部沿海、东部沿海、长江中游和大西北地区则由于经济发展和依赖火力发电，电力部门碳排放增长快于其他地区。通过对不同区域电力部门碳排放的分解，能够准确把握各个因素对碳排放的不同的驱动作用，从而能够对各个区域电力部门的减排工作提出针对性的建议。

第三，首次运用 GDIM-D 脱钩指数对八个区域电力部门的碳排放与经济增长之间的脱钩关系进行了研究，不仅能够反映各个区域的脱钩进程，而且能够反映各个区域的脱钩现状。同时，由于脱钩指数是在 GDIM 的分解结果上建立的，脱钩指数还能反映各个相对量因素和绝对量因素在脱钩进程中的贡献，从而为电力部门碳排放与经济增长脱钩提出建设性建议。

第四，对八个区域的 2017～2030 年电力部门碳排放进行了预测。利用增长的 GDP 和由于 GDP 增长带来的碳排放之间的关系，预测了中国八个区域 2017～2030 年由于 GDP 增长引起的碳排放，在此基础上预测了脱钩指数。从历史演变和未来预测的角度来研究中国的电力部门碳排放在 2030 年实现达峰的可能性。

---

① 东北地区：辽宁、吉林和黑龙江；北部沿海：北京、天津、河北和山东；东部沿海：上海、江苏和浙江；南部沿海：福建、广东和海南；黄河中游：陕西、山西、河南和内蒙古；长江中游：湖北、湖南、江西和安徽；西南地区：云南、贵州、四川、重庆和广西；大西北地区：甘肃、青海、宁夏、西藏和新疆。

第二节 模型介绍与数据来源

一、电力部门碳排放的影响因素分解——GDIM

本章采用了 GDIM 对电力部门碳排放进行因素分解。GDIM 是通过对 Kaya 恒等式的变形得来的一种多维因素分解模型，能够反映碳排放变化的动态原因。根据 GDIM，电力部门的碳排放及其相关因素的表达式如下：

$$C = G \times (C/G) = E \times (C/G) = P \times (C/G) \qquad (11-1)$$

$$P/G = (C/G)/(C/P) \qquad (11-2)$$

$$E/P = (C/P)/(C/E) \qquad (11-3)$$

式（11-1）~式（11-3）中，C 为电力部门碳排放，G 为 GDP，E 为能源消费规模（即能源消费总量），P 为产出规模（即发电量）；$GCI = C/G$ 表示 GDP 的电力部门碳强度，$ECI = C/E$ 表示能源消费碳强度，$PCI = C/P$ 表示产出碳强度，$GPI = P/G$ 表示 GDP 的发电强度（单位 GDP 发电量），$PEI = E/P$ 表示能源强度。

进一步，把式（11-1）~式（11-3）变换得到式（11-4）~式（11-8）：

$$C = P \times (C/P) \qquad (11-4)$$

$$P \times (C/P) - E \times (C/E) = 0 \qquad (11-5)$$

$$P \times (C/P) - G \times (C/G) = 0 \qquad (11-6)$$

$$P - G \times (P/G) = 0 \qquad (11-7)$$

$$E - P \times (E/P) = 0 \qquad (11-8)$$

假设因素 X 对电力部门的碳排放影响表现为函数 $C(X)$，根据式（11-4）~式（11-8）构造如式（11-9）所示的雅可比矩阵 Φ_X：

$$\Phi_X = \begin{bmatrix} C/P & P & -C/E & -E & 0 & 0 & 0 & 0 \\ C/P & P & 0 & 0 & -C/G & -G & 0 & 0 \\ 1 & 0 & 0 & 0 & -P/G & 0 & -G & 0 \\ 0 & 0 & 1 & 0 & 0 & 0 & 0 & -P \end{bmatrix} \qquad (11-9)$$

根据 GDIM 的原理，电力部门的碳排放量 ΔC 可以被分解成式（11-10）：

$$\Delta C [X \mid \Phi] = \int_T \nabla C^t (I - \Phi_X \Phi_X{}^+) \mathrm{d}X \qquad (11-10)$$

式（11-10）中，t 是时间跨度，$\Delta C = (C/P \quad P \quad 0 \quad 0 \quad 0 \quad 0 \quad 0 \quad 0)$；$I$ 代表单位矩阵，"+" 是广义的逆矩阵。如果 Φ_X 满足其中的列是线性无关的，则 $\Phi_X^+ = (\Phi_X^t \Phi_X)^{-1} \Phi_X^t$。

碳排放的变化可以被分解为 8 种效应之和，包括绝对量因素和相对量因素。绝对量因素包括 ΔCE_G，ΔCE_E，ΔCE_P，分别反映 GDP 变化、能耗规模变化、发电量规模变化对碳排放变化的影响。相对量因素包括 ΔCE_{GCI}、ΔCE_{ECI}、ΔCE_{PCI}、ΔCE_{GPI}、ΔCE_{PEI}，ΔCE_{GCI} 反映 GDP 的电力部门碳强度（表现为单位 GDP 导致的电力部门碳排放）对碳排放的影响，ΔCE_{ECI} 反映能源使用的低碳程度（能源消费碳强度表现为能源结构的变化）对碳排放的影响，ΔCE_{PCI} 表现为电力部门发展的低碳程度对碳排放的影响，ΔCE_{GPI} 反映了单位 GDP 发电量（能够间接反映产业结构）变化对碳排放的影响，ΔCE_{PEI} 反映了单位发电量能耗（即能源强度，发电过程中对能源的依赖程度）对碳排放的影响。电力部门碳排放的变化与分解因素的关系可以表示为：

$$\Delta CE = \Delta CE_G + \Delta CE_P + \Delta CE_E + \Delta CE_{GCI} + \Delta CE_{ECI} + \Delta CE_{PCI} + \Delta CE_{GPI} + \Delta CE_{PEI} \qquad (11-11)$$

二、电力部门碳排放与经济增长的脱钩测算——脱钩指数

脱钩指数 D 用式（11-12）～式（11-14）表示：

$$D = -\frac{\Delta F}{\Delta CE_G} \qquad (11-12)$$

$$\Delta F = \Delta CE - \Delta CE_G = \Delta CE_E + \Delta CE_P + \Delta CE_{GCI} + \Delta CE_{ECI} + \Delta CE_{PCI} + \Delta CE_{GPI} + \Delta CE_{PEI} \qquad (11-13)$$

$$D = -\frac{\Delta F}{\Delta CE_G} = -\frac{\Delta CE_E + \Delta CE_P + \Delta CE_{GCI} + \Delta CE_{ECI} + \Delta CE_{PCI} + \Delta CE_{GPI} + \Delta CE_{PEI}}{\Delta CE_G}$$

$$= D_E + D_P + D_{GCI} + D_{ECI} + D_{PCI} + D_{GPI} + D_{PEI} \qquad (11-14)$$

式（11-12）～式（11-14）中，如果 $D \geqslant 1$，表示存在绝对脱钩效应，即认为某因素抑制碳排放增加的效应大于经济增长促进电力部门碳排放增加的效应，也就是说，随着 GDP 的增长，电力部门的碳排放将会减少；如果 $0 < D < 1$，表示存在相对脱钩效应，即认为某因素抑制碳排放减少的效应略小于经济增长对电力部门的碳排放的促增效应；如果 $D \leqslant 0$，

表示不存在脱钩效应，即认为某因素并没有减少二氧化碳排放，反而增加了二氧化碳排放。对于 D_E、D_P 等指数，如果它们的值大于 0，即认为这些因素对二氧化碳排放存在抑制作用，它们对电力部门二氧化碳的排放与经济增长之间的脱钩做出了贡献。相反，如果它们的值小于 0，说明他们会促进电力部门二氧化碳的排放，并且它们没有对脱钩做出贡献。

三、数据来源

本章数据主要来源于《中国统计年鉴》（2004～2017 年），《中国电力年鉴》（2004～2007 年），《中国能源统计年鉴》（2004～2017 年）。各年份 GDP 以 2003 年为基期进行价格平减，由于数据缺少，西藏自治区及中国港澳台地区不在本章的研究范围内。电力部门的碳排放主要采用了更符合中国国情的《中国发电企业温室气体排放核算方法与报告指南（试行）》中的化学燃料燃烧法选用来测算电力部门的二氧化碳排放，如式（11－15）所示：

$$
\begin{aligned}
C &= \sum_i (AD_i \times EF_i) = \sum_i (FC_i \times NCV_i) \times 10^{-6} \times EF_i \\
&= \sum_i (FC_i \times NCV_i) \times 10^{-6} \times \left(CC_i \times OF_i \times \frac{44}{12} \right) \quad (11-15)
\end{aligned}
$$

式（11－15）中，AD_i 是指第 i 种化石燃料的活动水平，以太焦表示；EF_i 是指第 i 种化石燃料的排放因子，以吨/太焦表示；FC_i 是指第 i 种化石燃料的消耗量，以吨表示；NCV_i 是指第 i 种化石燃料的平均低位发热值，以千焦/千克表示；CC_i 是指第 i 种化石燃料的单位热值含碳量，以吨/太焦表示；OF_i 是指第 i 种化石燃料的碳氧化率。

第三节 中国区域电力部门碳排放影响因素的分解结果

基于 GDIM 模型，八大区域 2003～2016 年电力部门碳排放影响因素分解结果如图 11－1 所示。

（1）对八个地区来说，各碳排放影响因素对碳排放的驱动作用部分相同，GDP、产出规模是主要的促增因素，GDP 的电力部门碳强度和产出碳强度是主要的促减因素。经济的发展和生产规模的扩大会增加对市场产品和原材料的需求，企业的电力需求也增大，这将使电力部门的发电量和能

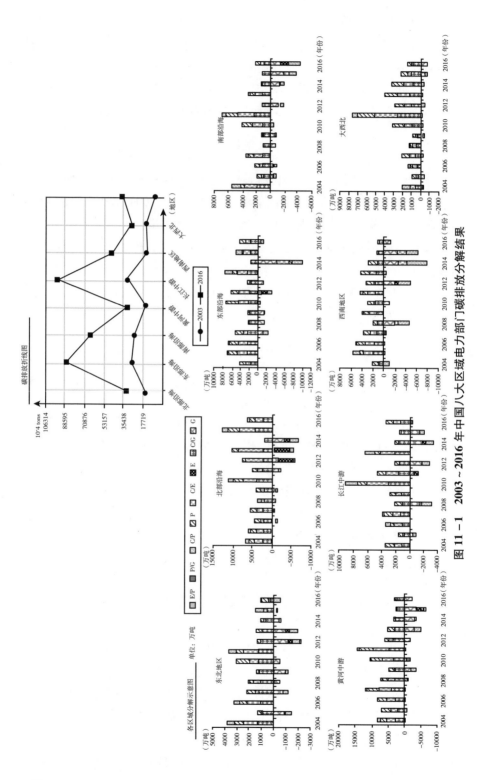

图 11 - 1 2003 ~ 2016 年中国八大区域电力部门碳排放分解结果

源需求量增加，由此造成电力部门碳排放的增多；电力部门碳强度和产出碳强度在一定程度上能反映电力部门的能源结构和能源强度，清洁能源的使用和节能减排技术的发展提高了碳排放效率，改进了能源结构和能源强度，使得这两个因素发挥了减排的作用。

（2）各碳排放影响因素对不同地区碳排放的驱动作用存在差异。能源消费规模一直是东北地区、北部沿海、东部沿海、长江中游和大西北地区碳排放的促增因素，而能源消费规模对南部沿海和西南地区的影响分别从2011年和2013年以后由促增因素变为促减因素。就南部沿海地区来说，虽然发电量逐年递增，但是由于水电资源的开发，火电占比下降，例如2011年南部沿海火电占总发电量的81%，2016年则减少为63%，因此能源消费总量也随之减少，南部沿海的能源消费规模由促增因素变为促减因素。西南地区的发电结构要好于其他地区，水力发电是主要的发电来源。2016年，西南地区水电量占总发电量的68%，水电装机是长江中游的两倍，是其他地区的十几倍，这也导致西南地区能源消费总量逐年减少，使得西南地区的能源消费规模由促增因素变为促减因素。北部沿海和大西北地区的电力部门碳强度和产出碳强度发挥的促减作用要弱于其他地区，这主要是和这两个地区的能源结构密切相关。北部沿海和大西北地区主要采用火力发电，2016年大西北地区火力发电中的用到的原煤是2003年的5倍多，远远高于其他地区，而2016年北部沿海的火电装机达到82.89%，火电发电量更是达到了94%，均居于八大区域之首。另外，东北地区、北部沿海、东部沿海和长江中游地区的碳排放量有在某一年骤增或骤减的现象，这主要是由这些地区的用电量或者能源消耗总量出现突然变化造成的。

综上所述，电力部门碳排放促减因素致使南部沿海、黄河中游和西南地区的电力部门碳排放已经出现了下降趋势，而东北地区、北部沿海、东部沿海、长江中游和大西北地区的碳排放促增因素发挥的作用仍然大于促减因素，致使这些地区的电力部门碳排放依旧呈现上升趋势。

第四节 中国区域电力部门碳排放的脱钩分析

基于 GDIM-D 脱钩方法，得到 2003～2016 年电力部门的二氧化碳排放和 GDP 增长之间的脱钩指数，结果如图 11 - 2 所示。

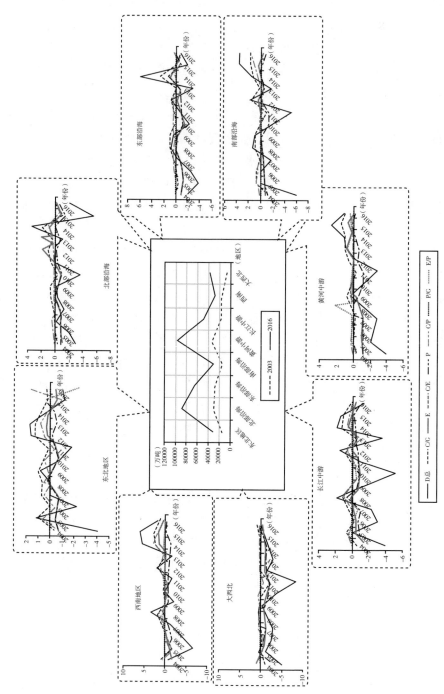

图 11－2　2003～2016 年中国八大区域电力部门碳排放与经济增长的脱钩指数

从图 11 – 3 中可以看出，东北地区、北部沿海、东部沿海和长江中游的脱钩指数大部分年份都小于 0，说明这些地区的电力部门的二氧化碳排放和经济增长还没有脱钩，抑制因素对碳排放的减少没有发挥显著作用。这四个地区的能源消费规模的脱钩效应指数和产出规模的脱钩效应指数大部分年份都小于 0，说明能源消费规模和产出规模在脱钩进程中没有发挥抑制作用，反而还促进了碳排放，而 GDP 的电力部门碳强度的脱钩效应指数常年大于 0，说明 GDP 的电力部门碳强度在脱钩进程中发挥了积极的作用，并且抑制了碳排放。同时，这四个地区的脱钩指数在脱钩与不脱钩之间上下波动，这种波动性主要是能源消费规模、产出碳强度和产出规模带来的。

2017~2030年碳排放预测值（万吨）

年份	东北地区	北部沿海	东部沿海	长江中游	大西北
2017	33953.94	89232.87	67748.38	48774.52	38411.5
2018	34498.34	90483.29	69203.96	49642.42	39549.0
2019	34999.20	91633.28	70541.74	50441.70	40595.5
2020	35456.52	92682.82	71761.72	51172.36	41551.0
2021	35870.30	93631.93	72863.90	51834.40	42415.5
2022	36240.53	94480.59	73848.28	52427.82	43189.0
2023	36567.23	95228.81	74714.86	52952.62	43871.5
2024	36850.38	95876.60	75463.64	53408.80	44463.0
2025	37089.99	96423.94	76094.62	53796.36	44963.5
2026	37286.06	96870.85	76607.80	54115.30	45373.0
2027	37438.59	97217.31	77003.18	54365.62	45691.5
2028	37547.57	97463.34	77280.76	54547.32	45919.0
2029	37613.02	97608.93	77440.54	54660.40	46055.5
2030	37634.92	97654.07	77482.52	54704.86	46101.0

碳排放预测假设

① 假设电力行业的碳排放是平滑的二次曲线

② 2020年单位GDP电力行业碳排放比2015年下降18%

③ GDP年增长速度为6.5%

④ 2030年是达峰年

图 11 – 3　中国五区域 2017~2030 年电力部门碳排放预测

2012 年以后，南部沿海、黄河中游和西南地区的脱钩指数呈现大于 0 的趋势，甚至出现了大于 1 的趋势，说明南部沿海、黄河中游和西南地区电力部门的二氧化碳排放随着 GDP 的增长而减少，抑制因素的碳减排效应大于经济增长的驱动效应，其中能源强度的脱钩效应指数、GDP 的电力部门碳强度的脱钩效应指数、产出碳强度的脱钩效应指数大部分年份都大于 0，说明能源强度、GDP 的电力部门碳强度和产出碳强度发挥着很好的脱钩效应。大西北地区的脱钩指数在 2015 年之前一直小于 0，2015 年之后出现大于 0 的趋势，这其中主要的原因是，能源消费规模的脱钩效应指数和产出规模的脱钩效应指数从 2013 年以后逐渐增大，说明能源消费规模和产出规模对碳排放的促进作用逐渐减小，促使 GDP 和电力部门碳排放呈现相对脱钩的趋势。

综上所述，东北地区、北部沿海、东部沿海、长江中游和大西北的经济增长和电力部门碳排放还没有脱钩，这些地区的电力部门碳排放会随着 GDP 的增长而增长。南部沿海、黄河中游和西南地区电力部门碳排放与经济增长已经脱钩，即经济增长并不会造成电力部门碳排放的增加。

第五节　中国区域电力部门的脱钩指数预测

一、电力部门碳排放预测

根据上述分析，西南地区、南部沿海和黄河中游的经济发展与电力部门碳排放已经脱钩，GDP 上升并不会造成电力部门碳排放的下降，因此，认为这三个地区电力部门碳排放已经事实上达峰（西南地区、南部沿海和黄河中游电力部门碳排放均于 2013 年达到峰值，峰值分别为 38379 万吨、100715 万吨和 39043 万吨）。因此，对电力部门碳排放峰值预测中主要针对其他 5 个地区。

参考已有研究，假设电力部门的碳排放是平滑的二次曲线，设东北地区、北部沿海、东部沿海、长江中游和大西北地区的 2020 年单位 GDP 造成的电力部门碳排放比 2015 年下降 18%，GDP 年均增长速度为 6.5%，2030 年是达峰年，预测结果如图 11-3 所示。图 11-3 显示，东北地区、北部沿海、东部沿海、长江中游和大西北地区 2030 年电力部门的二氧化碳峰值分别是 37634.92 万吨、97654.07 万吨、77482.52 万吨、54704.86 万吨和 46101 万吨。

二、中国区域电力部门的脱钩指数预测

根据 GDIM 对东北地区、北部沿海、东部沿海、长江中游和大西北地区电力部门碳排放的不同时期的分解结果发现，增长的 GDP 和由于 GDP 增长引起的电力部门的碳排放之间存在着很强大的相关性，对这两个变量进行拟合，得到结果如图 11-4 所示。图 11-4 显示，五个地区的拟合的 R^2 都接近 0.9 或者超过 0.9，拟合效果比较理想。

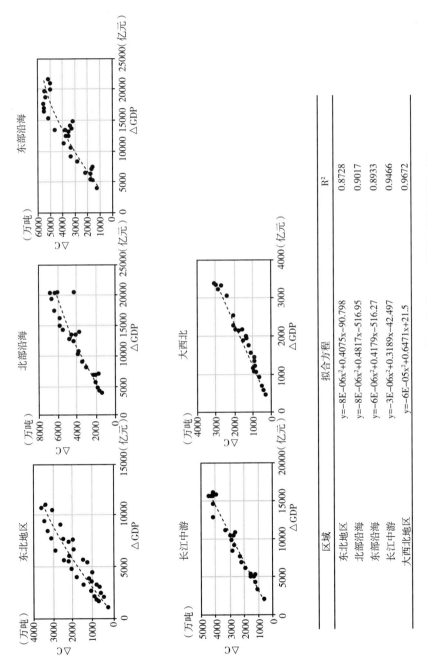

区域	拟合方程	R²
东北地区	$y=-8E-06x^2+0.4075x-90.798$	0.8728
北部沿海	$y=-8E-06x^2+0.4817x-516.95$	0.9017
东部沿海	$y=-6E-06x^2+0.4179x-516.27$	0.8933
长江中游	$y=-3E-06x^2+0.3189x-42.497$	0.9466
大西北地区	$y=-6E-05x^2+0.6471x+21.5$	0.9672

图 11-4　GDP 增长和由 GDP 增长引起的电力部门的碳排放拟合结果

根据图 11-4 得到的关系式对 GDP 增长引起的碳排放进行预测，并结合已经预测的电力部门的碳排放来计算五个地区的电力部门碳排放的脱钩指数，结果如图 11-5 中的表格所示。表格显示，越接近 2030 年，电力部门碳排放与经济增长的脱钩指数越接近于 1，说明电力部门碳排放与经济增长越来越接近脱钩状态。此外，假如能源消费总量和发电量等因素维持稳定上升或稳定下降，东北地区、北部沿海、东部沿海和长江中游的电力部门碳排放和经济增长之间就不会在脱钩和不脱钩状态之间波动，脱钩指数则会维持大于 0 且稳定增加直至接近于 1。

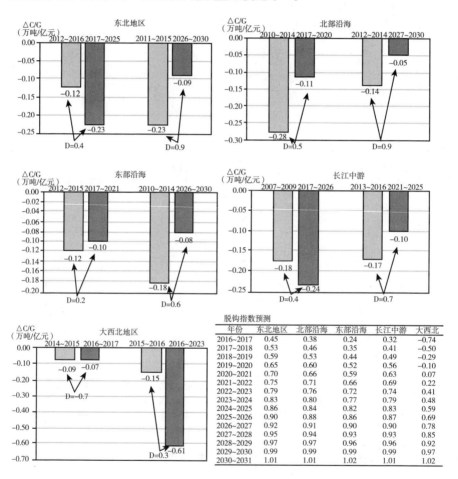

图 11-5 五区域电力部门单位 GDP 引起的电力部门碳排放比较结果

（经济增速为 6.5% 时趋势比较结果）

三、中国区域电力部门实现 2030 年碳排放达峰的可行性

为了更好地研究各区域电力部门碳排放在 2030 年达峰的可行性，参

考已有研究，本章基于以下思路进行分析：考察各地区电力部门碳排放的历史时期和预测时期的脱钩指数，选出具有相同脱钩指数的两个时期，观察历史时期和预测时期的单位 GDP 造成的电力部门碳排放的变化幅度。假设随着脱钩指数的增加，历史期的单位 GDP 造成的电力部门碳排放的下降幅度高于预测期，说明在历史趋势下（即不再增加任何政策措施），单位 GDP 对电力部门碳排放的促增作用下降，并且下降的幅度越来越大，那么在本章的研究假设下（即增加了政策措施 18% 的下降目标），未来经济增长与电力部门碳排放脱钩的趋势更加明显，从而实现 2030 年达峰目标的可能性就很大。各区域的比较结果如图 11 - 5 所示。

对东北地区来说，2012 ~ 2016 年和 2017 ~ 2025 年的电力部门碳排放与经济增长的脱钩指数均为 0.4。2012 ~ 2016 年，单位 GDP 造成的电力部门的碳排放下降了 0.12 万吨/亿元，而预测期 2017 ~ 2025 年单位 GDP 造成的电力部门碳排放下降了 0.23 万吨/亿元；2011 ~ 2015 年和 2026 ~ 2030 年电力部门碳排放与经济增长的脱钩指数均为 0.9；2011 ~ 2015 年，单位 GDP 造成的电力部门碳排放下降了 0.23 万吨/亿元；2026 ~ 2030 年，单位 GDP 造成的电力部门碳排放将下降 0.09 万吨/亿元。因此，历史期单位 GDP 造成的电力部门的碳排放下降幅度要大于预测期，而且随着脱钩指数的增加，下降幅度增大，并且和预测期的差值也增大，说明历史趋势下单位 GDP 对电力部门碳排放的促增作用的减小幅度大于预测期。从这个方面来讲，假如保持这种趋势，东北地区电力部门实现 2030 年碳排放达峰目标的可能性很大。

东部沿海和东北地区有着相似的趋势，但是北部沿海、长江中游和大西北地区的趋势与东北地区并不相同。随着脱钩指数的增加，虽然北部沿海历史期单位 GDP 造成的电力部门碳排放下降值减小，但是下降值仍然大于相同脱钩指数下预测期的值，说明历史趋势下北部沿海单位 GDP 对电力部门碳排放的促增作用下降，并且下降幅度大于预测时期，因此可以认为历史趋势下的碳排放表现还是好于预测期的。长江中游则是随着脱钩指数的增加，历史期的单位 GDP 造成的电力部门碳排放的下降值几乎没变但是大于预测时期的值，说明随着脱钩指数的增加，历史趋势下单位 GDP 对电力部门的碳排放的促增作用也是下降的并且幅度大于预测期，因此历史趋势下长江中游电力部门碳排放表现有变好且好于预测期的趋势。大西北地区历史趋势下的电力部门碳排放的表现则远不及预测期，随着脱钩指数的增加，虽然历史期的单位 GDP 的电力部门的碳排放下降幅度有所增加，但是下降值低于预测期并且和预测期的差值越来越大，说明历史趋势下单位 GDP 造成的电力部门的碳排放的促增作用的减小幅度不如预测期，这也说明大西北地区电力部门碳排放趋势转换比较困难，实现 2030 年碳排放达峰目标还存在一定挑战。

另外，计算东北地区、北部沿海、东部沿海、长江中游地区和大西北地区的 2016~2030 年的电力部门的碳排放年均增长率，分别为 0.9%、0.7%、1.13%、1% 和 1.55%，而它们在 2011~2016 年的碳排放年均增长率分别为 0.4%、5.4%、2.4%、3.3% 和 8.04%，可以看出，除东北地区外，其他地区的两个时间段之间的碳排放年均增长率差异很大。从这个角度讲，这些地区降低二氧化碳排放存在很大的压力。

综上所述，东北地区、北部沿海、东部沿海、长江中游地区和大西北地区电力部门要实现 2030 年碳排放达峰目标还存在一定的压力。其中东北地区压力较小，而大西北地区压力最大。

第六节　讨论与分析

一、本章与已有研究的比较

本章研究了影响中国八大区域电力部门碳排放的因素以及电力部门碳排放与经济增长之间的脱钩关系，并在此基础上探讨了中国八大区域电力部门碳排放 2030 年达峰的可能性。本书与已有研究的最大不同是基于脱钩的视角分析各区域电力部门在 2030 年碳排放达峰的可行性，普莱斯曼等（Pleβmann，2017）、刘强等（Qiang Liu et al.，2018）和唐宝军等（Baojun Tang et al.，2018）都是通过模型设置几种预测情景，比较不同情景下的碳排放达峰时间，而本章则是根据具有相同脱钩指数的历史期和预测期单位 GDP 造成的电力部门的碳排放的差异来分析 2030 年电力部门碳达峰的可行性，这是一个全新的视角。

同时，本章与以往的研究在其他方面还有某些相同之处和不同之处。唐等（2018）和本章一样都是从区域的角度考察中国电力部门的碳排放，但是唐等（2018）的研究只考察了二氧化碳排放达峰的时间，没有研究各个区域碳排放的影响因素，从而不能判断各个区域的电力部门的碳排放中的影响因素以及影响因素对碳排放的作用，而本章则是分区域对电力部门碳排放进行研究并分析了不同影响因素对不同区域电力部门碳排放的不同作用；朱琳等（Lin Zhu et al.，2018）的研究和本章都是用 GDIM 来分解电力部门的碳排放，但是朱琳等的研究是针对中国整个电力部门的，而本书分别对各区域进行研究，不仅能够探讨各影响因素对不同区域的碳排放不同的作用方式，也能够对各个区域提出针对性建议；张越君等（Yue-Jun Zhang et al.，2015）和李华南（Huanan Li，2019）用基于 LMDI 的脱钩方法对中国能源相关的碳排放和中国碳排放与经济增长之间的脱钩关系进行了研究，本书也利用了基于分解方法的脱钩指数。但是本书首次运用基于 GDIM 的脱钩方法，不仅能够反映相对量因素而且能反映绝对量因素在脱钩进程中的贡献，同时本章研究的是电力部门碳排放和经济增长之间的脱钩关系，已有的研究很少有涉及这方面的内容。

二、本章的借鉴意义

（1）本书可以为其他国家电力部门碳排放研究提供借鉴。不论是中国还是其他国家，电力部门都与居民生活、企业生产等息息相关，因此电力部门的碳排放不仅是中国碳排放重要的一部分，也是其他国家碳排放非常重要的一部分，掌握好电力部门碳排放和经济增长之间的关系对改善电力部门碳排放有十分的重要作用，控制好电力部门的碳排放对控制总体碳排放有十分重要的意义。本章从研究方法中选取的指标适用于各个国家，例如 GDP、发电量、能源消耗总量等，因此可以将本书的方法应用于其他国家。

（2）本书也可以为其他行业提供借鉴。工业部门、交通部门等其他行业也是碳排放非常重要的组成部分，这些行业的碳排放也在增加。根据本章的研究方法，可以研究各行业碳排放的相对量和绝对量影响因素，也可以了解各行业碳排放与经济增长之间的脱钩状态，从而有效地减少这些行业的碳排放。

三、本章存在的不足以及今后的研究方向

由于 2003 年以前的各区域电力部门的指标数据以及能源消耗数据的缺乏，因此本书只研究了 2003 ~ 2016 年各区域的电力部门碳排放，如果能扩大研究的时间段可能使本章结果更为精确。在计算碳排放时，有个别使用很少的能源未计入其中，可能会使碳排放被低估。本书只选用了最常用的几种指标，例如 GDP、能源消耗总量等，在以后的研究中将尝试引入更多的影响因素。

第七节　本章小结

电力部门碳排放是中国碳排放总量中的重要组成部分，对中国能否实现2030年碳达峰目标影响重大。本章基于分解、脱钩和预测的三重视角对中国八大区域电力部门碳排放达峰可行性进行了研究。首先，使用广义迪氏指数分解方法（GDIM）对八个区域电力部门的碳排放进行分解，比较了各个区域电力部门碳排放的驱动因素及其影响；其次，使用基于广义迪氏指数分解的脱钩指数（GDIM-D）对八个区域电力部门碳排放与经济增长的脱钩关系进行了研究；最后，对2017~2030年的电力部门的碳排放和脱钩指数进行了预测。结果显示：第一，GDP、产出规模是八个区域电力部门主要的促增因素，GDP的电力部门碳强度和产出碳强度是主要的促减因素。第二，南部沿海、黄河中游和西南地区电力部门的碳排放均于2013年达峰且与经济增长已经脱钩，而其他地区均未达峰和脱钩；东北地区、北部沿海、东部沿海、长江中游和大西北地区电力部门的碳排放要实现在2030年达峰，还面临着比较大的减排压力。第三，预测结果显示，东北地区、北部沿海、东部沿海、长江中游和大西北地区2030年电力部门的碳排放峰值分别是37634.92万吨、97654.07万吨、77482.52万吨、54704.86万吨和46101万吨。本章为研究中国区域电力部门碳排放以及其与经济增长的关系提供了借鉴，对国家层面的碳排放达峰具有重要的启示。

第十二章　交通运输业实践：五大交通运输方式碳达峰的经验分解与情景预测

第一节　引　　言

减少温室气体排放已经成为全球性共识。国际组织"全球碳计划"（GCP）发表的研究报告《2017年全球碳预算》显示，与2016年相比，2017年底全球化石燃料燃烧和工业活动产生的二氧化碳排放量上升了约2%，中国的碳排放量增长了3.5%。中国作为世界上最大的碳排放国家，碳排放量占全球总量的28%。为积极承担节能减排的国际责任，2014年11月12日，中国向国际社会做出承诺：2030年左右二氧化碳排放达到峰值且将努力早日达峰，非化石能源占一次能源消费比重提高到20%左右。中国承诺碳排放达峰给国内能源结构、产业结构调整带来巨大转型压力和挑战，包括经济、能源和技术上的协同和权衡，因此，中国能否实现2030年碳排放达峰存在很大的不确定性及现实压力。

作为国民经济发展和居民生活必需的基础产业之一，交通业在运输服务中需要消耗大量的能源，特别是产生高碳排的化石燃料。IPCC报告显示，交通运输部门是第三大温室气体排放部门，仅次于能源供应部门和工业生产部门。2013年，世界自然基金会发布的报告显示，交通运输业的平均碳排放强度约为金融行业的119倍。所以，研究交通运输业的能源消耗特点，有效控制交通运输业的碳排放量，对于实现中国的低碳发展目标具有重要意义。近年来，随着东北地区城市化进程的不断加快，交通运输业发展迅猛。总体来看，东北地区的交通运输系统发展较早、较为完善，包括铁路、公路、水路、航空及管道运输5种运输方式，是中国交通运输方式的缩影。对东北交通运输业的碳排放总量进行控制，识别影响东北地区交通运输业碳排放量变化的因素，并预测不同交通运输方式碳排放的未来变化对东北地区未来碳排放政策的制定具有重要的现实意义，对中国其他地区交通运输业减排政策的制定也具有重要的意义。

第二节　文献综述

对交通业碳排放进行研究时，影响因素和达峰时间预测是目前学术界的研究热点。这些研究主要可以分为两大类。第一类是对交通业碳排放进行因素分解，确定影响碳排放的主要因素，在此基础上，对交通业碳排放达峰时间进行预测。广泛使用的方法有对数平均迪氏指数（LMDI）分解法、回归模型、Kaya 恒等式、STIRPAT 模型等。其中，Kaya 恒等式及LMDI 分解法对碳排放进行因素分解，但两种方法均受到恒等式或分解过程中其他因素的约束，使得因素之间存在一定的依赖性且无法考察每个影响因素的弹性。此外，指数分解法最多只能考察一个绝对量因素对碳排放量产生的影响，忽略了隐含的其他绝对量变量，造成分析结果具有片面性。因此本书首次采用 GDIM 模型对交通业碳排放进行因素分解。GDIM 模型不仅计算简便、结果准确，还可以考察多个绝对量的影响，分解结果不受恒等式的约束，消除了变量之间的依赖性，不仅能克服已有指数分解模型的缺点，还能研究潜在影响因素对交通业碳排放量的影响，且分解结果对不同因素之间的关联性做了区分，解决了因素之间重复计算的问题。在影响因素的选取方面，常见思路有两种：一种是从宏观层面选取交通业碳排放的影响因素，如人均 GDP、城镇化水平、人口规模及气候差异等；另一种是从产业层面选取，如产业结构、产业增加值或产业占比。现有针对交通业碳排放的研究在进行因素分解时选取的影响因素并不全面，均忽视了投资因素对交通业碳排放的影响。因此，本书在变量选择和数据选取方面引入了投资规模、投资效率与投资强度三个投资相关因素，考察投资因素对交通业碳排放演变的影响。

第二类针对交通业碳排放的研究是直接建立模型对交通业碳排放量进行预测。此类研究中常用的方法有 LEAP 模型和 BP 神经网络预测模型。传统计量模型对碳排放峰值进行预测，但碳排放的影响是复杂的非线性系统，传统计量模型会受到模型及变量的选择和参数估计等影响造成严重误差。LEAP 模型的计算过程烦琐且涉及许多技术参数的设置，缺少官方公布的数据进行可靠支持，导致研究结果误差较大。此外，情景分析法也是一种常见的交通业碳排放辅助预测模型，该模型能够通过设置不同的情景，辅助预测最优达峰路径，确定最优的交通业碳减排方法。但该方法无法单独使用，常常以"方法 X +情景分析法的形式出现，其中常见的方法主要有环境库兹涅茨曲线、STIRPAT 模型、LEAP 模型、BP 神经网络预测模型、自下而上的能源系统模型等。在使用这些方法时，已有研究大多将各交通业碳排放的影响因素设为固定的变化率，忽略了未来的风险和不确定性。因此，本书使用蒙特卡洛模拟对交通业碳排放的未来趋势进行预测，该方法可以考虑在不确定性的条件下根据各相关因素的历史演变情况对变量未来的趋势给出可能性最大的演化路径，使预测结果更加科学合理。

现有研究有力地推动了交通业碳排放的研究进展。总体来看，目前研究仍存在以下四点不足。

第一，在研究对象的选取上。虽然现有研究对中国或某些省份的碳排放量的影响因素的研究已经达到比较成熟的阶段，但专门对交通业碳排放影响因素的研究却十分少见，尤其是针对交通业五种交通运输方式进行细分研究。

第二，在研究方法的选择上。在现有研究中，大多使用分解法对碳排放量的影响因素进行研究。部分研究使用 Kaya 恒等式及 LMDI 分解法对碳排放进行分解，但两种方法均受恒等式的约束或分解过程中其他因素的约束使得因素之间存在一定的依赖性，无法考察每个影响因素的弹性，选取因素稍有不同可能会造成其影响因素不同，从而致使结果相悖。除此之外，这些指数分解法最多只能考察一个绝对量因素对碳排放量产生的影响，忽略了隐含的其他绝对量因素，造成分析结果具有片面性。LEAP 模型的计算过程烦琐且涉及许多技术参数的设置，缺少官方公布的数据进行可靠支持，导致研究结果误差较大。

第三，在碳排放量的预测方面。已有研究在模型选择和情景设置方面存在不足。大部分研究均基于传统计量模型对碳排放峰值进行预测，但碳排放的影响是复杂的非线性系统，传统计量模型会受到模型及变量的选择和参数估计等影响造成严重误差。已有研究中，大多使用情景分析研究相关因素变化时未来碳排放走势的影响但均将各影响因素设为固定的变化率，忽略了未来的风险和不确定性。

第四，在研究因素的选择上。对交通业进行因素分解时选取的影响因素并不全面。现有研究均忽视了投资因素对碳排放的影响。当下中国交通运输业的发展陷入一种低效持续发展的模式，即中国政府不断扩大对交通运输业的基础设施的投资拉动经济增长促使能源消耗增加进而导致碳排放量激增。考虑投资对碳排放量的影响能够从源头为制定减排政策提供参考。

　　基于已有研究现状，本书考虑到投资规模、投资效率与投资强度3个投资相关因素对5种交通运输方式的影响，运用GDIM模型分别对东北三省5种交通运输方式进行因素分解，并结合国家相关政策目标设定5种交通运输方式的各影响因素的潜在年均变化率并运用蒙特卡洛模拟进行情景分析。与已有研究相比，本书的主要创新点体现在以下三个方面：

　　（1）在已有关于交通运输业4个分类基础上，新增加了管道运输，进一步细化了交通运输业的分类。分别对5种运输方式进行研究，便于政府"对症下药"，分别制定相关节能减排政策。

　　（2）研究方法上，本书首次采用GDIM模型对交通业碳排放进行因素分解，并使用蒙特卡洛模拟对交通业碳排放的未来趋势进行预测。GDIM模型可以考察多个绝对量因素的影响，分解结果不受恒等式的约束，消除了变量之间的依赖性，能克服已有指数分解模型的缺点，解决了因素之间重复计算的问题，能够更加准确地分析各因素对交通行业的碳排放量变动的实际影响。蒙特卡洛模拟是以概率为基础对模型的变量进行随机取值并组合的动态模拟方法。通过设置各因素的假定值进而估计目标变量的未来趋势，在考虑不确定性的条件下根据其历史演变情况对变量未来的趋势给出可能性最大的演化路径，其预测结果更加科学合理。

　　（3）在变量选择和数据选取方面，引入投资规模、投资效率与投资强度，考察投资对交通业碳排放演变的影响。估算了私家车消费的能源总量，弥补了已有研究中忽略对私家车碳排放量的统计造成对公路运输碳排放量低估的不足。

第三节　研究方法及数据来源

一、交通业碳排放因素分解的模型构建

　　本书采用Vaninsky提出的GDIM分解法对东北三省交通业碳排放的影响因素进行分解。GDIM基于变型的Kaya恒等式，构建包括多个绝对因素和相对因素的多维因素分解模型，能够揭示交通业碳排放的影响因素。本书选择能源消费总量、总服务量及固定资产投资总额3个绝对量因素作为碳排放的影响因素，其余变量均由公式分解得到。

基于 GDIM，建立交通业碳排放影响因素的表达式，如式（12-1）～式（12-3）：

$$C = Y \times (C/Y) = E \times (C/E) = I \times (C/I) \qquad (12-1)$$

$$E/Y = (C/Y)/(C/E) \qquad (12-2)$$

$$Y/I = (C/I)/(C/Y) \qquad (12-3)$$

式（12-1）～式（12-3）中：C 为东北三省交通业各运输方式的碳排放总量，E 为各运输方式的能源消费总量，I 为固定资产投资，C/E 表示能源消费强度，C/I 表示投资碳强度。Y 为交通业的总服务量（即换算周转量），C/Y 表示交通业的运输碳强度，E/Y 为能源强度，Y/I 为投资效率。

由于货物与旅客周转量无法直接相加，因此引入换算周转量的概念，具体公式如下：

$$换算周转量 = 货物周转量 + （旅客周转量 \times 客货换算系数）$$
$$(12-4)$$

根据已有资料，中国交通运输客货换算系数：铁路为 1.00、公路为 0.10、水路为 0.33 及航空为 0.07，单位为吨·千米/人·千米。

进而，可以将式（12-1）～式（12-3）变换为式（12-5）～式（12-9）：

$$C = Y \times (C/Y) \qquad (12-5)$$

$$Y \times (C/Y) - E \times (C/E) = 0 \qquad (12-6)$$

$$Y \times (C/Y) - I \times (C/I) = 0 \qquad (12-7)$$

$$Y - I \times (Y/I) = 0 \qquad (12-8)$$

$$E - Y \times (E/Y) = 0 \qquad (12-9)$$

交通业的碳排放变化可以被分解为 8 种影响因素之和：ΔY、ΔE、ΔI、$\Delta C/Y$、$\Delta C/E$、$\Delta Y/I$、$\Delta E/Y$ 以及 $\Delta C/I$。其中，3 个绝对量因素为 ΔY、ΔE、ΔI，分别表示交通业运输规模的变化对碳排放的影响、能源消耗规模的变化对碳排放的影响及投资规模变化对碳排放的影响。在相对量因素中，$\Delta C/Y$ 表示交通业的低碳程度即交通运输的服务量变化对碳排放的影响，$\Delta C/E$ 与 $\Delta C/I$ 分别表示能源消费的低碳程度和替代程度与投资的低碳程度的变化与调整，即能源消费的结构变化对交通行业碳排放的影响，$\Delta Y/I$ 表示交通运输成本的变化对碳排放的影响，$\Delta E/Y$ 表示交通业的周转量依赖于能源程度的变化对碳排放的影响。

二、碳排放的核算方法及数据来源

本书参考《省级温室气体清单编制指南（试行）》公布的碳排放计算方法和参数，并结合东北三省统计局官方公布的相关参数，从化石燃料的消耗角度对东北三省交通业的碳排放量进行估算，具体公式如下：

$$C = \sum_{i=1}^{11} \sum_{j=1}^{5} E_{ij} \times CV_{ij} \times CCF_{ij} \times COF_{ij} \times (44/12) \quad (12-10)$$

式（12-10）中：C 表示交通业的碳排放总量，单位为万吨；$i=1$，2，…，16 表示能源种类，本书根据 IPCC 的能源划分及交通业燃料的特殊性选取了原煤、洗精煤、焦炭、原油、汽油、煤油、柴油、燃料油、液化石油气、炼厂干气及天然气 11 种能源；$j=1$，2，…，5 表示铁路、公路、水路、航空及管道运输 5 种运输方式；E 为终端化石能源消费总量，单位为万吨标准煤；CV 为平均低位发热值，单位为千焦/千克或千焦/立方米；CCF 为能源的碳含量，单位为千克/百万千焦；COF 为能源的碳氧化率；44/12 表示二氧化碳与碳的分子量之比。

本书选取 2005~2016 年东北地区交通业的数据为样本区间，各变量的数据分为 5 个交通分业即铁路、公路、水路、航空及管道运输。考虑国家统计局官方仅对运营的水路运输及航空运输进行统计，铁路运输与管道运输不包括私人部门，因此仅对 4 种运输方式的运营部门进行研究和分析。公路运输则以估算的私家车与运营车辆为研究对象。

使用的数据来源于 2005~2017 年的《辽宁统计年鉴》《吉林统计年鉴》及《黑龙江统计年鉴》，各能源的换算系数及平均低位发热值来源于《中国能源统计年鉴（2014）》，碳含量和碳氧化率数据来源于《省级温室气体清单编制指南（试行）》。为了保证数据的可比性，剔除价格因素对变量产生的影响，本章以 2015 年交通业的固定资产投资的金额以 2005 年为不变价进行平减。

三、交通业情景预测模型构建

由下文的因素分解结果可知，在东北三省的交通业碳排放的演变过程中，不同种类的交通运输方式的影响因素不完全一致。因此，本书在进行情景预测时分别对 5 种运输方式进行预测。由分解结果可知，铁路、公路、航空及管道运输的主要促增因素为投资规模，而运输碳强度、投资碳强度和投资效率的下降会有力地促进碳排放的下降，因此未来具有很大的减排潜力。水路运输的主要促增因素为总服务量及能源消费碳强度，运输碳强度和能源强度具有很大的减排潜力。减排潜力大的因素是交通业制定减排政策时着重考虑的主要方面。情景分析中，设碳排放量、投资规模、总服务量、投资碳强度、投资效率、运输碳强度、能源强度、能源消费碳强度的变化率分别为 c、i、y、a、b、d、e、f，由于各运输方式的促增因素及具有很大减排潜力的因素不完全相同，因此对铁路、公路、航空及管道运输构造式（12 – 11），对水路运输构造式（12 – 12）。

$$C_{t+1} = I_t \times (1+i) \times (C/I)_t \times (1+a) \times (Y/I)_t \times (1+b) \times (C/Y)_t \times (1+d)$$
$$(12 - 11)$$

$$C_{t+1} = Y_t \times (1+y) \times (C/Y)_t \times (1+d) \times (E/Y)_t \times (1+e)$$
$$\times (C/E)_t \times (1+f) \qquad (12 - 12)$$

因此，碳排放量（C）的变化率为式（12 – 13）和式（12 – 14）：

$$c = (1+i) \times (1+a) \times (1+b) \times (1+c) - 1 \qquad (12 - 13)$$
$$c = (1+y) \times (1+c) \times (1+d) \times (1+e) - 1 \qquad (12 - 14)$$

四、交通业碳排放预测的情景设定

本书基于交通业各影响因素过去的变化趋势、减排潜力及减排政策实施的难易度，将未来发展情景设定为基准情景、低碳情景及技术突破情景3种。

（1）基准情景。基准情景是以交通业过往的发展特征为基础，假设当下的经济与技术环境不变，政府不出台新的减排措施，交通部门的发展及各项相关指标的发展将采用趋势外推。为了全面地反映不同运输方式的影响因素的惯性发展趋势及减排潜力，本书参考林（Lin，2011）对基准情景的分析，设定东北三省交通业相关因素的潜在变化幅度，计算出2005 ~ 2016 年、2009 ~ 2016 年及2013 ~ 2016 年各因素的年平均变化率，2017 ~ 2030 年各因素的潜在年平均变化率的最小值、中间值及最大值分别对应上述3个时期中的最小值、中间值及最大值。基准情景下各因素的潜在变化率见表12 – 1。

（2）低碳情景。在低碳情景下，政府大力提高能源使用效率，优化交通业能源消费结构，投资效率有所增强，投资规模进入平稳的中速阶段。由于文章篇幅所限，此处仅列举参考依据，设置过程不具体说明，低碳情景下各因素的变化率设置如表12 – 1所示。

表 12-1   3 种情景下各因素的年均变化率

单位:%

方式	影响因素	基准情景 2017~2030年			低碳情景 2017~2020年			低碳情景 2021~2025年			低碳情景 2026~2030年			技术突破情景 2017~2020年			技术突破情景 2021~2025年			技术突破情景 2026~2030年		
		最小值	中间值	最大值	最小值	中间值	最大值	最小值	中间值	最大值	最小值	中间值	最大值	最小值	中间值	最大值	最小值	中间值	最大值	最小值	中间值	最大值
铁路	I	17.06	23.04	37.98	10.90	12.00	13.90	9.90	11.00	12.10	8.90	10.00	11.10	10.90	12.00	13.90	10.90	12.00	13.90	9.90	11.00	12.10
	C/I	-4.88	-4.66	-3.88	-3.5	-1.60	0.30	-5.40	-3.50	-1.60	-7.30	-5.40	-3.50	-4.50	-2.60	-0.70	-4.50	-2.60	-0.70	-6.40	-4.50	-2.60
	Y/I	-20.99	-11.91	-2.16	-7.28	-5.38	-3.48	-6.42	-4.52	-2.62	-5.74	-3.84	-1.94	-8.28	-6.38	-4.48	-8.28	-6.38	-4.48	-7.42	-5.52	-3.62
	C/Y	-24.24	10.00	14.21	-1.64	-1.44	-1.24	-2.64	-2.44	-1.24	-3.44	-2.94	-2.44	-1.64	-1.44	-1.24	-1.64	-1.44	-1.24	-2.64	-2.44	-1.24
公路	I	2.61	9.87	9.89	6.90	8.00	9.10	5.90	7.00	8.10	4.90	6.00	7.10	6.90	8.00	9.10	6.90	8.00	9.10	5.90	7.00	8.10
	C/I	10.85	38.07	39.34	-3.5	-1.60	0.30	-5.40	-3.50	-1.60	-7.30	-5.40	-3.50	-4.50	-2.60	-0.70	-4.50	-2.60	-0.70	-6.40	-4.50	-2.60
	Y/I	-0.04	1.91	10.43	-3.77	-1.87	0.97	-2.85	-0.95	0.95	-7.74	-5.84	-3.94	-4.77	-2.87	-0.03	-4.77	-2.87	-0.03	-3.85	-1.95	-0.05
	C/Y	31.67	36.34	38.34	-1.64	-1.44	-1.24	-2.64	-2.44	-1.24	-3.44	-2.94	-2.44	-1.64	-1.44	-1.24	-1.64	-1.44	-1.24	-2.64	-2.44	-1.24
航空	Y	25.02	34.77	43.18	5.78	5.98	6.18	5.78	5.98	6.18	5.58	5.78	5.98	5.78	5.98	6.18	5.78	5.98	6.18	5.78	5.98	6.18
	E/Y	31.41	46.39	49.21	-3.70	-3.20	-2.70	-3.10	-2.60	-2.10	-2.90	-2.40	-1.90	-3.70	-3.20	-2.70	-3.70	-3.20	-2.70	-3.70	-3.20	-2.70
	C/E	-14.44	11.65	49.65	-2.81	-2.61	-2.41	-2.92	-2.72	-2.52	-3.09	-2.89	-2.69	-2.81	-2.61	-2.41	-2.81	-2.61	-2.41	-2.92	-2.72	-2.52
	C/Y	15.24	32.37	77.08	-1.64	-1.44	-1.24	-2.64	-2.44	-1.24	-3.44	-2.94	-2.44	-1.64	-1.44	-1.24	-1.64	-1.44	-1.24	-2.64	-2.44	-1.24
水路	Y	3.21	7.84	15.01	8.90	10.00	11.90	7.90	9.00	10.10	6.90	8.00	9.10	8.90	10.00	11.90	8.90	10.00	11.90	7.90	9.00	10.10
	E/Y	-14.91	-3.12	-1.55	-3.50	-1.60	0.30	-5.40	-3.50	-1.60	-7.30	-5.40	-3.50	-4.50	-2.60	-0.70	-4.50	-2.60	-0.70	-6.40	-4.50	-2.60
	C/E	12.49	12.50	30.97	-5.56	-3.66	-1.76	-4.67	-2.77	-0.87	-3.96	-2.06	-0.16	-6.56	-4.66	-2.76	-6.56	-4.66	-2.76	-5.67	-3.77	-1.87
	C/Y	-4.18	2.69	19.96	-1.64	-1.44	-1.24	-2.64	-2.44	-1.24	-3.44	-2.94	-2.44	-1.64	-1.44	-1.24	-1.64	-1.44	-1.24	-2.64	-2.44	-1.24
管道	I	4.70	17.11	54.28																		
	C/I	32.52	33.06	48.36																		
	Y/I	59.59	70.59	75.31																		
	C/Y	-17.13	23.76	48.21																		

总服务量的潜在变化率的中间值的设置，参考了中国社会科学院人口与劳动经济研究及当下中国人口数量计算人口增长率，交通运输碳强度的设置参考《"十三五"现代综合交通运输体系发展规划》及邢丽敏（2017）的研究结果。参考当下东北三省人口增长率，将总服务量及运输碳强度指标的潜在变化幅度设为 0.2%。能源强度的设置参考《能源发展"十三五"规划》及《"十三五"现代综合交通运输体系发展规划》，能源消费碳强度则根据《能源发展战略行动计划（2014—2020）》、林伯强（2010）及《能源生产和消费革命战略（2016—2030）》进行设置。

　　投资相关指标方面，投资规模参考中国科学院对固定资产投资增速的预测，考虑到铁路是未来国家交通运输发展的主要方向，同时东北三省是中俄原油管道二线工程的重要枢纽，因此铁路运输与管道运输的投资规模的变化率较其他运输方式较高。而公路运输与航空运输则参考与其作用相似的运输规模的设置。投资碳强度则结合投资规模及五种运输方式并由 2005～2016 年投资碳强度的变化率进行设定。

　　（3）技术突破情景。《交通运输节能环保"十三五"发展规划》（2016）中提出，交通运输业要通过制度设计、技术进步及结构调整，加大科技研发力度，促进资源节约循环的高效利用。本书在低碳情景的基础上，对影响因素的潜在年平均变化率进行了强化调整，进一步得到在能源技术上实现突破的情景，称之为技术突破情景。与低碳情景相比，该情景将改变投资比例，投资于使用清洁能源的运输的更新与升级的比例上升，而用于促进经济增长的扩大再生产的投资比例相对减少。该情景的各因素变化率设置结果如表 12-1 所示，由于篇幅所限，此处不详细说明。

　　本书假定，技术突破情景下，投资规模的潜在增长率保持不变，用于扩大运输规模的投资相对减少，从而导致投资效率下降。参考陈等（Chen et al.，2018）、《能源发展"十三五"规划》及 2021 年技术突破效果开始发挥作用。

　　在运用蒙特卡洛模拟预测碳排放量变化率时，当已知变量最可能出现的结果以及取值区间，但概率分布形状未知时，三角形分布最适用于变量的随机选取。各影响因素最可能出现的变化率为三种情景中的中间值，结合三角形分布，建立最值与中间值的概率分布关系。模拟时需给出变量的区间值，因此将各影响因素作为假设变量，将变量在不同情景中不同时间段内的中间值按大小作为该情景下的最小值、中间值和最大值。由于在模拟过程中，变量可随机选取区间中的任意值，因此结果更加贴近真实值。本书使用 Crystal Ball 对基准情景、低碳情景与技术突破情景中碳排放分别进行 50 万次模拟，得出最终结果。

第四节 五大交通运输方式碳排放的因素分解结果

由式（12 - 7）和式（12 - 10）可以计算得到东北三省 5 种交通运输方式各影响因素的分解结果，如图 12 - 1 所示。由分解结果可知，影响 5 种交通运输方式碳排放量的因素不完全相同，且同一影响因素对不同种类的运输方式的促增或促减作用也不相同。

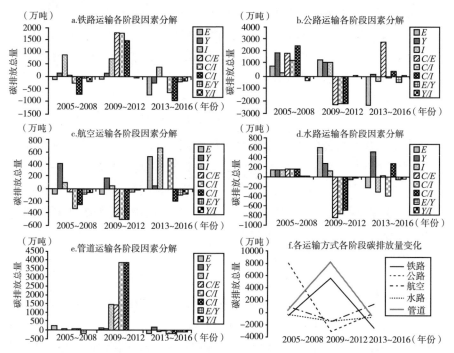

图 12 - 1 2005 ~ 2016 年交通业碳排放变化的分阶段因素分解结果

（1）2005 ~ 2016 年，交通业的运输规模与投资规模对东北三省的 5 种交通运输方式几乎始终起促增效应。运输规模的促增效应在公路运输、航空运输和水路运输方面作用显著。在公路运输及航空运输方面，运输规模的促增效应在 2005 ~ 2008 年、2009 ~ 2012 年均是引起碳排放量增加最多的因素之一。但从总体趋势上看，运输规模所产生的促增效应在逐渐减弱。对比之下，运输规模在水路运输方面的促增效应在 3 个时间段内逐渐增加，产生的碳排放量分别为 0.13 亿吨、0.26 亿吨及 0.52 亿吨。投资规模的促增作用在铁路运输、公路运输、航空运输及管道运输方面表现得格外明显。在铁路运输方面，投资规模在3个时间段内均为主要促增因素，投资规模产生的碳排放量分别达到0.89亿吨、0.74亿吨及0.39亿吨。总体而言，投资规模的促增效应在铁路方面正逐渐减弱。2009～2012年，投资规模在公路运输、管道运输方面产生的碳排放量分别高达1.14亿吨及1.46亿吨。

（2）2005～2016年，投资碳强度、运输碳强度、能源强度、能源消费碳强度及能源消费规模对东北三省的5种交通运输方式主要起促降效应。造成这一结果的主要原因是国家层面的政策约束："十一五"规划提出后，中央及各地方政府更加重视节能减排，"十一五"规划中首次提出能源强度约束指标，"十一五"和"十二五"期间能源强度的下调目标分别设定为20%和16%。《能源发展"十三五"规划》提出能源强度在"十三五"期间下降15%以上。因此，在未来一段时间内，能源强度的降低将可以继续促进东北三省交通业的碳减排。

投资碳强度在公路运输、航空运输和水路运输方面的促降作用显著。在公路运输方面，投资碳强度在2009～2012年达到最大值2.21亿吨，但随后又反弹变为促进碳排放并产生0.39亿吨。航空运输方面，投资碳强度在三个时间段则始终起促降效应，从2005～2008年的0.26亿吨增加到2009～2012年的0.50亿吨，随后又降低至2013～2016年的0.20亿吨。水路运输则与公路运输呈现相同的发展趋势，即在第三个时间段内再次反弹，变为促增因素，这说明东北三省实施的节能减排措施力度有待进一步提高。投资碳强度在铁路和管道运输上则存在一定的滞后性，从第三个时间段即"十一五"后期才开始显现促降效应。

运输碳强度在公路运输与水路运输方面促降效应显著。从2009～2012年到2013～2016年，公路运输与水路运输分别由2.21亿吨下降至0.13亿吨、由0.77亿吨下降至0.41亿吨。虽然在2013～2016年内仍呈现促降效应，但效果较弱，说明政策实行有待加强。在航空运输方面，2013～2016年反弹现象较为严重，投资碳强度变为促进碳排放最主要的三种因素之一。同样地，铁路和管道运输的滞后性仍旧存在，均从第三个时间段开始呈现促降效应。

能源强度在5种交通运输方式中，始终起到促降效应。"十一五"规划后，其促降效应明显增强。

能源消费碳强度的变化较为复杂。能源消费碳强度是影响公路运输碳排放的主要因素之一，其在第二个时间段内促降效应达到2.27亿吨，但由于政策实施力度不够大，在第三个时间段内回升，产生了高达2.80亿吨的碳排放量。在航空运输与水路运输方面，其在2009～2012年促降效应最大。而铁路与管道运输方面，能源消费碳强度在 2013 ~ 2016 年，才开始逐渐显现出促降效应，且效应较小。

能源消费规模在铁路运输、公路运输及水路运输方面促降效应明显。相较于前两个时间段，2013 ~ 2016 年，能源消费规模的促降效应分别为 0.76 亿吨、2.34 亿吨和 0.23 亿吨，有较大幅度的提升。

第五节　五大交通运输方式碳排放的达峰预测

基于式（12 – 13）~ 式（12 – 14），使用蒙特卡洛模拟法对东北三省交通业的碳排放的年均变化率进行随机取值，预测 2017 ~ 2030 年碳排放量的变化情况。图 12 – 2 ~ 图 12 – 4 展示了 3 种情景下 2017 ~ 2030 年东北三省交通业 5 种交通运输方式的碳排放潜在年均增长率。

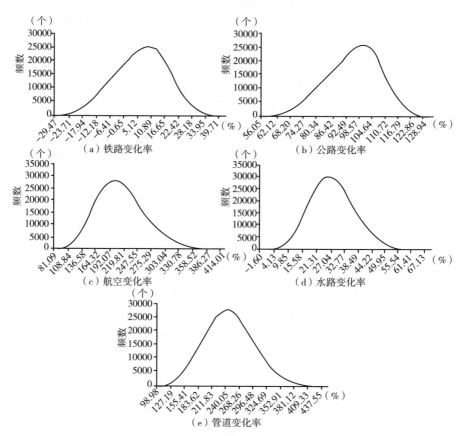

图 12 – 2　基准情景下 2017 ~ 2030 年东北三省五大交通运输方式
碳排放的年均变化率的概率分布

（1）在基准情景下，公路运输、航空运输及管道运输的未来预期碳排放量将至少变为现在的 1～2 倍，中国将无法实现 2030 年碳排放达峰的承诺。2017～2030 年东北三省交通业的五种交通运输方式碳排放的年增长率可能持续增长，且增长幅度较大。公路运输、航空运输及管道运输碳排放的年平均增长率将大概率出现在 100%～104%、196%～202% 及 238%～244% 之间；而增长幅度较小的铁路运输与水路运输碳排放的年均增长率在 6%～10% 和 26%～29% 之间的概率最大。

（2）在低碳情景下，2017～2030 年东北三省交通业的 5 种交通运输方式碳排放的年增长率较基准情景下有大幅度下降。铁路运输、公路及航空运输、水路运输和管道运输碳排放的年平均增长率将大概率出现在 −0.15%～−0.05%、−1.90%～−1.10%、−2.25%～−2.15% 和 −0.40%～−0.30% 之间。这是由于该情景下各运输方式开始注重节能减排，控制影响碳排放量增加的影响因素。但由于各运输方式的年平均增长率下降较小，说明政府仍应继续加大节能减排力度。

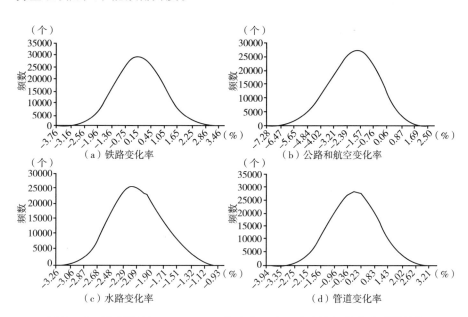

图 12−3　低碳情境下 2017～2030 年东北三省五大交通运输方式碳排放的
年均变化率的概率分布

为了进一步比较该情景下各运输方式达峰时间，对各运输方式 2017～2020 年、2021～2015 年及 2026～2030 年分别进行蒙特卡洛预测，其碳排放的年均增长率的大概率范围如表 12−2 所示。

表 12 – 2　　低碳情景下五大运输方式碳排放在各时间段年平均增长率　　单位:%

运输方式	2017~2020 年	2021~2025 年	2026~2030 年
铁路	2.80~3.20	-0.10~-0.30	-3.00~-2.80
公路及航空	2.80~3.10	0.00~0.01	-8.50~-8.20
水路	-1.51~-1.47	-1.91~-1.86	-2.70~-2.65
管道	2.80~3.20	0.20~0.50	-3.10~-2.70

由表 12 – 2 可以看出，水路运输是所有运输方式中最先在 2017~2020 年达峰的，随后铁路运输在 2021~2015 年达峰，公路及航空运输、管道运输在 2026~2030 年达峰，但下降幅度较大。

（3）在技术突破情景下，2017~2030 年东北三省交通业的 5 种交通运输方式碳排放的年增长率较基准情景和低碳情境下均有大幅度下降。图 12 – 4 显示，铁路运输、公路及航空运输、水路运输和管道运输碳排放的年平均增长率出现在 -2.30%~-2.10%、-4.00%~-3.80%、-2.85%~-2.75% 和 -2.30%~-2.10% 之间的可能性最大。因此，技术突破情景是 3 种情景中碳排放量下降幅度最大的，此时交通业的碳减排也是 3 种情景中发展最好的。可以预见，低碳技术的创新可以促使东北三省交通业完成能源的结构调整与效率提升等重大目标，推动其实现 2030 年达峰目标。

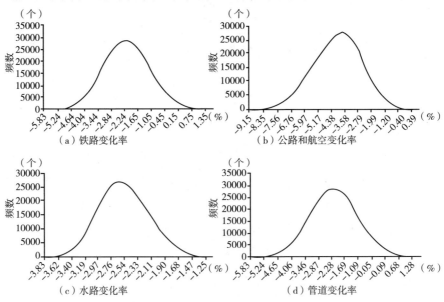

图 12 – 4　技术突破情境下 2017~2030 年东北三省交通运输方式
碳排放的年均变化率的概率分布

同样地，对 5 大运输方式在 2017～2020 年、2021～2015 年及 2026～2030 年年平均增长率分别进行蒙特卡洛预测，其大概率范围如表 12-3 所示。

表 12-3   技术突破情景下五大运输方式碳排放在各时间段年平均增长率   单位:%

运输方式	2017～2020 年	2021～2025 年	2026～2030 年
铁路	1.50～1.90	-1.10～-0.90	-3.10～-2.80
公路及航空	2.10～2.30	-1.10～-0.80	-9.60～-9.40
水路	-1.55～-1.45	-2.40～-2.30	-3.52～-3.32
管道	1.70～2.10	-1.10～-0.70	-4.10～-3.60

由表 12-3 可以看出，水路运输仍然是所有运输方式中最先达峰的，但其他四种运输方式均能在 2021～2025 年实现达峰目标。与低碳情景相比，5 种运输方式达峰时间均较早，说明该情景减排效果更加明显。

第六节   讨论与分析

一、本章研究与已有研究的比较分析

本章运用 GDIM 模型分别对东北三省影响五种交通运输方式碳排放量的因素进行分解，并对每种运输方式的影响因素的主要作用进行比较，再设置各运输方式的主要影响因素的预期年平均变化率并使用蒙特卡洛模拟对 2017～2030 年的五大交通运输业碳排放的年平均变化率进行动态情景分析。

对不同交通运输方式碳排放进行研究是目前研究较少涉及的，目前仅有喻洁等（2015）运用 LMDI 方法对 2006～2012 年中国交通运输行业的四种运输方式——铁路、公路、航空及水路运输进行分解，并分析了其中影响因素对中国交通行业碳排放的影响。该研究表明交通运输的单耗水平（本章称其为能源强度）是抑制二氧化碳排放的主要因素，2005～2011 年铁路、公路、航空及水路运输的单耗水平的变动对碳排放量的影响分别为 -382 万吨、-3873 万吨、-628 万吨及 -892 万吨。而本章中 2005～2011 年铁路、公路、航空、水路及管道运输的能源强度的变动对碳排放量的影响分别为 -331.08 万吨、0.69 万吨、-722.80 万吨、-94.82 万吨及 -2401.82 万吨。这是由于本章在核算碳排放总量时选择的能源种类有 11 种，而喻洁等（2015）的文章中仅选择了 7 种，未包含洗精煤、焦炭、燃料油、液化石油气、炼厂干气铁路运输及航空运输的重要燃料造成对中国交通业碳排放量的极大低估。就公路运输而言，喻洁等（2015）未对私家车部分进行统计，所以得出公路运输的能源强度的变动导致碳排放量下降的结论。实际上，由于近年来中国私家车数量激增，越来越多的人选择私家车出行会导致碳排放量大幅增长，能源强度的变动对中国公路运输碳排放量的影响还有待商榷。

二、本章研究的借鉴意义

（1）本章的研究方法可为其他行业提供参考。以制造业为代表的工业部门及电力部门也是中国碳排放量较多的部门，其发展最终导致碳排放量的大幅度增加。利用本章的研究思路，可以将各个部门细化，分别研究细化后"小部门"的碳排放量的影响因素，根据不同情况制定具有针对性的政策建议。

（2）本章可为其他发展中国家提供参考。本章选取的指标均为普遍适用的或者对 5 种交通运输方式的发展均至关重要（如运输规模）。发展中国家正处于大力发展运输方式以满足经济发展及人民日常出行需要的阶段，所选指标如投资规模及投资碳强度能够反映出该行为对各运输方式的碳排放量的影响。

三、本章研究的未来方向

由于 2005 年以前东北三省的能源消耗数据不足，本章仅对 2005 ~ 2016 年东北三省 5 种交通运输方式进行研究，在因素分解时选择将每四年分为一个时间段进行分段研究。更长时间的研究数据有利于得出更为精确的碳排放影响因素分解结果。

第七节　本章小结

交通业是国民经济发展和居民生活必需的基础产业之一，也是碳排放的主要来源之一。高能耗、高污染一直都是交通运输业的问题，有效控制交通运输业碳排放量，对于实现中国的碳排放达峰目标具有重要意义。本章以中国东北三省为研究对象，首次对公路、铁路、航空、水路和管道五种不同交通运输方式的碳排放进行了细分研究。首先，使用广义迪氏指数

（GDIM）模型分别考察了 2005～2016 年 5 种交通运输方式碳排放的影响因素，在此基础上使用蒙特卡洛模拟对 2017～2030 年的五大交通运输业碳排放的年平均变化率进行动态情景分析。结果显示：投资规模是影响铁路运输、公路运输、航空运输及管道运输碳排放量的首要因素，运输规模是影响水路运输的碳排放量的首要因素；在同一时间段内，各影响因素对不同类型运输方式碳排放的作用并非完全相同；不同时间段内，同一影响因素对碳排放的促增效应与促降效应也不同；除基准情景外，2017～2030 年五种运输方式的碳排放量都是逐渐下降的；技术突破情景下，5 种运输方式碳排放量预期下降幅度最大。研发使用清洁能源的运输设备、提高其使用性能并进行大力推广等应当作为未来交通业节能减排的主要发展路径。

第十三章 建筑业实践：中国建筑业碳排放达峰的因素分解与达峰预测

第一节 引 言

一、研究背景

中国是目前世界上第二大能源消耗国和最大的温室气体排放国。2017年，中国碳排放量占全球碳排放量的27%，居于全球首位。近年来，为积极应对全球气候变暖，中国相继制定了一些碳减排目标和政策，其中最主要的减排目标为2030年实现碳达峰。中国承诺碳达峰给国内能源结构、产业结构调整带来巨大转型压力和挑战，包括经济、能源和技术上的协同和权衡，因此，中国能否实现2030年碳达峰存在很大的不确定性及现实压力。

建筑业是二氧化碳排放的重要行业，据IPCC第四次评估报告（2007）统计，建筑业消耗了全球40%的能源，并排放了36%的二氧化碳。作为中国国民经济重要的支柱产业，建筑业在推动中国经济迅速发展的同时消耗大量的建筑材料，并排放了大量的二氧化碳，这对中国实现2030年碳达峰目标产生了严重影响。从国际角度出发，中国建筑业能耗的碳排放已占全球总排放的5%左右；从国内方面来看，中国建筑业能耗已占总能耗的20%，而发达国家建筑业能耗占总能耗比重为40%。2001~2017年，中国建筑业的能源消费量年均增长率为9.16%，建筑业碳排放年均增幅达8.13%。目前，中国建筑业发展与节能减排之间的矛盾越发突出，建筑业的能源消耗和碳排放已成为中国可持续发展中日益重要的问题，降低建筑业碳排放的进程刻不容缓。因此，准确识别影响建筑业碳排放的影响因素，并据此对中国建筑业碳达峰进行预测并提出相应的减排政策，是中国顺利实现 2030 年碳达峰承诺的必要条件。

二、研究综述

目前学术界对建筑业碳排放有很多研究，包括运用指数分解方法对碳排放进行分解研究，运用情景分析法对碳排放进行预测等。在对建筑业碳排放的分解方面，由于 Kaya 恒等式具有数学形式简单、对碳排放变化驱动因素解释力强、分解无残差等优点，许多学者采用 Kaya 恒等式为基础，计算某一地区的碳排放，并通过分解模型定量分析建筑业碳排放影响因素的贡献。主要的分解方法有 LMDI 模型（Lu Y. et al.，2016；Ren S. et al.，2014；Nie H. et al.，2013；Lin B et al.，2015；Cansino et al.，2015）、预测误差方差分解和脉冲响应函数（ALVES et al.，2014）、Shapley 分解法（Albrecht J. et al.，2002）、IDA 模型（B. W. Ang et al.，2016）、elesplan-m 模型（G. Pleβmann et al.，2017）、迪氏指数分解（Shahiduzzaman M et al.，2013）等。但是，由于以 Kaya 恒等式为基础的因素分解方法具有不能全面地反映不同因素对碳排放演变的实际贡献的弊端（邵帅等，2017），如广义迪氏指数分解（GDIM）（邵帅等，2017；Ang B. W. et al.，1997；Yan Qingyou et al.，2017）。在碳排放的预测方面，方法也种类繁多：基于蒙特卡洛模拟的动态情景分析（邵帅等，2017），基于 STIRPAT 模型的情景分析法（纪建悦等，2012），EnergyPLAN 优化模型（H. Ali et al.，2017），基于 LEAP 模型的情景分析（Betül Özer et al.，2013；Nnaemeka Vincent Emodi et al.，2019；Hai tao et al.，2019），需求资源能源分析模型（DREAM）（Nan Zhou et al.，2018）等。

已有研究对中国建筑业碳排放研究取得了丰富的研究成果，但是还存在一些局限性：

（1）在研究对象选取上，专门针对建筑业碳达峰进行的研究较少。目前碳达峰问题的研究虽然已经涉及众多行业和部门，如工业、制造业、交通部门、电力部门等，但对中国建筑业碳达峰研究较少。作为中国国民经济重要的支柱产业，建筑业在推动中国经济迅速发展的同时消耗大量的建筑材料，并排放了大量的二氧化碳，对中国实现 2030 年碳达峰目标产生严重影响，未来研究需要针对建筑业碳排放进行深入分析。

（2）在研究方法上，碳排放因素分解方法大多以 Kaya 恒等式为基础，将目标变量分解成多个因素相乘的形式，并没有考虑因素变量间约束的相互依赖性，不能全面地反映不同因素对碳排放演变的实际贡献。

（3）在研究因素选择上，现有研究忽视了劳动生产率因素对建筑业碳排放的影响。目前，中国建筑业陷入一种高能低效的发展模式，即建筑业的经济增长促使能源消耗激增进而导致碳排放量持续走高。中国建筑业劳动生产率较国外的先进水平还有较大差距，提高建筑业劳动生产率至关重要。

三、本章的主要工作及创新点

基于已有研究现状，本章首先利用广义迪氏指数分解法对中国建筑业2001～2017年的碳排放影响因素进行了分解，分析经济发展、能源消耗、人口规模等8个因素对建筑业碳排放的影响，然后运用情景分析法对中国建筑业在3种情景下进行碳达峰预测，最后提出相关的政策建议。

与已有研究相比，本章的主要工作和创新点体现在以下几点。

（1）在研究对象选取上，针对中国建筑业碳排放进行因素分解及达峰预测。建筑业作为中国国民经济重要的支柱产业，其在推动中国经济迅速发展的同时消耗大量的建筑材料，中国建筑业经济的持续高速增长模式会影响中国实现2030年碳达峰目标。本章针对中国建筑业碳排放进行研究，力求为中国国家层面的碳达峰目标的顺利实现提供参考。

（2）在研究方法上，本章首次采用GDIM模型对建筑业2001～2017年的碳排放进行因素分解，并使用情景分析法对建筑业碳排放的未来趋势进行预测。GDIM模型不仅能够克服现有指数分解模型的缺陷，还能研究潜在影响因素对碳排放量的影响，且分解结果能够对不同因素之间的关联性进行有效区分，因此避免了出现重复计算的情况，能够更加准确全面地把握各因素对建筑业碳排放量变动的真实影响。在此基础上，本章运用情景分析法，根据不同情景下各影响因素变化速率的设定，对中国建筑业2018～2045年的碳排放趋势进行预测，进而推算出建筑业碳排放量峰值和达峰时间。

（3）在研究因素选择上，引入了劳动生产率这一影响因素，考察劳动生产率对建筑业碳排放演变的影响，为建筑业碳排放影响因素的研究提供了新的视角。目前，中国建筑业面临管理模式粗放、从业者素质低、技术装备率落后、市场行为不规范等众多矛盾，这些问题严重制约了建筑业的健康持续发展。而这一系列问题的矛头最终都指向劳动生产率，提高劳动力的质量和效率将是中国建筑业从粗放型向集约型转变的有效方式。因此，研究建筑业劳动生产率对于了解建筑业真实的发展水平、解决行业突出问题、优化行业发展模式、促进建筑业可持续发展具有深远的意义。

第二节　模型构建

一、建筑业碳排放影响因素分解模型——广义迪氏指数

1. 指数分解模型

指数分解法是把本章的中国建筑业碳排放分解出的各个因素变量（如本章中的建筑业生产总值 GDP、能源消耗、劳动人口等）都看作是时间 t 的连续可微函数，并对时间 t 进行微分，分解得出各个影响因素变量（建筑业生产总值 GDP、能源消耗、劳动人口等）的变化对中国建筑业碳排放的贡献率。将目标变量与因素变量之间的映射关系用函数的形式进行表达，则有式（13-1）和式（13-2）：

$$Z = f(X) = f(X_1 X_2 \cdots X_n) \tag{13-1}$$

$$\Delta Z = Z_T - Z_0 = \sum_{i=1}^{n} \Delta Z[X_i] = \int_L \mathrm{d}Z \tag{13-2}$$

式（13-1）中，Z 为中国建筑业碳排放；X 对 Z 为本章中对有影响作用的建筑业生产总值 GDP、能源消耗、劳动人口等因素的变量。式（13-2）中，ΔZ 为中国建筑业碳排放 Z 从当前时刻（T 时刻）到基准时刻（0 时刻）的变化量；而 $\Delta Z[X_i]$ 为影响因素 X_i 对 ΔZ 的贡献。将各个影响因素变量记作时间 t 的连续可微函数如下：

$$X_i = X_i(t) \tag{13-3}$$

$$f'_i = \frac{\partial f(X_1 X_2 \cdots X_n)}{\partial X_i} \tag{13-4}$$

$$\Delta Z = \int_L f'_1 dX_1 + \int_L f'_2 dX_2 + \cdots + \int_L f'_n dX_n \tag{13-5}$$

将式（13-3）、式（13-4）代入式（13-5），从而得式（13-6）：

$$\Delta Z[X_i] = \int_L f'_i dX_i = \int_{t_0}^{t_1} f'_i X'_i dt \tag{13-6}$$

式（13-6）中，t_0 和 t_1 分别为基准时刻和当前时刻。若用向量的形式，式（13-6）可以表示为式（13-7）：

$$\Delta Z = \int_L \nabla Z^T \cdot \mathrm{d}Z \tag{13-7}$$

式（13 – 7）中，ΔZ 是一个列向量；∇Z 是梯度向量；T 为转置，$\mathrm{d}X$ 是由 $\mathrm{d}X_1$，$\mathrm{d}X_2$，$\cdots$，$\mathrm{d}X_n$ 组成的对角矩阵。

2. 广义迪氏指数分解模型

万宁斯基（Vaninsky，2014）认为上述分解没有充分考虑分解变量之间的相互依赖性，故在广义迪氏指数分解中加入式（13 – 8），达到约束分解因素间的相关性的目的：

$$\varphi_j(X_1,\cdots,X_n) = 0, \quad j = 1,\cdots,k \qquad (13 – 8)$$

式（13 – 8）也可以记作向量的形式，如式（13 – 9）所示：

$$\Phi(X) = 0 \qquad (13 – 9)$$

在广义迪氏指数分解中加入向量式（13 – 9），则有式（13 – 10）：

$$\Delta Z[X \mid \Phi] = \int_L \nabla Z^T (I - \Phi_X \Phi_X^+) \mathrm{d}X \qquad (13 – 10)$$

式（13 – 10）中，Φ_X 是 $\Phi(X)$ 的雅各比矩阵，$(\Phi_X)_{ij} = \dfrac{\partial \varphi_j}{\partial \varphi_i}$；$\Phi_X^+$ 为 Φ_X 的广义逆矩阵；I 为单位矩阵。如果 Φ_X 各因素变量间线性无关，则 $\Phi_X^+ = (\Phi_X^T \Phi_X)^{-1} \Phi_X^T$。

3. 碳排放因素分解

根据 Kaya 恒等式可将碳排放分解成式（13 – 11）：

$$CO_2 = \frac{CO_2}{GDP} \cdot \frac{GDP}{Energy} \cdot \frac{Energy}{p} \cdot P \qquad (13 – 11)$$

如果按照式（13 – 11）分解碳排放，会出现以下两个问题：（1）只考虑了人口数量一个绝对量因素，没有把其他绝对因素考虑进去，如建筑业生产总值、能源消耗量对碳排放的影响。（2）在能源消耗量（或者生产总值）增加而其他因素不变的情况下，等式右侧的第二项减少，第三项增加，结果仍保持不变，不能准确地反映碳排放的变化。因此，本章采用 Vaninsky 的分解方法，将式（13 – 11）改写为式（13 – 12）：

$$CO_2 = \left(\frac{CO_2}{GDP}\right) \cdot GDP = \left(\frac{CO_2}{Energy}\right) \cdot Energy = \left(\frac{CO_2}{Labor\ population}\right) \cdot$$
$$(Labor\ population) \qquad (13 – 12)$$

模型（13 – 12）中涉及的变量及具体含义如表 13 – 1 所示，且由式（13 – 11）、式（13 – 12）可得方程组（13 – 13）：

$$\begin{cases} Z = X_1 X_2 \\ X_1 X_2 - X_3 X_4 = 0 \\ X_1 X_2 - X_5 X_6 = 0 \\ X_1 - X_5 X_7 = 0 \\ X_3 - X_1 X_8 = 0 \end{cases} \qquad (13-13)$$

根据广义迪氏指数分解法，可得式（13-14）：

$$\nabla Z = (X_2, X_1, 0, 0, 0, 0, 0, 0)$$

$$\Phi_X = \begin{pmatrix} X_2 & X_1 & -X_4 & -X_3 & 0 & 0 & 0 & 0 \\ X_2 & X_1 & 0 & 0 & -X_6 & -X_5 & 0 & 0 \\ 1 & 0 & 0 & 0 & -X_7 & 0 & -X_5 & 0 \\ -X_8 & 0 & 1 & 0 & 0 & 0 & 0 & -X_1 \end{pmatrix}$$

$$(13-14)$$

对于绝对量因素 X_1、X_3、X_5，定义指数函数为式（13-15）：

$$Q(t) = (Q_1 / Q_0)^t \qquad (13-15)$$

将式（13-14）代入式（13-15），则有式（13-16）：

$$\frac{\mathrm{d}Q(t)}{\mathrm{d}t} = \ln\left(\frac{Q_1}{Q_0}\right) \cdot Q(t) \qquad (13-16)$$

表 13-1　　　　广义迪氏指数分解模型中涉及的变量及具体含义

模型中涉及的变量	含义
$Z = CO_2$	建筑业碳排放量
$X_1 = GDP$	建筑业生产总值
$X_2 = CO_2 / GDP$	建筑业产出单位 GDP 的碳排放量（产出碳强度）
$X_3 = Energy$	建筑业能源消耗量
$X_4 = CO_2 / Energy$	建筑业消耗单位能源产生的碳排放量（能源消耗碳强度）
$X_5 = Labor\ population$	建筑业劳动人口数量
$X_6 = CO_2 / Labor\ population$	建筑业劳动人口人均碳排放量
$X_7 = GDP / Labor\ population$	建筑业劳动生产率
$X_8 = Energy / GDP$	建筑业生产单位 GDP 所消耗的能源（能源消耗强度）

4. 碳排放核算方法

本章采用排放系数法进行建筑业碳排放核算,即用建筑业消耗的各项能源乘以相应的排放因子,然后再进行加总。本章只计算建筑业主要消耗的四种能源的碳排放,即煤炭、石油、天然气和电力,其中排放系数法公式为:碳排放总量 $= \sum_{i=1}^{4}$ 能源 i 的排放量 × 能源 i 的排放因子,其中 i 表示能源种类。各类能源的碳排放系数如表 13-2 所示。

表 13-2 各类能源的碳排放系数

碳排放系数	煤炭	石油	天然气	电力
t(C) /t	0.733	0.558	0.423	0.262

二、建筑业碳达峰的预测模型——情景分析

1. 情景设定

根据建筑业碳排放因素分解结果可知,建筑业碳排放演变的最主要的促增因素和促降因素分别是建筑业生产总值和产出碳强度,而能源消耗强度、能源消费碳强度和劳动生产率具有很大驱动减排潜力。因此,本章构建式(13-17)用于进一步的情景分析:

$$CO_2 = \frac{CO_2}{Energy} \cdot \frac{Energy}{GDP} \cdot \frac{GDP}{LP} \cdot LP \qquad (13-17)$$

设劳动人口数(Labor Population,LP)、能源消耗碳强度（$CO_2/Energy$）、能源消耗（$Energy/GDP$）和劳动生产率（$GDP/Labor\ Population$）的变化率分别为 α,β,γ,δ,则有式(13-18)、式(13-19)、式(13-20)、式(13-21):

$$Labor\ Population_{t+1} = Labor\ Population_t \times (1+\alpha) \qquad (13-18)$$

$$\left(\frac{CO_2}{Energy}\right)_{t+1} = \left(\frac{CO_2}{Energy}\right)_t \times (1+\beta) \qquad (13-19)$$

$$\left(\frac{Energy}{GDP}\right)_{t+1} = \left(\frac{Energy}{GDP}\right)_t \times (1+\gamma) \qquad (13-20)$$

$$\left(\frac{GDP}{Labor\ Population}\right)_{t+1} = \left(\frac{GDP}{Labor\ Population}\right)_t \times (1+\delta) \qquad (13-21)$$

将式(13-18)~式(13-21)代入式(13-17),可得出式(13-22):

$$CO_{2_{t+1}} = LP_{t+1} \times \left(\frac{CO_2}{Energy}\right)_{t+1} \times \left(\frac{Energy}{GDP}\right)_{t+1} \times \left(\frac{GDP}{LP}\right)_{t+1}$$

$$= LP_t \times (1+\alpha) \times \left(\frac{CO_2}{Energy}\right)_t \times (1+\beta) \times \left(\frac{Energy}{GDP}\right)_t \times (1+\gamma)$$

$$= \left(\frac{GDP}{LP}\right)_t \times (1+\delta) \qquad\qquad (13-22)$$

碳排放量 ω 的变化率可表示为：

$$\omega = (1+\alpha) \times (1+\beta) \times (1+\gamma) - 1 \qquad (13-23)$$

为预测建筑业未来碳排放可能的演化趋势，本章基于各因素过去的演化情况、现有减排政策以及潜在减排空间构建了三种情景：基准情景、低碳节能情景、技术突破情景。

（1）基准情景。基准情景是以建筑业过去的发展特征为基础，不实施新的减排措施，假定当前技术水平和经济环境均保持不变，根据建筑业发展的惯性趋势外推而得到的可能情景。基准情景下，建筑业预期将延续过去资本扩张迅速但资本生产率较低、能源效率提升空间大但能源结构向低碳能源调整缓慢的特征。

（2）低碳节能情景。"十二五"期间，中国建筑业取得了巨大的成效，并在节能减排的方面取得了新进展，但建筑业仍没有摘掉"粗放式劳动密集型产业"的标签，行业发展方式粗放，建造资源消耗量大，碳排放问题依旧是个难关。"十三五"规划要求建筑业以绿色建筑发展作为发展目标，推广建筑节能技术，提高建筑节能水平。低碳节能情景下，政府将加强对建筑业低碳节能的干预措施，比如优化能源结构、提升节能技术水平、鼓励采用先进的节能减排材料等。

（3）技术突破情景。"十三五"规划中指出，中国建筑业组织实施方式和生产方式落后，技术创新能力不足。技术创新是节能减排的重要手段，增强中国建筑业技术创新能力可以提高建筑业能源使用效率。本章在低碳节能情景的基础上，对能源消耗强度、能源消耗碳强度、劳动生产率的预期变化率参数进行强化设置，进而得到在能源技术上实现技术突破情形下的低碳节能情景，称之为技术突破情景。这也符合建筑业"十三五"规划中提出技术进步的目标。需要说明的是，本章设定的技术突破情景仅是为了提供一条推动低碳节能的可行思路，并不包含所有可能出现的技术突破情景。

2. 变量的情景设定

根据式（13-17）可得，中国建筑业碳排放受能源消耗强度（*Ener-*

gy/GDP）、能源消耗碳强度（*CO₂/Energy*）和劳动生产率（*GDP/Labor Population*）因素影响。接下来，本章将把上述碳排放影响因子的未来发展趋势分为低、中、高增长三类。以下将对各影响指标做具体设置说明：

能源消耗强度因素（*Energy/GDP*）：2001～2017年中国建筑业能源消耗强度年平均下降0.9%，考虑到未来中国建筑业发展低碳技术与节能减排仍是重点工作任务，设定低增长速率下碳排放强度年平均下降1%，中速率为3%，高速率为5%，能源消耗强度变化速率逐步走低。

能源消耗碳强度因素（*CO₂/Energy*）：2001～2017年中国建筑业能源消耗强度年平均下降5.8%，而中国目前正积极推广使用太阳能、天然气、生物质能等清洁能源，并且在"十三五"规划中强调建筑业节能及绿色建筑业发展，设定低速率下能源消费碳强度年平均下降速率为6%，中速率与高速率模式下能源消费碳强度年均下降速率设定为8%和10%。

劳动生产率因素（*GDP/Labor Population*）：2010～2017年中国建筑业劳动生产率年平均增长为6.8%，2001～2017年中国建筑业劳动生产率年平均增长为11.9%。由于中国建筑业正不断推进建筑业现代化的进程，推广建筑业节能技术，鼓励技术创新进步，因而将低增长速率设为12%，中速率为14%，高速率为16%。

根据以上三种情景模式的描述并比对各影响因子参数设定值，得出了基准情景、低碳节能情景、技术突破情景下各因素的变化率如表13-3所示。

表13-3　　　　　　　　中国建筑业碳达峰预测情景模式

模式	能源消耗强度	能源消耗碳强度	劳动生产率
基准情景	低	低	低
低碳节能情景	中	中	中
技术突破情景	高	高	高

第三节　中国建筑业碳排放的影响因素分解

本章利用R语言对建筑业碳排放影响因素进行广义迪氏指数分解，将8个因素变量分成三大类进行分析，详细分类及影响效应的具体情况如表13-4所示，不同因素对中国建筑业碳排放的贡献率如表13-5所示。2001～2017年各因素对中国建筑业碳排放贡献率的累计增量如图13-1所示。

表 13 - 4   2001 ~ 2017 年中国建筑业碳排放因素的分类及效应情况

分类名称	因素名称	影响效应
经济规模因素	ΔGDP	+
	$\Delta GDP/Population$	-
	$\Delta CO_2/GDP$	-
能源消耗因素	$\Delta Energy$	+
	$\Delta CO_2/Energy$	-
	$\Delta Energy/GDP$	-
人口规模因素	$\Delta Population$	+
	$\Delta CO_2/Population$	+

一、经济规模因素分析

GDP 对中国建筑业碳排放量影响的累计贡献率最高,是首要的促增因素。作为国民经济核算的核心指标,GDP 不但是衡量一个国家总体经济状况的重要指标,也在一定程度上反映了居民物质生活的富裕程度。自中国 21 世纪初实行积极的经济增长政策,建筑业的产值急剧上涨,2001 ~ 2017年,中国建筑业的生产总值以平均每年 15.85% 的速度增长。作为建筑业最基本的生产要素,能源消耗会随着建筑业的快速发展而急剧上升。自 2010 年以来,中国新增建筑数量占全球新增建筑数量的近一半,但相比其他发达国家,中国人均建筑面积仍低得多(美国 92 平方米,德国 67 平方米,中国仅 36 平方米)。因而,随着中国经济发展和城市化进程的快速驱动,未来建筑面积和存量将会持续增加。此外,中国在建筑业的完善程度上,如隔热保温效能等显著低于发达国家水平,这些都将导致建筑业能耗的进一步增加,进而导致大规模的碳排放,因此经济的高速发展是造成建筑业碳排放增加的主导因素。2001 ~ 2017 年,GDP 对建筑业碳排放的贡献率始终为正值,2017 年的贡献率高达 200.29% (见图 13 - 2),在所有因素中排名第一。

劳动生产率和产出碳强度对中国建筑业的碳排放起到抑制作用。劳动生产率主要考察建筑业生产效率的改变对建筑业碳排放的影响。由表 13 - 5 可知,建筑业劳动生产率对碳排放变化的贡献率始终为负值,2017 年的贡献率为 -23.05%。作为中国节能减排的硬性指标,产出碳强度对建筑业碳排放的影响在 2001 ~ 2017 年也始终呈负效应,2017 年的贡献率为 -113.23%。

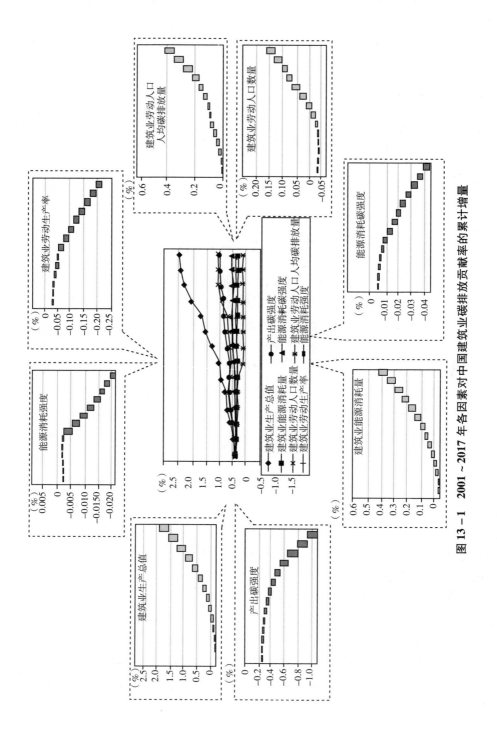

图 13 – 1 2001 ~ 2017 年各因素对中国建筑业碳排放贡献率的累计增量

表 13 −5 　　　 2001～2017 年不同因素对中国建筑业碳排放的贡献率

年份	GDP	$\Delta CO_2/GDP$	Energy	$CO_2/Energy$	Population	$CO_2/Population$	GDP/Population	Energy/GDP
2002	0.03080	−0.00294	0.02297	0.00177	−0.01269	0.03911	−0.00502	0.00005
2003	0.09042	−0.01360	0.06807	−0.00852	−0.00655	0.07167	−0.02355	0.00020
2004	0.16626	−0.04298	0.12503	−0.01126	−0.01137	0.14486	−0.03083	0.00069
2005	0.26517	−0.08251	0.16179	−0.01815	0.00115	0.17642	−0.06417	0.00066
2006	0.38253	−0.13016	0.20655	−0.02278	0.02303	0.20926	−0.09161	−0.00029
2007	0.52188	−0.18672	0.24617	−0.03996	0.05490	0.20388	−0.13372	−0.00334
2008	0.59216	−0.20028	0.20696	−0.05449	0.08721	0.06727	−0.19404	−0.01830
2009	0.79363	−0.31095	0.29857	−0.05687	0.10992	0.16182	−0.19948	−0.01503
2010	1.03788	−0.42858	0.40042	−0.03586	0.15204	0.27918	−0.20214	−0.01474
2011	1.23722	−0.55624	0.45138	−0.06421	0.16925	0.28919	−0.22502	−0.01578
2012	1.52727	−0.87711	0.45119	−0.05973	0.10817	0.48543	−0.21752	−0.01292
2013	1.79737	−1.08680	0.51183	−0.06923	0.11346	0.63872	−0.21741	−0.00903
2014	1.92495	−1.08621	0.58003	−0.06830	0.16526	0.62846	−0.22847	−0.01090
2015	2.00285	−1.13231	0.59866	−0.06671	0.17341	0.65343	−0.23050	−0.01120
2016	2.20005	−1.22145	0.60220	−0.06753	0.18119	0.66114	−0.24173	−0.01225
2017	2.33758	−1.22975	0.67252	−0.07001	0.19557	0.68621	−0.24911	−0.19678

二、能源消耗因素分析

能源消耗量对中国建筑业碳排放起到促进作用，而能源消耗强度对建筑业碳排放主要起到抑制作用。中国建筑业的能源消耗量对碳排放的贡献率始终为正，且持逐年递增的态势，2017 年中国建筑业的能源消耗量对碳排放的贡献率达到 59.87%；能源消耗强度反映了经济发展与能源的相关程度，这主要取决于中国建筑业的经济发展水平及能源消耗总量。2001～2017 年中国建筑业的能源消耗强度对碳排放的贡献率中只有 2002 年为正值，其余年份的贡献率均为负值，说明中国建筑业的能源消耗强度对碳排放主要起到抑制作用。

能源消耗碳强度对中国建筑业的碳排放的影响是先促进后抑制。能源消耗碳强度对碳排放的贡献率并不固定，其中 2002～2005 年的贡献率为正值。2006～2015 年 "十一五" 期间，中国首次把节能减排列为五年发展规划中经济发展方面的约束性指标，我国低碳经济的发展模式至此开启。从表 13 −5 也可以看出，2006～2017 年的贡献率始终为负值，说明中国建筑业的能源消耗量对碳排放开始起抑制作用，这恰好印证了中国 "十一五"和"十二五"开展节能减排工作的成效。

三、劳动人口规模因素分析

建筑业劳动人口数量的增加对碳排放的增长也具有显著的影响。由于中国庞大的人口数目和居民对房屋需求的不断增加,建筑业对从业人口的需求也不断上涨。由表 13 – 5 可知,劳动生产率对碳排放的贡献率始终都是正值,累计呈现拉动作用。

劳动生产率是解决建筑业碳排放重要的决定性因素。从另一个角度讲,建筑业的劳动人口数量与劳动生产率密切相关,建筑业的劳动人口数量是衡量建筑业从业人员的绝对量指标,劳动生产率则是建筑业从业人员为增加值做出的贡献大小的相对量指标,反映的是劳动生产的效能。因此,随着科技水平的不断发展,建筑业应当开发各种低碳技术并适量投入劳动力,完善技术提高劳动生产率是解决建筑业碳排放的重要的决定性因素。

第四节 中国建筑业碳达峰的预测结果

根据不同情景下各因素的变化速率参数的设定,对中国建筑业 2018 ~ 2045 年的碳排放进行预测,得到三种情景下中国建筑业碳排放演化趋势如图 13 – 2 所示。由图 13 – 2 可见,中国建筑业达到碳达峰在不同的情景中情况差异较大。

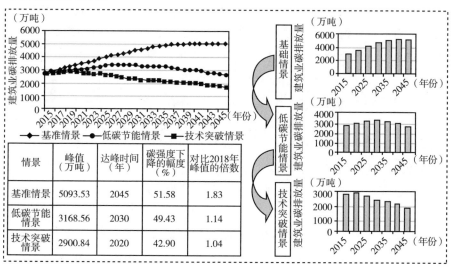

图 13 – 2 三种情景下中国建筑业碳排放达峰预测结果 (2018 ~ 2045 年)

基准情景下，中国建筑业碳达峰时间为 2045 年，峰值为 5093.539 万吨，不能够实现 2030 年碳达峰的目标。基准情景下，中国建筑业碳排放将极有可能在 2018~2040 年持续大幅度增长，与 2018 年相比，中国建筑业碳排放未来的年均增长率约为 1.90%。这一结果意味着，如果保持过去的经济发展趋势和减排措施而不施加新的减排政策，中国建筑业产生的碳排放量将仍会逐年增加。

　　低碳节能情景下，中国建筑业碳达峰时间刚好为 2030 年，峰值为 3168.558 万吨，中国建筑业能够实现 2030 年碳达峰的目标。低碳节能情景下，中国将在"十三五"规划的基础上逐渐发展低碳经济，同时进一步加强节能减排。如图 13-2 所示，中国建筑业碳排放的增长速度明显放缓，2018~2030 年，碳排放年均增长率为 -1%。由此可见，在政府采取积极的减排措施和推进建筑节能与绿色发展的情况下，建筑业碳排放的高速增长可以得到有效控制。但是，从图 13-2 中展现的碳排放逐年演化趋势来看，碳排放由上升到下降的拐点刚好是在 2030 年出现，峰值为 3168.558 万吨，与基准情景相比，其达峰时间提前了 15 年，峰值降低了 1924.981 万吨。但是如果中国建筑业想实现在 2030 年以前完成碳达峰的目标，有必要对建筑业采取更为严厉的节能减排政策。

　　技术突破情景下，中国建筑业碳达峰时间最早（2020 年），且峰值最低（2900.84 万吨），建筑业碳排放提前实现 2030 年碳达峰目标。如图 13-2 所示，中国建筑业碳排放由上升到下降的演化趋势转折很快，2018~2020 年，建筑业碳排放年均增幅约为 0.66%，而 2021~2030 年，其年均下降率约为 3.2%。与前两种情景相比，技术突破情景下的碳达峰时间最早，为 2020 年达峰；且峰值最低，峰值为 2900.84 万吨，其峰值比基础情景低 2192.699 万吨，比低碳节能情景低 267.718 万吨。

　　三种情景下，中国建筑业都能超额完成 2020 年碳强度较 2005 年下降 40%~45% 的目标。基准、低碳节能、技术突破情景下的预测碳排放峰值分别达到了 2018 年碳排放量的 1.83 倍、1.14 倍和 1.04 倍。作为中国政府制定重要政策的相关指标，除碳排放总量外还包括产出碳强度（以下简称"碳强度"）。本章研究了不同情景下 2005~2020 年建筑业碳强度的下降幅度：基准情景下建筑业碳强度的下降幅度最大，为 51.58%，而低碳节能情景和技术突破情景下的碳强度下降幅度分别为 49.43% 和 42.90%。

　　综上可知，在 2030 年碳达峰的承诺下，技术突破情景达峰时间最早、峰值最低，且经济发展、能源结构和技术水平更符合理想情况。从现有相关政策实施力度看，目前中国建筑业实施的能源结构调整、推进绿色建筑、提高劳动生产率等相关节能减排的政策，虽然有助于建筑业碳排放总量增速放缓、推动建筑业碳强度下降，但面对 2030 年中国建筑业实现碳排放的峰值目标，现有政策力度需要加强。所以，政府有必要出台强制性节能措施，并在短期内尽快采取行动，以确保中国建筑业碳达峰目标如期甚至提前实现。

第五节　讨论与分析

一、本章与已有研究对比

本章研究了中国建筑业碳排放的影响因素，并在此基础上探讨了中国建筑业碳排放 2030 年达峰的可能性。首先，本章利用广义迪氏指数分解法对中国建筑业 2001～2017 年的碳排放数据进行分析，通过量化其贡献率来研究中国建筑业碳排放的主要影响因素；其次，运用情景分析法对中国建筑业碳排放峰值进行预测。

关于中国建筑业碳排放的影响因素的研究，本章与卢等（Lu，2016）、纪建悦（2012）的研究一致，发现降低建筑业能源强度和能源结构强度是减少建筑业碳排放的必要途径。而本章首次采用 GDIM 模型对建筑业 2001～2017 年的碳排放进行因素分解，从经济规模因素、能源消耗因素、劳动人口规模因素三个方面明确影响建筑业碳排放的影响机理，有利于更加准确全面地把握各因素对建筑业碳排放量的真实影响。此外，在研究因素选择上，本章引入了劳动生产率这一因素，考察劳动生产率对建筑业碳排放演变的影响，为建筑业碳排放影响因素的研究提供了新的视角。关于中国建筑业碳达峰预测的研究，本章与纪建悦（2012）、王等（Wang，2017）的研究一致，发现提高建筑业相关的技术水平是减少建筑业碳排放的关键。而本章运用情景分析法，根据不同情景下速率参数的设定，对中国建筑业 2018～2045 年的碳排放未来趋势进行预测，并绘制了三种不同情景下中国建筑业碳排放演化趋势，进而推算出建筑业碳排放量峰值出现的时间和节能减排情况，并发现在技术突破情景下能提前实现 2030 年碳达峰承诺。

二、本章的借鉴意义

（1）本书可以为其他国家建筑业碳排放研究提供借鉴。本章的结论和方法不仅适用于中国，也适用于其他国家，尤其是建筑业呈现快速发展的发展中国家。近年来，处理全球碳排放问题不仅是中国政府需要面对的课题，更是一个需要全世界共同关注的话题。建筑业作为中国国民经济的四大支柱产业之一，本章对中国建筑业碳排放的影响因素进行研究并对碳达峰进行预测，除了可以有助于判断中国政府能否实现 2030 年碳达峰的承诺以外，本章对于与中国国情相似的发展中国家来说更具有一定的借鉴意义。

（2）对中国建筑业碳达峰具有一定的探索意义。虽然中国建筑业是中国国民经济重要的支柱产业，但在中国 2030 年实现碳达峰承诺面前却未受到足够的重视，相关研究的文献很少。所以，本章对于中国建筑业能否帮助中国顺利实现 2030 年碳达峰，也具有一定的启发。

（3）本书也可以为其他行业提供参考。工业、制造业等其他行业也是碳排放非常重要的组成部分，这些行业的碳排放也需要受到重视。根据本章的研究方法和思路，可以研究比较各行业碳排放的驱动因素，了解各行业碳达峰情况，从而有效地减少其他行业的碳排放。

三、本章存在的不足以及今后的研究方向

由于 2001 年以前的中国建筑业的指标数据以及能源消耗数据的缺乏，本章只研究了 2001～2017 年中国建筑业的碳排放，若能增加研究的时间跨度可能使本章结果更为精确；本书的指标只选用了最为常用的几种指标，例如 GDP、能源消耗总量等，在以后的研究中将尝试引入更多的指标。

第六节　本章小结

建筑业碳排放是中国碳排放总量中的重要组成部分，对中国能否顺利实现 2030 年碳达峰目标影响重大。本章基于因素分解和峰值预测的两个角度对中国建筑业碳达峰的可行性进行了研究。首先，利用广义迪氏指数分解法（GDIM）对中国建筑业 2001～2017 年的碳排放进行因素分解，量化各影响因素的贡献率；其次，构建了基准情景、低碳节能情景、技术突破情景，对中国建筑业 2018～2045 年在三种情景下的碳达峰进行了预测。结果显示：第一，在经济规模因素方面，GDP 对中国建筑业碳排放量的累计贡献率最高，劳动生产率和产出碳强度对建筑业碳排放起到抑制作用；

在能源消耗因素方面，能源消耗量对碳排放的贡献率始终为正，且持逐年递增的态势，而能源消耗强度和能源消耗碳强度对未来碳排放具有很大的减排潜力；在劳动人口规模因素方面，建筑业劳动人口总量对建筑业碳排放呈现促进作用。第二，预测结果显示，基准情景下，中国建筑业将会于2045年实现碳达峰，峰值为5093.539万吨；低碳节能情景下，建筑业碳达峰的时间为2030年，峰值为3168.558万吨；技术突破情景下，建筑业碳达峰时间最早（2020年），且峰值最低（2900.84万吨）。本章研究对国家宏观层面的碳达峰具有重要的启示。

第十四章　主要结论与建议

第一节　国家层面可行性评估篇的主要结论与建议

一、主要结论

第一，就不同情景下碳排放达峰对宏观经济的影响来看：（1）相比此前大多数学者研究的碳税政策而言，基于气候保护政策进行碳达峰目标的实施，对经济的负影响较小，在大多数情景下，碳排放达峰会对中国 GDP 及其他宏观经济指标造成正向影响。（2）对于部门进出口来说，气候保护政策进行碳达峰目标的实施，在大多数情境下对林业部门的影响较大，对建筑业影响相对较小，因此政府应该加大对林业部门在增汇方式下的重视程度，一方面要加大对林业部门投入的力度，另一方面要减少部门资本的流出。（3）对于部门产出来说，气候保护政策进行碳达峰目标的实施，对建筑业的总产出无显著影响，大多数情境下会促进中国其他六部门总产出的增长，农牧渔业普遍增长最多，林业普遍增长最少；部分情景下对部门产出造成负影响，此时对林业部门的影响最大。（4）综合所有情景分析，考虑到气候保护函数参数的不同取值情况，中国在 2030 年实现碳排放达峰最利于中国的经济发展，此时中国 GDP 增长 0.06% ~ 0.08%，总出口和总进口都增长 0.05% ~ 0.08%，总投资没有明显变化。

第二，就碳排放峰值目标的省份分解来看：（1）北京、重庆、宁夏、青海等最终二氧化碳排放配额最小，也就是说经济较发达直辖市和最不发达的西部地区减排压力最小。（2）河北、河南、山东、山西等 6 个省份二氧化碳排放严重但减排潜力较大，但是这些地区经济不发达且减排技术落后，应响应国家节能减排和达峰计划的号召，积极学习先进低碳技术等。（3）辽宁、黑龙江等东北老工业基地最终二氧化碳排放配额最多，其产业结构的重型化给减排工作和达峰目标的实现带来一定难度。不同产业能源消耗情况、投入产出情况、技术革新进程等各方面的差异，使得产业部门间二氧化碳排放配额有较大差异：（1）重工业、能源工业的减排责任重大，具有很大的改善空间，机械设备制造业和石油加工、炼焦及核燃料加工业两个产业未来所要承担的减排量最大，因此需要做好这些重点产业的节能环保工作。（2）轻工业及农、林、牧、渔、水利业减排责任较轻，引进先进的经营管理理念，积极进行产业转型有利于减排目标的实现。

第三，就实现碳排放峰值目标的路径来看：（1）并非所有情景均能实现2030年左右碳排放达到峰值的目标。（2）对于实现碳排放达峰目标的情景，结合能源结构的优化，碳排放达峰目标将在2022~2030年间实现，碳排放峰值范围介于108718.31十万吨至111742.81十万吨。（3）经济发展速度越缓慢，能源结构调整幅度越大，碳排放达峰目标越容易实现。（4）基于碳排放总量的控制目标，经济中速发展—政策约束下的能源结构是兼顾经济发展与实现碳峰值目标的最优路径。

第四，加强和其他国家低碳技术的交流和合作，重视低碳技术投资。低碳技术快速发展仅依靠国内是不够的，需要各国之间互相交流，才能真正加快碳减排进程，有效提高技术进步带来的能源强度降低和能源利用效率提高，同时也能够防止能源利用效率的反弹效应，有效抑制碳排放量增长。同时，低碳技术投资也能够促使技术快速发展，结合对外交流，才能够实现尽早达峰的目标。

第五，制定技术进步政策，不断完善低碳和能源相关的政策体系。低碳技术探索和开发需要国家政策的大力支持，才能弥补国内外交流和低碳技术投资的局限性并快速发展，进而减少能源消耗量和碳排放量。构建和不断完善低碳和能源相关的政策体系也是十分必要的，碳减排的过程涉及人口、经济和产业结构等其他方面，需要其他的政策手段，比如产业结构调整、优化能源消费结构、控制人口增长和人口结构变化、控制经济稳步增长等，这需要长时间不断地适应当下并进行尝试和完善。

第六，大力支持开发和使用清洁能源，能源价格逐渐市场化。国家政府应该制定清洁能源发展的相关政策，来大力支持研究机构开发清洁能源和工厂、居民使用清洁能源。国家也应该支持一些清洁能源丰富的地区，因地制宜，大力发展水能、风能、地热能、光能等清洁能源。能源价格需要真实反映市场上的供需关系，才能真实地反映企业生产成本的变化，利于去产能化，积极响应国家政策。

第七，加快供给侧结构性改革，优化产业结构和能源配置，转变经济增长方式。中国在经济发展过程中存在着不合理的结构性问题，政府近几年从生产、供给方面入手，进行供给侧结构性改革，调整产业结构，成效明显。但还需进一步加强改革、优化产业结构和能源配置，依靠去产能和创新、技术进步政策，淘汰高污染企业的过剩产能、推动创新、发展低碳技术，不以牺牲环境为代价，控制经济稳步增长，转变经济增长方式，进而有效抑制碳排放，尽早达峰。

第八，建设能源和碳排放相关数据动态监督机制，提升低碳发展信息化水平。随着大数据、云计算和"互联网＋"等计算机技术的兴起，中国可以建立能源消费和对应碳排放量数据库、符合本国的碳排放系数表，提高数据的精确度，使未来的碳排放影响机制和达峰预测在实证中得到的模型估计结果更加准确。同时，中国还需要建立环境监测预警体系，动态监测高耗能企业和行业，建立有效的低碳减排措施。

二、政策建议

1. 从碳达峰的经济影响角度来看

（1）实现碳排放达峰需考虑采用更多的气候保护政策。增汇型的气候保护支出政策，一方面可以扩大森林面积，提高森林的质量，达到碳排放达峰的目的；另一方面气候保护政策不仅不会影响中国宏观经济的发展和产业产出的增长，还会增加居民收入，促进居民消费的增长。

（2）提高对碳增汇的重视。随着全球气候变化，世界上更多的国家都把减排作为应对气候变化的首要工作。碳增汇同样是控制全球气候变化的重要手段，要提高对碳增汇的重视，保护森林对碳的吸收能力，使碳减排和碳增汇达到双赢。

（3）控制碳排放达峰时间。研究发现，2030年是中国碳排放达峰的最佳时机，过早实现二氧化碳排放达峰目标会对经济增长造成负面影响，各部门产出全部下降。过晚实现碳排放达峰则违背中国2030年碳排放达峰的国际承诺。

2. 从碳排放峰值目标的分解角度来看

（1）各地方政府应客观分析其自身的节能基础和减排潜力，因地制宜地选择与本地的区域特征和资源禀赋相适应的减排政策，以求在不影响地区经济发展的前提下尽快实现减排任务和二氧化碳达峰目标。

（2）国家应给予落后地区适当的政策支持，同时加大区域间交流合作，尤其需要加强东部等较发达地区与中西部和北部等欠发达地区的交流合作，从而帮助较落后地区进行低碳技术升级和产业结构优化。

（3）利用市场化手段，加快完善二氧化碳排放交易市场体系。对各产业来说，各个产业在根据自身特点制定未来目标的同时也要加强产业间合作。由粗放型加工向深加工发展，提高产业创新能力，鼓励技术革新，由高能耗生产向低能耗转变。加强技术改造，大力发展循环经济，改进企业经营管理理念，在节能减排的同时增加企业的经济效益。由国家制定相应政策，以市场为主体，指导高能耗、传统产业健康发展，推进产业升级，完善生产监控体系。逐步完成能源结构调整。控制高能耗产业发展，鼓励新能源产业发展，淘汰落后产业。

3. 从碳排放达峰路径角度来看

（1）保持经济以适当的速度增长，提高经济发展质量。研究结果表明，经济发展速度的快慢与实现碳峰值目标的难易程度成反比，经济发展越快，中国越不容易实现碳峰值目标。因此，为了同时实现2030年碳排放总量达峰，适当地控制经济发展速度，提高经济增长质量已成为必要。当前，随着中国经济步入新常态，发展方式由规模速度型增长转向质量效率型集约增长，各类能源品种之间应注重统筹发展，提高一次能源转化为二次能源过程中的效率，创新能源发展模式，从而促进经济发展方式向绿色低碳转型。

（2）强化政策导向，完善市场机制在低碳转型方面的作用。分析可知，中国政府的能源政策对一次能源消费结构的走向起着重要的引导作用。因此，要不断完善能源方面的政策法规，使得政策在能源引导、能源保障和能源使用方面发挥重要作用，并以此对能源的消费结构进行调整和优化。全面贯彻实施能源体制改革，实现电力、油气行业的改革创新，规范能源价格市场，同时结合中国目前在能源方面的实际发展状况，对今后能源的发展规划进行不断的充实和完善，循序渐进地完成能源消费结构的优化任务。此外，要稳步推进全国碳排放交易市场的建设，完善相关法律法规、健全管理制度，逐步建成覆盖面广、规则明确的碳排放交易体制，用市场手段实现由能源消耗造成的碳排放外部成本内部化，提升经济发展方式向低碳转型的内部动力。

（3）控制能源消费总量，保持煤炭消费占比下降趋势。作为能源消耗大国，要实现碳排放达峰目标，从根源上控制能源消费总量，减少煤炭、石油等化石能源的消费是关键举措。首先，制定全国能源消费总量的控制目标，根据各省份的经济发展水平和产业结构，按照公平原则和区域发展战略，将能源消费的控制目标分配到各省份。完善和细化节能减排目标责任评价考核办法，对各级政府和企业进行逐级监督，督促各省份完成既定的节能减排目标。长期以来，中国能源结构存在煤炭消费占比过高问题。根据本章的研究结果，未来煤炭消费占比将逐渐降低，要降低碳强度，实现碳排放达峰目标，必须进一步努力保持煤炭消费比例下降的趋势，逐步淘汰煤炭过剩产能，提高煤炭清洁利用水平。

（4）加大对新能源技术研发的投入，提高非化石能源在能源结构中的消费占比。针对中国能源消费现状，优化能源结构的主要途径为非化石能源对化石能源进行替代。在能源消费品种替代过程中，由于中国新能源稀缺，生产技术落后，导致新能源的价格昂贵。因此，只有加大对新能源领域的研发投入，提高此类产业的技术水平，降低新能源成本，才能够大力推广使用新能源。对清洁能源行业积极引进国外先进技术，参照国际经验，大力发展核电、生物质能、地热能和海洋能产业，形成多元的能源供应体系，通过生物质成型燃料对石油的替代，地热能对煤炭的替代等，实现能源可持续发展。

第二节　全球层面国际比较篇的主要结论与建议

一、主要结论

1. 就"基础四国"减排目标的力度评估来看

（1）"基础四国"的历史碳排放存在不公平现象，但是随着时间的推移，"基础四国"的碳排放不公平性越来越小。基于人口指标的"基础四国"历史碳排放不公平程度大于基于 GDP 指标的不公平程度。优化分配后的"基础四国"历史碳排放公平性有显著提升。

（2）南非和中国存在历史碳排放赤字，两国碳排放赤字分别为2544848 千吨碳和4838028.46 千吨碳。1900～2009 年，"基础四国"的人均碳排放量和碳排放强度都是逐年增加。印度与巴西则存在碳排放剩余，碳排放剩余分别为5147293.72 千吨碳和2235586 千吨碳。

（3）"基础四国"2010～2030 年碳排放权分配中，中国的碳排放权最多，南非的碳排放权最少。中国拥有39900285.77 千吨碳的碳排放权。印度由于人口所占比例大，拥有18784886.86 千吨碳的碳排放权。巴西的未来碳排放权为6995136.85 千吨碳。南非的未来碳排放权为351074.81 千吨碳。

（4）对同一个国家来说，基于人口指标和基于 GDP 指标得到的历史碳排放赤字或剩余差别较大。从人口指标方面来看，中国历史碳排放赤字为 8.0%；南非历史碳排放赤字达到 7.2%；印度的历史碳排放剩余为 20.5%；巴西历史碳排放剩余为 0.2%。从 GDP 指标上来看，中国的历史碳排放赤字为 8.2%；南非历史碳排放赤字达到 5.6%；印度历史碳排放剩余为 11.3%；巴西历史碳排放剩余为 8.0%。

（5）总体来看，"基础四国" INDC 目标排放量距离实现 2℃温控目标仍有 20488.3（百万吨）的差距，占"基础四国" 2010～2030 年碳排放权配额的 31.0%。在"基础四国" INDC 目标力度对比中，巴西和印度能完成 2℃目标要求的碳排放任务，中国与南非距离实现 2℃目标碳排放任务尚有差距。

2. 就 35 个发达国家和发展中国家自主贡献减排目标来看

（1）对所考察的发达国家与发展中国家碳排放变化量贡献均较为突出的驱动因素为研发效率、研发强度和投资强度，能源消费结构和人口规模对发达国家和发展中国家的历年碳排放贡献率均较低。

（2）蒙特卡洛模拟结果和情景分析结果表明，在基准情景中，仅有少数国家可以达成 INDC 目标年的减排目标，这些国家分别是马来西亚、巴基斯坦、以色列、乌兹别克斯坦、希腊、西班牙和新加坡；在优化情景下，新兴经济体中可以达成 INDC 减排目标的国家有中国、俄罗斯、南非、墨西哥、波兰、马来西亚、泰国和土耳其，其他发展中国家可以达成 INDC 减排目标的国家除巴基斯坦和乌兹别克斯坦外还有乌克兰和哈萨克斯坦，发达国家成员国里可以达成目标年碳减排目标的国家除了丹麦和德国不能达成减排目标外其余国家均可以达成减排目标；强化情景下，发展中国家新增的可以达成减排目标的国家有巴西、阿根廷、土耳其、韩国和伊朗。

二、政策建议

1. 从"基础四国"减排目标力度评估方面来看

（1）由于不同国家在经济发展水平、城市化水平、产业结构甚至地理位置等方面的异质性，碳排放强度影响因素的影响是不同的。因此，不同国家的政府在降低碳排放强度方面无法遵循"一刀切"的政策，一个国家的政策制定者可以根据其影响因素选择合适的战略，并可以与其他国家合作，以减少碳排放强度。

（2）本书发现总人口是整个碳排放强度的第二重要因素，虽然它只是三个国家的主要因素。政府阻止人口数量并不容易，人口数量对碳排放负责并不总是问题。人类无意识和不谨慎的活动是造成环境恶化的主要原因。因此，它要求政策制定者制定计划，鼓励人们在开展经济活动和可持续利用资源时提高对保护环境的认识和做出更加明智的决策。

（3）碳排放强度的主要因素是工业化的国家，因此，通过缩小第二产业来扩大第三产业可能有助于抑制排放，政策制定者需要强调绿色产业，绿色产品甚至是绿色消费，而不是仅强调产业结构调整。

（4）对于"基础四国"来说，保持各国经济持续增长下实现碳减排，优化各国的能源结构。巴西应尽快实现减少森林砍伐的目标，重点发展新能源。对南非而言，应尽快扭转其高碳能源结构，摆脱对化石能源的经济依赖，实现尽快减少碳排放。印度需要提高能源效率，为所有行业提出低碳发展战略。中国必须加快调整能源和产业结构，提高效率，发展可再生能源和提高能源的进程。

（5）为了实现各国碳减排的目标，各国政府不仅要统筹大局，还要全面完善和实施新能源和可再生能源的发展规划。二氧化碳减排目标将逐步分解到各省和城市。各国还应加大科研投入，提高能源效率，降低碳排放强度，同时保持 GDP 的增长。

2. 就 35 个发达国家和发展中国家减排目标评估角度来看

（1）发达国家与发展中国家在自然地理条件、资源禀赋、能源和经济发展程度等方面存在的差异，使得各国在应对气候变化方面具有很好的互补性，在面对全球气候变暖问题时，应加强合作以促进各国气候变化的技术进步，提升应对气候变化的能力。

（2）对于发展中国家来说，未来必须要改善粗放型经济增长模式。政府应降低高能耗重污染产业投资比重、有效抑制其投资过快增长、加强对固定资产投资的宏观调控，改善固定资产投资结构，进而提高绿色投资效率在保持各国经济持续增长前提下实现碳减排。

（3）对于发达国家而言，凭借其本身具有较高的知识储备、过程技术水平和较高的自主研发能力，能在更短时间内掌握研发低碳技术，促进低碳排放；而发展中国家受制于较低的知识储备和自主研发能力，对新技术的学习周期较长，因此发展中国家应加大技术的研发投入，更高效地引进发达国家的先进技术，同时提高知识储备和学习能力，以更高效地促进减排。

第三节　地区层面实践路径篇的主要结论与建议

一、主要结论

1. 就一线城市碳排放达峰评估来看

（1）人口、人均 GDP 和能源强度对城市碳排放的效应均为正。人口效应最大，其次是能源强度效应，人均 GDP 效应最小。

（2）能源强度对二氧化碳排放的影响呈阶段性变化特征。低于404.1960 千克的能源强度水平（万元能耗）对二氧化碳排放的正效应要比能源强度高于 404.1960 千克时对二氧化碳排放的正效应小。

（3）六个城市在能源强度变化率不同，碳排放达峰的时间也会明显不同。北京、重庆、上海和天津在高能源强度下降率的情景下，已经达峰；而广州和深圳并不能完全保证会在 2030 年前达峰。如果能源强度以中速率下降，只有北京的碳排放量已经达峰；其他五个城市不能保证一定能在2030 年前达峰。如果能源强度以低速率下降，除了天津可能达峰外，北京、重庆、广州、深圳和上海均不能在 2030 年前达峰。

（4）控制人口增长和经济发展的同时，将重点放在通过技术进步带来的能源强度快速下降是城市碳排放尽快达峰的有效途径。

2. 就重点省份的评估来看

（1）省份差异：根据各省份的实际情况所设计的各模式，辽宁省、吉林省七种模式下在 2050 年之前均可以达峰，黑龙江省除高模式及高中模式外均可以在 2050 年达峰。在同样的模式下，辽宁省同吉林省的达峰时间基本相同，但辽宁省的达峰量要远高于吉林省，黑龙江省的达峰时间在相同的模式下相对其他两省要晚一点，且峰值较大。

（2）变量差异：对于同一省份，不同模式的达峰时间有所差异，通过改变人口、能源结构等变量建立低中模式、高中模式、中低模式及中高模式，可以看出人口规模是影响碳排放达峰时间的至关因素，能源结构是影响碳排放达峰量的重要因素。

（3）经济发展的同时保持合理的人口规模及能源结构，东北三省达峰时间预计在 2025～2045 年间。若经济发展的同时不重视人口规模的相应控制，则会影响碳排放达峰的时间；在保持合理的人口规模下，若不控制煤炭消费的比重则会影响碳排放达峰的总量，后续的治理难度将进一步增大。总体上应尽快拉动辽宁省、吉林省早日达峰，并带动黑龙江省尽快达峰。

二、政策建议

1. 就一线城市碳达峰的角度来看

（1）严格控制人口增速，能源结构持续优化。一线城市的常住人口数一直居高不下，人民生活所需要的能源消费数量庞大。但目前一线城市的能源消费结构还不是很合理，与发达国家相比，仍有较大差距。本书研究发现人口对城市碳排放的正效应依然是最大的，但一线城市只要严格控制好人口增速，加强提倡绿色生活，提高天然气、风能、太阳能等清洁能源的消费比重，优化能源结构，一线城市碳排放目标就能实现。

（2）注重技术进步，降低城市的单位 GDP 能耗。本书的研究结果表明，能源强度对二氧化碳排放的影响呈阶段性变化特征，高能源强度水平的碳排放正效应要大于低能源强度水平的碳排放正效应。能源强度的降低需要依靠技术的发展。技术的进步可以开发出种类更多、利用效率更高的清洁能源，在很大程度上降低城市的单位 GDP 能耗。促使技术发展的方法有很多，例如引进国内外优秀的技术研究人员，注重清洁能源开发方面的人才培养等。

（3）根据各自城市碳达峰目标制定适合本城市的碳达峰政策。本书根据北京、上海、广州、深圳、天津和重庆六个城市各自的发展现状和"十三五"规划进行适合本城市的情景预测，发现六个一线城市在不同情景下的达峰情况不同。相关政府部门可以根据本城市设定的达峰目标，并结合情景预测结果，研究和制定控制碳排放驱动因素（人口、人均 GDP 和能源强度）变化率的相关政策，从而完成碳排放达峰目标。

2. 就重点省区碳达峰的角度来看

（1）了解碳排放地区差异，加强区域合作及生态补偿。要实现中国 2030 年碳排放达峰的目标，需要中国各省区市的共同努力，加强区域合作，从整体上实现目标。从全国而言，对于经济发展较好的地区应不断寻求适应经济发展的环境方案，早一步实现碳排放达峰。而对于经济不发达的地区，应结合其具体的情况，比如对于东北等资源密集区，应不断追求技术创新，提高能源的使用效率；对于西北等资源匮乏区，应在提高经济发展的同时加强生态补偿机制。从东北三省而言，由东北三省情景模拟的结果可以看出，东北三省在碳排放达峰上也存在一定的差异，黑龙江省达峰时间及达峰量都较其他两省不理想，因此东北三省内部应加强区域合作。首先促进辽宁、吉林尽早达峰，紧接着共同带动黑龙江省经济的发展，并提高其技术创新，推进清洁能源的使用，推动黑龙江尽快达峰。

（2）把握碳排放达峰时间及峰值，合理减排。人口因素作为影响东北三省碳排放达峰的至关因素，应着重注意人口规模的控制。东北三省人口及老龄化率受地域因素的影响，变动较大，近年来，"二孩"政策全面实施，对于东北三省而言，既是机遇又是挑战，东北三省应合理控制人口规模，适应环境发展。东北三省作为老工业基地，发展低碳经济是今后的重点任务。保持可持续发展的绿色生态理念，以能源的清洁开发及高效利用为发展目标，不断追求技术创新、制度创新、产业结构升级等。目前东北三省为推进低碳发展也实施了许多政策办法，新能源汽车的大量投入，地铁、轻轨等公共交通工具的不断发展，对东北三省交通尾气造成的温室气体排放有了一定的控制。自 2017 年全国碳排放交易市场启动以来，东北三省也积极响应号召，2018 年，辽宁省积极推进碳排放权交易，结合辽宁省实际情况，以沈阳市为试点，不断摸索碳排放权交易机制。但是，目前中国正处于碳排放交易市场的初级阶段，全国碳排放市场顶层制度尚未出台，各项建设急需完善。因此，无论是对于全国还是东北三省而言，应不断完善碳排放交易市场，促进合理减排。

（3）追求碳排放早日达峰的同时，应关注达峰量的相应变动。能源结构作为影响碳排放量的重要因素，东北三省应提起重视。但是，对于东北三省而言，工业及农业发展是其发展的基础，其能源结构上通过大幅度减少煤炭或石油等能源的使用不是一种长期可行的办法，最好的方法就是通过技术改革，提高能源的清洁开发及高效利用，以此来调整能源结构，控制碳排放总量。

3. 制定人口总量控制或增长推动、优化产业结构、支持开发和使用清洁能源等政策或措施，积极响应国家政策

各地区应该因人口压力的大小而制定相应的控制或增长人口总量政策，比如北京需要制定控制常住人口的政策、青岛需要制定落户政策吸引高技术人才。为支持研究机构积极开发清洁能源并鼓励企业和个人居民使用清洁能源，各地区应加大碳减排技术的投入，向使用清洁能源的企业和居民提供优惠政策。各省份还应该积极响应优化产业结构的国家政策，推动第三产业发展，支持高新技术行业创新创业，构建科技创新激励平台。

4. 发挥地区优势，制定适合自己发展的低碳措施

由于特定地区有天然优势，风能、水能、地热能等可再生能源丰富，这些地区需要因地制宜，利用天然的可再生能源，建设各种类型的发电设

施，比如三峡水力发电站，代替化石能源，减少二氧化碳排放。

5. 保持经济稳步增长，转变经济增长方式

在许多实证研究中认为经济总量（如 GDP）增长速度过快，也会促进碳排放量增长，故经济比较发达的地区不能盲目地追求速度，经济发展应该由高速向中高速转变。在产业结构升级的趋势下，各地区需要寻找新型经济增长点，转变经济增长方式，为国民生产总值增长贡献一份力。

第四节　行业层面实践路径篇的主要结论与建议

一、主要结论

第一，就工业层面的评估来看。（1）中国整体工业能够在 2030 年实现碳排放达峰，其中低碳模式是中国工业首选的发展模式，达峰时间最早，同时峰值也最低。（2）能源利用效率等代表行业减排技术水平的因素对工业碳达峰有着较强的积极影响。（3）工业细分行业在碳排放达峰时间上有所差别，能够较早实现碳达峰的是建材制造业和纺织制造业，而较晚实现碳达峰的是采矿业、钢铁制造业和石油制造业。（4）石油制造业、电力行业和钢铁制造业是减排潜力最高的行业，尤其是石油制造业的减排潜力指数远远超过其他行业，采矿业、建材制造业和化工制造业的减排潜力比较靠后，剩下其他三个行业的减排潜力相对较低，不适合对其下达过多的达峰任务和减排要求。（5）各行业在减排效率性和公平性上存在差异，由此工业内部九个细分行业被划分为四个类别——"高效高公平行业""高效不公平行业""低效高公平行业""低效不公平行业"，针对不同类别的行业，国家应将减排重点放在不同方向。

第二，就电力部门的评估来看。（1）根据 GDIM 模型对八大区域的逐年分解，可以看出各区域影响因素的驱动作用有相同但也存在不同。GDP、产出规模是主要的促增因素，GDP 的电力部门碳强度和产出碳强度是主要的促减因素。南部沿海、黄河中游和西南地区的电力部门碳排放表现要好于其他地区，东北地区、北部沿海、东部沿海、长江中游和大西北地区的电力部门的二氧化碳排放总量几乎是逐年增加的，南部沿海、黄河中游和西南地区的电力部门的碳排放均于 2013 年呈现递减趋势。（2）根据 GDIM-D 模型对八大区域电力部门的碳排放和经济增长的脱钩关系的研究发现，2013 年以后，南部沿海、黄河中游和西南地区的电力部门的碳

排放和经济增长已经脱钩并且达到峰值，而其他五个地区还没有脱钩且电力部门的碳排放也没有达到峰值。（3）预测东北地区、北部沿海、东部沿海、长江中游和大西北地区 2030 年电力部门的碳排放峰值分别是 37634.92 万吨、97654.07 万吨、77482.52 万吨、54704.86 万吨和 46101.00 万吨。通过对东北地区、北部沿海、东部沿海、长江中游和大西北的碳排放和脱钩指数的预测以及历史值和预测值的比较，发现除东北地区外，其他四个地区要想在 2030 年实现碳排放达峰的目标还存在很大的减排压力。

第三，就交通运输业的评估来看。（1）投资规模是影响铁路运输、公路运输、航空运输及管道运输碳排放量的首要因素；运输规模是影响水路运输的碳排放量的首要因素。在同一时间段内，对于不同种类的运输方式，各影响因素的促增效应或促降效应不是完全相同的。如就 2013～2016 年内的能源消费碳强度而言，是公路运输最主要的促增因素，但对铁路运输、航空运输及管道运输来说却有较小程度的促降效应。对于同一种运输方式而言，不同时间段内同一影响因素的影响方向不同，即不同时间段内相同影响因素所起的促增效应与促降效应不同。以铁路运输为例，运输碳强度与投资碳强度在 2005～2008 年、2013～2016 年均起促降效应，在 2009～2012 年起促增效应。（2）不同的情景下，五种交通运输方式的碳排放量的潜在变化率存在明显差异。基准情景下，五种运输方式的碳排放量将会继续上升，截至 2030 年，公路运输的碳排放量较 2016 年碳排放量翻一番，航空运输与管道运输的碳排放量较 2016 年甚至会翻两番。除基准情景外，2017～2030 年五种运输方式的碳排放量都是逐渐下降的，均能够实现 2030 年交通业达峰的目标，但相比较而言，技术突破情景下五种运输方式碳排放量的年均下降水平较高，碳减排效果较好。

第四，就建筑业的评估来看。（1）在经济规模因素方面，GDP 对于中国建筑业碳排放量影响的累计贡献率最高；劳动生产率对碳排放变化的贡献率始终为负值，其对建筑业碳排放起到抑制作用；产出碳强度作为中国节能减排的硬性指标，其在 2001～2017 年也始终呈负效应。在能源消耗因素方面，能源消耗量对碳排放的贡献率始终为正，且持逐年递增的态势；而能源消耗强度和能源消耗碳强度在 2001～2017 年的贡献率是先正后负，说明这两个指标对未来碳排放具有很大的减排潜力。在劳动人口规模因素方面，建筑业劳动人口总量的贡献率为正值，累计呈现拉动作用。（2）只有技术突破情景能提前实现建筑业 2030 年碳达峰承诺。基准情境下，2045 年中国建筑业将会实现碳达峰；低碳节能情景下，建筑业碳达峰时间的拐点正好出现在 2030 年；而技术突破情景下，建筑业碳达峰时间最早，为 2020 年达峰，且峰值最低。因而，只有技术突破情景能提前实现 2030 年碳达峰承诺。

二、政策建议

第一，就工业部门的评估角度来看。（1）开发低碳能源，加快调整能源消费结构。目前中国工业领域最常使用的能源就是"煤炭"，实现能源结构的清洁化是中国工业完成达峰目标的关键步骤。通过天然气、风能、太阳能等清洁能源的使用，驱动工业能源消费结构向低碳化方向发展。加快建设清洁能源的基础设施，适当扩大煤炭等化石能源的资源税征收范围，提高资源税的收费标准，从而降低中国工业对化石能源的依赖程度，完善煤炭等化石能源的成本制度（如将在使用能源过程中带来的环境治理成本加入能源的使用成本中），建立完善的环境保护税收制度，从而提升可再生能源在市场价格中的竞争力。（2）采取分行业、分阶段的达峰战略，加强行业间统筹协作。中国工业内部的分行业由于发展阶段不同，在碳排放达峰情景上也有所差别，某些行业（如建材制造业、纺织制造业）相比其他行业更有能力和条件较早实现达峰，国家应该最先在这些行业实施达峰管理，使其率先达峰，然后加强行业间的统筹协作，让先达峰的行业带动未达峰的行业逐步实现碳排放达峰，从而采取"逐步推进、互帮互助"的方式使各行业陆续达峰。（3）依据各行业的减排潜力制定相应的达峰战略。首先，在制定减排方案时把培养重点放在那些减排潜力较大的行业上，对于减排潜力较小的行业应该适当降低减排要求。其次，各行业由于行业性质的不同会表现出不同方面的减排潜力，即在减排的公平性和效率性上出现差异，应针对不同潜力的行业制定不同的减排方案，从而使中国工业在一个科学、高效的环境下逐步完成碳排放达峰的终极目标。

第二，就电力部门的评估来看。（1）优化能源结构，改善发电结构，大力发展清洁能源。黄河中游和西南地区可以继续扩大其水电装机，增大水电发电量，同时可以发展太阳能发电，减少火电量，而南部沿海则可以发挥其核电优势，减少火电装机。改善发电结构，减少燃煤发电，提高天然气的比重，发展新型清洁发电技术，尤其是北部沿海和大西北地区应该减少对火电的依赖。东北地区可以提高风电和太阳能的发电比重，北部沿海和东部沿海可以发展潮汐能发电等，长江中游则可以发展水力发电，而大西北可以凭借其光照优势，发展太阳能光伏发电。（2）积极推进技术改革，提高能源利用效率。加大对节能发电技术的资金投入，鼓励淘汰高耗能发电设备，及时关闭发电效率低的小型火电发电机组，重视超临界和超超临界等发电技术的研发和应用。同时促进第二产业的生产技术改进，促进生产线的更新换代，提高电力的使用效率。（3）制定相关节能政策，提高公众和企业的节电和节能减排意识。结合已有的相关法规政策，建立以低碳电力为核心的电力部门的法规和政策，制定适合各区域电力部门低碳发展的碳排放交易、碳税、环境税等政策。借助高校、社区协会等加强节能节电意识的宣传，举办节电宣传活动，让节能降耗成为公众和企业的共识和自觉行动，从而减少不必要的用电浪费。

第三，就交通运输业的评估来看。（1）优化交通运输结构，加快构建节能低碳的综合交通运输体系。遵照最优原则，充分发挥各交通运输方式的优势与组合效率，选择最适宜的运输方式，加大发展铁路及水运等低碳运输方式的力度。加快发展公交、地铁和轻轨等大容量公共交通，大力推崇自行车、步行等慢行交通，提高绿色出行的比例，积极开展"绿色交通都市"的示范工程，提升东北三省交通运输系统的低碳化水平。（2）提高运输效率，大力发展低碳能源。提高运输效率是减少能源使用量的基础，也是实现交通运输低碳发展的重要途径。例如，在铁路运输方面，合理规划铁路运行线路、座位与卧铺比例，选择适宜的高铁站点及中转站点，提高运输效率；在公路运输方面，大力发展直达运输，合理配置车型，在不超载的前提下提高运输车辆的实载率降低空载率；在水路运输方面，减少输送或装卸机械的空转时间，提高装卸生产效率。大力开发替代能源、可再生能源及清洁能源，加快交通运输用能的低碳转型。积极落实"气化交通"的发展战略，着力推广天然气车辆及船舶，大力推进铁路运输的电气化改造，深入开展港口装卸机械"油改电"的工作。政府出台相应的鼓励措施以推广气电与油电的混合型动力的汽车、纯电动或氢燃料等新能源汽车。从长远来看，应当加大对生物质燃料的研发投资，大力研究以生物质燃料代替航空煤油的技术。（3）加强低碳创新，提高东北三省交通运输的低碳能力。坚持创新驱动战略，加大低碳交通的科研投入，建立稳定适宜的财政性资金投入的机制，重点加强物联网等信息化较为重大的关键技术的研发及推广应用，提升科技创新对东北三省低碳运输发展的驱动力和支撑力。加强适用低碳技术的相关产品的研发与推广，如飞机、高铁、运输船舶、混合动力汽车、燃料电池汽车及电动汽车等运载工具。继续跟踪研究燃油消费税、碳税、资源环境税及能源资源价格改革；制定新能源运输工具的购置与使用等优惠政策，如新能源汽车享有优先行驶权、停车优先权及免费通行高速公路等。在加强低碳创新的基础上，加强低碳运输的基础能力建设。完善低碳运输的战略规划体系与相应低碳运输的法规标准体系，建立配套的规章制度体系。例如，建立健全的监测考核体系，监管重点企业的节能减排情况，建立东北三省交通运输业低碳发展的指标体系及相对应的考核办法和奖惩机制。

第四，就建筑业的评估来看。(1) 推进建筑节能与绿色建筑发展。低碳经济是中国可持续发展的必然选择。从建筑业目前形势来看，建筑业大而不强，经济发展方式仍属于粗放型经济增长模式，因此，要推动建筑业粗放式劳动密集型产业的转型，首先要转变经济发展模式，通过制度政策、技术创新等一系列措施保障经济和环境之间的平衡发展。本书研究发现，低碳节能情景下，建筑业碳达峰的拐点正好出现在 2030 年，所以，发展低碳经济与节能减排和寻求建筑业经济发展与碳排放之间的和谐是实现 2030 年碳达峰目标的必经之路，大力推进建筑节能对控制碳排放增长速率具有重要作用。同时，政府应当明确相关的绿色建筑标准，完善监督管理机制，严格监督有条件地区全面执行绿色建筑标准，确保新建的建筑真正达到节能要求。不断推进既有居住建筑的节能改造，持续完善的公共建筑节能管理体系，深入推进可再生能源建筑的应用实施。(2) 提高能源利用效率与建筑节能技术水平。本书研究发现，提高能源利用效率、降低能源强度是抑制建筑业碳排放量增长的重要方法。为了实现 2030 年碳达峰目标，从根本上降低碳排放的增长速度，提升建筑节能技术水平显得尤为关键。通过技术创新可以实现能源的高效利用，从根本上有效降低碳排放。提升技术水平首先应做到鼓励创新、支持创新，推广建筑节能技术，加强绿色建造技术、材料等的技术整合和关键技术研发支撑。针对不同种类建筑，推广相适应的先进建筑技术体制。政府应当重视对建筑技术研发的资金资源投入，支持产业现代化基础研究，并开展适用的技术应用试点示范。在法律上应当加大对知识产权的保护力度，并且政府可以给予一定的经济和名誉上的奖励来刺激鼓励创新。同时我国建筑业也可以借鉴引进国外的先进技术，取长补短。(3) 发展建筑业工人队伍。本书研究发现，劳动生产率对中国建筑业的碳排放起到抑制作用，此外，在情景预测结果中，只有技术突破情景能提前实现 2030 年碳达峰承诺，这些都表明提高建筑工人的劳动生产率对中国建筑业实现 2030 年碳达峰至关重要。当前，中国建筑业工人呈现出高龄化、文化程度低的特点，他们在上岗之前通常缺乏系统的技术培训和考核，这造成建筑工人技术水平低、技能素质不高的后果，直接影响建筑工程的质量与安全。因而，发展建筑产业工人队伍对中国建筑业实现经济高质量发展与 2030 年碳达峰起到间接性作用。为推动工人组织化和专业化，应改革建筑用工制度，鼓励建筑业企业培养技术工人，建立完善的中国建筑工人管理服务信息平台，从而构建统一的建筑工人职业身份登记管理系统。

第五，注重规模效应，重视利于碳减排的技术发展。规模效应是中国高耗能行业碳排放持续增长的主要因素，比技术效应更高。即使追求技术进步，不严格控制总量因素增长，会出现反弹效应，造成能源利用效率越高、碳排放量越大的情况。技术发展到某一阶段，对碳排放抑制效应还是有限的，需要更加注重开发碳减排技术。

第六，加强行业自律，完善行业的碳排放权交易机制。行业中的大中小企业需要主动引进低碳技术，减少化石能源的使用，推动绿色技术产业化发展，进而淘汰落后和低效产能的企业。设计适合中国各行业的碳排放权交易机制，活动参与者可以在交易中获得经济回报，环境压力也会得到有效缓解。

参 考 文 献

[1] 毕超. 中国能源 CO_2 排放峰值方案及政策建议 [J]. 中国人口·资源与环境, 2015 (5): 20 - 27.

[2] 柴麒敏, 田川, 高翔, 徐华清. 基础四国合作机制和低碳发展模式比较研究 [J]. 经济社会体制比较, 2015 (3): 106 - 114.

[3] 柴麒敏, 徐华清. 基于 IAMC 模型的中国碳排放峰值目标实现路径研究 [J]. 中国人口·资源与环境, 2015, 25 (6): 37 - 46.

[4] 陈文颖, 吴宗鑫, 何建坤. 全球未来碳排放权"两个趋同"的分配方法 [J]. 清华大学学报 (自然科学版), 2005 (6): 850 - 853, 857.

[5] 陈希孺. 基尼系数及其估计 [J]. 统计研究, 2004 (8): 58 - 60.

[6] 陈占明, 吴施美, 马文博, 刘晓曼, 蔡博峰, 刘婧文, 贾小平, 张明, 陈洋, 徐丽笑, 赵晶, 王思亓. 中国地级以上城市二氧化碳排放的影响因素分析: 基于扩展的 STIRPAT 模型 [J]. 中国人口·资源与环境, 2018, 28 (10): 45 - 54.

[7] 程路, 邢璐. 2030 年碳排放达到峰值对电力发展的要求及影响分析 [J]. 中国电力, 2016, 49 (1): 174 - 177.

[8] 迟春洁, 于渤, 张弛. 基于 LEAP 模型的中国未来能源发展前景研究 [J]. 技术经济与管理研究, 2004 (5): 73 - 74.

[9] 崔民选, 王军生. 中国能源发展报告 (2014) [M]. 北京: 社会科学文献出版社, 2014.

[10] 崔学勤, 王克, 傅莎, 邹骥. 2℃和1.5℃目标下全球碳预算及排放路径 [J]. 中国环境科学, 2017, 37 (11): 4353 - 4362.

[11] 崔学勤, 王克, 邹骥. 2℃和1.5℃目标对中国国家自主贡献和长期排放路径的影响 [J]. 中国人口·资源与环境, 2016, 26 (12): 1 - 7.

[12] 崔学勤, 王克, 邹骥. 美欧中印"国家自主贡献"目标的力度和公平性评估 [J]. 中国环境科学, 2016, 36 (12): 3831 - 3840.

[13] 邓吉祥, 刘晓, 王铮. 中国碳排放的区域差异及演变特征分析

与因素分解 [J]. 自然资源学报, 2014, 29 (2): 189-200.

[14] 邓小乐, 孙慧. 基于 STIRPAT 模型的西北五省区碳排放峰值预测研究 [J]. 生态经济, 2016, 32 (9): 36-41.

[15] 邓宣凯, 喻艳华, 刘艳芳. "十二五" 各省区 CO_2 排放控制及减排压力评价 [J]. 经济地理, 2014, 34 (5): 155-161.

[16] 丁晓萍, 王建伟. 基于能源消耗的综合运输结构优化 [J]. 长安大学学报: 社会科学版, 2011, 13 (2): 40-44.

[17] 丁仲礼, 段晓男, 葛全胜, 张志强. 2050 年大气 CO_2 浓度控制: 各国排放权计算 [J]. 中国科学 (D 辑: 地球科学), 2009, 39 (8): 1009-1027.

[18] 段福梅. 中国二氧化碳排放峰值的情景预测及达峰特征——基于粒子群优化算法的 BP 神经网络分析 [J]. 东北财经大学学报, 2018 (5): 19-27.

[19] 丰超, 黄健柏. 中国碳排放效率、减排潜力及实施路径分析 [J]. 山西财经大学学报, 2016 (4): 1-12.

[20] 冯宗宪, 王安静. 陕西省碳排放因素分解与碳峰值预测研究 [J]. 西南民族大学学报 (人文社科版), 2016, 37 (8): 112-119.

[21] 冯宗宪, 王安静. 中国区域碳峰值测度的思考和研究——基于全国和陕西省数据的分析 [J]. 西安交通大学学报 (社会科学版), 2016, 36 (4): 96-104.

[22] 高标, 许清涛, 李玉波, 等. 吉林省交通运输能源消费碳排放测算与驱动因子分析 [J]. 经济地理, 2013, 33 (9): 25-30.

[23] 顾阿伦, 何崇恺, 吕志强. 基于 LMDI 方法分析中国产业结构变动对碳排放的影响 [J]. 资源科学, 2016, 38 (10): 1861-1870.

[24] 顾高翔, 王铮. 后 INDC 时期全球 1.5℃ 合作减排方案 [J]. 地理学报, 2017, 72 (9): 1655-1668.

[25] 郭朝先. 中国工业碳减排潜力估算 [J]. 中国人口·资源与环境, 2014, 24 (9): 13-21.

[26] 郭承龙, 张智光. 长三角地区环境库兹涅茨曲线探讨——基于苏浙沪的分析 [J]. 科技管理研究, 2017, 37 (24): 227-233.

[27] 郭士伊. 气候变化新阶段下工业控制碳排放峰值管理 [J]. 中国科技投资, 2016 (7): 50-53.

[28] 国家发改委能源研究所. 《中国省级温室气体清单编制指南》 [EB/OL]. [2011-5].

［29］国家发展改革委. 可再生能源发展"十三五"规划［J］. 太阳能，2017（1）：78.

［30］国家统计局. 中国能源统计年鉴（2005－2017）［M］. 北京：中国统计出版社，2006－2018.

［31］国家统计局. 中国统计年鉴（2009－2017）［M］. 北京：中国统计出版社，2017.

［32］国涓，刘长信，孙平. 中国工业部门的碳排放：影响因素及减排潜力［J］. 资源科学，2011，33（9）：1630－1640.

［33］国务院发展研究中心. 中国中长期能源发展战略研究［M］. 北京：中国发展出版社，2013.

［34］国务院. 国务院办公厅印发《能源发展战略行动计划（2014－2020年）》［J］. 建设科技，2014，（22）：6.

［35］郝宇，张宗勇，廖华. 中国能源"新常态"："十三五"及2030年能源经济展望［J］. 北京理工大学学报（社会科学版），2016（2）：1－7.

［36］何建坤. CO_2 排放峰值分析：中国的减排目标与对策［J］. 中国人口·资源与环境，2013，23（12）：1－9.

［37］何建坤，陈文颖，王仲颖，等. 中国减缓气候变化评估［J］. 科学通报，2016，61（10）：1055－1062.

［38］何建坤. 中国的能源发展与应对气候变化［J］. 中国人口·资源与环境，2011（10）：40－48.

［39］贺菊煌，沈可挺，徐嵩龄. 碳税与二氧化碳减排的CGE模型［J］. 数量经济技术经济研究，2002（10）：39－47.

［40］黑龙江省统计局. 黑龙江省统计年鉴（2005－2017）［M］. 北京：中国统计出版社，2006－2018.

［41］胡广阔，李春梅，惠树鹏. 基于改进STRIPAT模型在碳排放强度预测中的应用［J］. 统计与决策，2016（3）：87－89.

［42］胡振，何晶晶，王玥. 基于IPAT-LMDI扩展模型的日本家庭碳排放因素分析及启示［J］. 资源科学，2018，40（9）：1831－1842.

［43］胡祖光. 基尼系数理论最佳值及其简易计算公式研究［J］. 经济研究，2004（9）：60－69.

［44］黄金碧，黄贤金. 江苏省城市碳排放核算及减排潜力分析［J］. 生态经济，2012，1（248）：49－53.

［45］吉林省统计局. 吉林省统计年鉴（2005－2017）［M］. 北京：

中国统计出版社，2006 – 2018.

[46] 纪建悦，姜兴坤. 我国建筑业碳排放预测研究 [J]. 中国海洋大学学报（社会科学版），2012（1）.

[47] 姜克隽，贺晨旻，庄幸，等. 我国能源活动 CO_2 排放在 2020—2022 年之间达到峰值情景和可行性研究 [J]. 气候变化研究进展，2016，12（3）：167 – 171.

[48] 蒋金荷. 中国碳排放量测算及影响因素分析 [J]. 资源科学，2011，33（4）：597 – 604.

[49] 李国志. 基于技术进步的中国低碳经济研究 [D]. 江苏，南京航空航天大学，2011.

[50] 李俊峰，柴麒敏，马翠梅，等. 中国应对气候变化政策和市场展望 [J]. 中国能源，2016，（1）：8 – 14，24.

[51] 李莉，王建军. 高耗能行业结构调整和能效提高对我国 CO_2 排放峰值的影响——基于 STIRPAT 模型的实证分析 [J]. 生态经济，2015，31（8）：74 – 79.

[52] 李侠祥，张学珍，王芳，张丽娟. 中国 2030 年碳排放达峰研究进展 [J]. 地理学科研究，2017（6）：26 – 34.

[53] 李艳梅，张雷，程晓凌. 中国碳排放变化的因素分解与减排途径分析 [J]. 资源科学，2010，32（2）：218 – 222.

[54] 辽宁省国民经济和社会发展第十三个五年规划纲要 [N]. 辽宁日报，2016 – 03 – 23.

[55] 辽宁省统计局. 宁省统计年鉴（2005 – 2017）[M]. 北京：中国统计出版社，2006 – 2018.

[56] 林伯强，蒋竺均. 中国二氧化碳的环境库兹涅茨曲线预测及影响因素分析 [J]. 管理世界，2009，187（4）：27 – 36.

[57] 林伯强，刘希颖. 中国城市化阶段的碳排放：影响因素和减排策略 [J]. 经济研究，2010，45（8）：66 – 78.

[58] 林洁，祁悦，蔡闻佳，王灿. 公平实现《巴黎协定》目标的碳减排贡献分担研究综述 [J]. 气候变化研究进展，2018，14（5）：529 – 539.

[59] 刘爱东，刘文静，曾辉祥. 行业碳排放的测算及影响因素分析——以 10 个国家对华反倾销涉案为例 [J]. 经济地理，2014，34（3）：127 – 135.

[60] 刘长松. 我国实现碳排放峰值目标的挑战与对策 [J]. 宏观经济管理，2015（9）：46 – 50.

[61] 刘朝，赵涛. 中国低碳经济影响因素分析与情景预测 [J]. 资

源科学，2011，35（5）：844-850.

[62] 刘俊伶，孙一赫，王克，等. 中国交通部门中长期低碳发展路径研究 [J]. 气候变化研究进展，2018，14（5）：513-521.

[63] 刘满芝，刘贤贤. 基于STIRPAT模型的中国城镇生活能源消费影响因素研究 [J]. 长江流域资源与环境，2017，26（8）：1111-1122.

[64] 刘强，田川，郑晓奇等. 中国电力行业碳减排相关政策评价 [J]. 资源科学，2017，39（12）：2368-2376.

[65] 刘晴川，李强，郑旭煦. 基于化石能源消耗的重庆市二氧化碳排放峰值预测 [J]. 环境科学学报，2016（3）：1-20.

[66] 刘贞，朱开伟，阎建明，等. 产业结构优化下电力行业碳减排潜力分析 [J]. 管理工程学报，2014（2）：86，87-92.

[67] 吕倩. 京津冀地区汽车运输碳排放影响因素研究 [J]. 中国环境科学，2018，38（10）：3689-3697.

[68] 马继珍. 石油企业节能减排的关键技术研究 [J]. 中国化工贸易，2015（21）：157.

[69] 马文军、卜伟、易倩著：《产业安全研究——理论、方法与实证》，中国社会科学出版。2018年.

[70] 潘霄，全成浩，沈方，宋颖巍，张明理. 辽宁省"十三五"能源发展趋势预测及需求分析 [J]. 中国能源，2015，37（9）：43-47.

[71] 潘勋章，王海林. 巴黎协定下主要国家自主减排力度评估和比较 [J]. 中国人口·资源与环境，2018，28（9）：8-15.

[72] 潘寻. 基于国家自主决定贡献的发展中国家应对气候变化资金需求研究 [J]. 气候变化研究进展，2016，12（5）：450-456.

[73] 彭慧芳，许学工. 部分国家碳减排方案及其基本依据 [J]. 中国人口·资源与环境，2005（5）：87-91.

[74] 彭水军，张文城. 国际碳减排合作公平性问题研究 [J]. 厦门大学学报（哲学社会科学版），2012（1）：109-117.

[75] 彭智敏，向念，夏克郁. 长江经济带地级城市金融发展与碳排放关系研究 [J]. 湖北社会科学，2018（11）：32-38.

[76] 邱俊永，钟定胜，俞俏翠，郭家祯，益心虹. 基于基尼系数法的全球 CO_2 排放公平性分析 [J]. 中国软科学，2011（4）：121.

[77] 渠慎宁，郭朝先. 基于STIRPAT模型的中国碳排放峰值预测研究 [J]. 中国人口·资源与环境，2010，20（12）：10-15.

[78] 全球碳项目. 全球碳项目发布《2017全球碳预算报告》2017年

全球碳排放强烈反弹 [EB/OL]. [2018 - 3 - 12].

[79] 人民网. 中美气候变化联合声明 [EB/OL]. [2014 - 11 - 15]. http: //politics. people. com. cn/n/2014/1115/c70731 - 26030589. html.

[80] 邵帅, 张曦, 赵兴荣. 中国制造业碳排放的经验分解与达峰路径——广义迪氏指数分解和动态情景分析 [J]. 中国工业经济, 2017 (3): 44 - 65.

[81] 沈明, 沈镭, 张艳, 等. 陕西省能源供给系统稳定性及其影响因素分析 [J]. 经济地理, 2015, 35 (7): 39 - 46.

[82] 世界自然基金会. 2013 年在华非化石能源企业碳排放强度排行榜报告 [EB/OL]. [2018 - 12 - 25].

[83] 孙振清, 唐娜, 邢春. 不同区域达峰时间差异下的企业合作策略探究 [J]. 生态经济, 2018, 34 (4): 50 - 54.

[84] 唐葆君, 李茹. 基于 LMDI 模型的北京市电力部门碳排放特征研究 [J]. 中国能源, 2016, 38 (3): 38 - 43.

[85] 唐建荣, 张白羽, 王育红. 基于 LMDI 的中国碳排放驱动因素研究 [J]. 统计与信息论坛, 2011, 26 (11): 19 - 25.

[86] 滕飞, 何建坤, 潘勋章, 张弛. 碳公平的测度: 基于人均历史累计排放的碳基尼系数 [J]. 气候变化研究进展, 2010, 6 (6): 449 - 455.

[87] 田平, 方晓波, 王飞儿, 朱瑶. 基于环境基尼系数最小化模型的水污染物总量分配优化——以张家港平原水网区为例 [J]. 中国环境科学, 2014, 34 (3): 801 - 809.

[88] 王海林, 何晓宜, 张希良. 中美两国 2020 年后减排目标比较 [J]. 中国人口·资源与环境, 2015, 25 (6): 23 - 29.

[89] 王慧慧, 刘恒辰, 何霄嘉, 曾维华. 基于代际公平的碳排放权分配研究 [J]. 中国环境科学, 2016, 36 (6): 1895 - 1904.

[90] 王金南, 蔡博峰, 严刚等. 排放强度承诺下的 CO_2 排放总量控制研究 [J]. 中国环境科学, 2010, 30 (11): 1568 - 1572.

[91] 王凯, 李泳萱, 易静, 等. 中国服务业增长与能源消费碳排放的耦合关系研究 [J]. 经济地理, 2013, 33 (12): 108 - 114.

[92] 王利宁, 陈文颖. 不同分配方案下各国碳排放额及公平性评价 [J]. 清华大学学报 (自然科学版), 2015, 55 (6): 672 - 677, 683.

[93] 王利宁, 杨雷, 陈文颖, 单葆国, 张成龙, 尹硕. 国家自主决定贡献的减排力度评价 [J]. 气候变化研究进展, 2018, 14 (6): 613 - 620.

[94] 王顺. 低碳目标约束下江苏省能源结构优化研究 [D]. 苏州:

苏州大学，2016.

[95] 王田，苏明山，徐华清. 基础四国温室气体排放及未来挑战 [J]. 中国能源，2014，36（10）：22-26.

[96] 王宪恩，王泳璇，段海燕. 区域能源消费碳排放峰值预测及可控性研究 [J]. 中国人口·资源与环境，2014（8）：9-16.

[97] 王翊，黄余. 公平与不确定性：全球碳排放分配的关键问题 [J]. 中国人口·资源与环境，2011，21（12）：271-275.

[98] 王泳璇. 城镇化与碳减排目标背景下能源—碳排放系统建模研究 [D]. 吉林：吉林大学，2016.

[99] 王勇，贾雯，毕莹. 效率视角下中国2030年二氧化碳排放峰值目标的省区分解——基于零和收益DEA模型的研究 [J]. 环境科学学报，2017，37（11）：4399-4408.

[100] 王泽宇，徐静，王焱熙. 中国海洋资源消耗强度因素分解与时空差异分析 [J]. 资源科学，2019，41（2）：301-312.

[101] 王真，邓梁春. 巴黎气候会议对全球长期目标的新发展 [J]. 气候变化研究进展，2016，12（2）：92-100.

[102] 王志轩. 我国能源消费碳排放峰值水平估计及影响分析 [J]. 中国电力企业管理，2014（23）：28-29.

[103] 网易新闻. 中科院预测：2016年固定资产投资增速大约为10%左右 [EB/OL].[2016-1-5].

[104] 吴静，王诗琪，王铮. 世界主要国家气候谈判立场演变历程及未来减排目标分析 [J]. 气候变化研究进展，2016，12（3）：202-216.

[105] 吴静，王铮，吴兵，等. 中国增汇型气候保护政策实施对经济的影响 [J]. 生态学报，2007，27（11）：4815-4823.

[106] 吴立军，田启波. 中国碳排放的时间趋势和地区差异研究——基于工业化过程中碳排放演进规律的视角 [J]. 山西财经大学学报，2016，38（1）：25-35.

[107] 吴青龙，王建明，郭丕斌. 开放STIRPAT模型的区域碳排放峰值研究——以能源生产区域山西省为例 [J]. 资源科学，2018，40（5）：1051-1062.

[108] 吴贤荣，张俊飚，程琳琳，等. 中国省域农业碳减排潜力及其空间关联特征——基于空间权重矩阵的空间Durbin模型 [J]. 中国人口·资源与环境，2015（6）：53-61.

[109] 吴贤荣，张俊飚，田云，等. 基于公平与效率双重视角的中国

农业碳减排潜力分析 [J]. 自然资源学报, 2015, 30 (7): 1172 - 1182.

[110] 肖伟华, 秦大庸, 李玮, 褚俊英. 基于基尼系数的湖泊流域分区水污染物总量分配 [J]. 环境科学学报, 2009, 29 (8): 1765 - 1771.

[111] 谢守红, 蔡海亚, 夏刚祥. 中国交通运输业碳排放的测算及影响因素 [J]. 干旱区资源与环境, 2016, 30 (5): 13 - 18.

[112] 邢丽敏. 中国交通能耗影响因素及节能减排潜力分析 [D]. 西安: 陕西师范大学, 2017.

[113] 熊俊. 基尼系数四种估算方法的比较与选择 [J]. 商业研究, 2003 (23): 123 - 125.

[114] 许士春, 习蓉, 何正霞. 中国能源消耗碳排放的影响因素分析及政策启示 [J]. 资源科学, 2012, 34 (1): 2 - 12.

[115] 严双伍, 高小升. 后哥本哈根气候谈判中的基础四国 [J]. 社会科学, 2011 (2): 13.

[116] 杨顺顺. 基于 LEAP 模型的长江经济带分区域碳排放核算及情景分析 [J]. 生态经济, 2017, 33 (9): 26 - 30.

[117] 杨秀, 付琳, 丁丁. 区域碳排放峰值测算若干问题思考: 以北京市为例 [J]. 中国人口·资源与环境, 2015, 25 (10): 39 - 44.

[118] 杨占红, 罗宏, 薛婕, 张保留. 中印两国碳排放形势及目标比较研究 [J]. 地球科学进展, 2016, 31 (7): 76773.

[119] 杨子晖. 经济增长、能源消费与二氧化碳排放的动态关系研究 [J]. 世界经济, 2011, 34 (6): 100 - 125.

[120] 叶玉瑶, 苏泳娴, 张虹鸥, 等. 基于部门结构调整的区域减碳目标情景模拟——以广东省为例 [J]. 经济地理, 2014, 34 (4): 159 - 165.

[121] 佚名. IPCC 收录的各种燃料 CO_2 排放系数 [EB/OL]. [2019 - 03 - 05].

[122] 佚名. 能源生产和消费革命战略 (2016 - 2030) [J]. 电器工业, 2017, 卷缺失 (5): 39 - 47.

[123] 余泳泽. 我国节能减排潜力、治理效率与实施路径研究 [J]. 中国工业经济, 2011 (5): 58 - 68.

[124] 喻洁, 达亚彬, 欧阳斌. 基于 LMDI 分解方法的中国交通运输行业碳排放变化分析 [J]. 中国公路学报, 2015, 28 (10): 112 - 119.

[125] 袁路, 潘家华. Kaya 恒等式的碳排放驱动因素分解及其政策含义的局限性 [J]. 气候变化研究进展, 2013, 9 (3): 210 - 215.

[126] 袁倩.《巴黎协定》与全球气候治理机制的转型 [J]. 国外理

论动态, 2017 (2): 58 - 66.

[127] 张爱美, 王梦楠. 中国碳减排的驱动因素及路径研究 [J]. 河北学刊, 2016, 36 (6): 214 - 218.

[128] 张兵兵, 徐康宁, 陈庭强. 技术进步对二氧化碳排放强度的影响研究 [J]. 资源科学, 2014, 36 (3): 567 - 576.

[129] 张建华. 一种简便易用的基尼系数计算方法 [J]. 山西农业大学学报 (社会科学版), 2007 (3): 275 - 278 + 283.

[130] 张建. 全球气候治理 INDC 制度发展及我国应对方略 [J]. 西南民族大学学报 (人文社科版), 2019, 40 (5): 88 - 95.

[131] 张立建. 基尼系数的快速算法 [J]. 中国统计, 2007 (12): 39 - 40.

[132] 张琳, 陈逸, 张群, 叶晓雯, 张燕. 基于基尼系数的耕地保有量分配优化模型 [J]. 经济地理, 2012, 32 (6): 132 - 137.

[133] 张希良, 欧训民, 张茜. 中国车用能源系统的可持续转型 [J]. 环境保护, 2012 (12): 21 - 24.

[134] 张永香, 黄磊, 周波涛, 徐影, 巢清尘. 1.5℃全球温控目标浅析 [J]. 气候变化研究进展, 2017, 13 (4): 299 - 305.

[135] 赵永, 王劲峰. 经济分析 CGE 模型与应用 [M]. 北京: 中国经济出版社, 2008: 93 - 99.

[136] 郑海涛, 胡杰, 王文涛. 中国地级城市碳减排目标实现时间测算 [J]. 中国人口·资源与环境, 2016, 26 (4): 48 - 54.

[137] 中共黑龙江省委关于制定黑龙江省国民经济和社会发展第十三个五年规划的建议 [N]. 黑龙江日报, 2015 - 11 - 30.

[138] 中共吉林省委关于制定吉林省国民经济和社会发展第十三个五年规划的建议 [J]. 新长征, 2016 (1): 6 - 17.

[139] 中国工程院项目组. 中国能源中长期 (2030、2050) 发展战略研究 [M]. 北京: 科学出版社, 2011.

[140] 中国国家统计局. 中国总人口 [EB/OL]. [2017 - 03 - 08].

[141] 中国网. "十二五"规划纲要 [EB/OL]. [2011 - 3 - 16].

[142] 中国政府网. 能源局发布《能源发展"十三五"规划》[EB/OL]. [2017 - 1 - 5].

[143] 中国政府网. "十三五"现代综合交通运输体系发展规划 [EB/OL]. [2017 - 3 - 1].

[144] 中华人民共和国交通部.《交通运输节能环保"十三五"规划》

[EB/OL]. [2016 –5 –31].

[145] 仲云云,仲伟周. 我国碳排放的区域差异及驱动因素分析——基于脱钩和三层完全分解模型的实证研究 [J]. 财经研究, 2012, 38 (02): 123 –133.

[146] 周伟,米红. 中国碳排放:国际比较与减排战略 [J]. 资源科学, 2010, 32 (8): 1570 –1577.

[147] 朱勤,彭希哲,陆志明,等. 中国能源消费碳排放变化的因素分解及实证分析 [J]. 资源科学, 2009, 31 (12): 2072 –2079.

[148] 朱守先. 基础四国应对气候变化基础条件比较 [J]. 开放导报, 2013 (6): 52 –55.

[149] 朱永彬,王铮,庞丽等. 基于经济模拟的中国能源消费与碳排放高峰预测 [J]. 地理学报, 2009, 64 (8): 935 –944.

[150] 朱宇恩,李丽芬,贺思思等. 基于 IPAT 模型和情景分析法的山西省碳排放峰值年预测 [J]. 资源科学, 2016, 38 (12): 2316 –2325.

[151] 祖国海,马向春,杨玲玲. 基于 Divisia 指数分解法的电能消费碳排放情景分析 [J]. 水电能源科学, 2010, 11: 166 –168.

[152] Albrecht J. , Delphine François, Schoors K. A Shapley Decomposition of Carbon Emissions Without Residuals [J]. Energy Policy, 2002, 30 (9): 727 –736.

[153] Alexander Vaninsky. Factorial decomposition of CO_2 emissions: A generalized Divisiaindex approach [J]. Energy Economics 2014 (45): 389 – 400.

[154] Alves, Robaina M. , Moutinho et al. Decomposition analysis and Innovative Accounting Approach for energy-related CO_2 (carbon dioxide) emissions intensity over 1996 – 2009 in Portugal [J]. Energy, 2013, 57 (3): 775 –787.

[155] Ang B. W. , Choi K H. Decomposition of Aggregate Energy and Gas Emission Intensities for Industry: A Refined Divisia Index Method [J]. Energy Journal, 1997, 18 (3): 59 –73.

[156] António Cardoso Marques, José Alberto Fuinhas, Patrícia Alexandra Leal. The impact of economic growth on CO_2 emissions in Australia: the environmental Kuznets curve and the decoupling index [J]. Environmental Science and Pollution Research. 2018, 25 (27): 27283 –27296.

[157] APPC. 城市达峰指导手册 [EB/OL]. http://www. tanjiaoyi.

com/article - 21103 - 1. html, 2019 - 03 - 05.

[158] Arne Jacobson, Anita D. Milman, Daniel M. Kammen. Letting the (energy) Gini out of the bottle: Lorenz curves of cumulative electricity consumption and Gini coefficients as metrics of energy distribution and equity [J]. Energy Policy, 2004, 33 (14).

[159] Baer P. The greenhouse development rights framework for global burden sharing: reflection on principles and prospects [J]. Wiley Interdisciplinary Reviews: Climate Change, 2013, 4 (1): 61 – 71.

[160] Baojun Tang, Ru Li, Biying Yu, Runying An, Yi-Ming Wei. How to peak carbon emissions in China's power sector: A regionalperspective [J]. Energy Policy, 2018 (120): 365 – 381.

[161] Bernauer T. , Gampfer R. , Meng T. , et al. Could More Civil Society Involvement Increase Public Support for Climate Policy-making? Evidence From a Survey Experiment in China [J]. Global Environmental Change, 2016 (40): 1 – 12.

[162] Betül Özer, Erdem Görgün, Selahattin_Incecik. The scenario analysis on CO_2 emission mitigation potential in the Turkish electricity sector: 2006 – 2030 [J]. Energy 2013 (49): 395 – 403.

[163] Brecha RJ. Emission Scenarios in the Face of Fossil-fuel Peaking [J]. Energy Policy, 2008, 36 (9): 3492 – 3504.

[164] B. W. Ang, The LMDI approach to decomposition analysis: a practical guide [J]. Energy Policy, 2005, 33 (7): 867 – 871.

[165] B. W. Ang, Tian Goh. Carbon intensity of electricity in ASEAN: Drivers, performance and outlook [J]. Energy Policy, 2016 (98): 170 – 179.

[166] Cansino, José M. , Sánchez-Braza, Antonio, Rodríguez-Arévalo, María L. Driving forces of Spain's CO_2 emissions: A LMDI decomposition approach [J]. Renewable and Sustainable Energy Reviews, 2015 (48): 749 – 759.

[167] Cantore N. , Padilla E. Equality and CO_2 emissions distribution in climate change integrated assessment modeling [J]. Energy, 2010 (35): 298 – 313.

[168] C. B. Wu, G. H. Huang, B. G. Xin, J. K. Chen. Scenario analysis of carbon emissions' anti-driving effect on Qingdao's energy structure adjustment with an optimization model, Part I : Carbon emissions peak value predic-

tion [J]. Journal of Cleaner Production, 2018 (172): 466 – 474.

[169] CDIAC. Global, Regional, and National Fossil Fuel CO_2 Emissions [EB/OL]. http://cdiac.ornl.gov.

[170] Chengchu Yan, Wenjie Gang, Xiaofeng Niu, Xujian Peng, Shengwei Wang. Quantitative evaluation of the impact of building load characteristics on energy performance of district cooling systems [J]. Applied Energy, 2017.

[171] Chen S. and A. U. Santos—Paulino. Energy Consumption Restricted Productivity Re-estimates and Industrial Sustainability Analysis in Postreform China [J]. Energy Policy, 2013 (57): 52 – 60.

[172] Cong Dong, Xiucheng Dong, Qingzhe Jiang, Kangyin Dong, Guixian Liu, What is the probability of achieving the carbon dioxide emission targets of the Paris Agreement? Evidence from the top ten emitters [J]. Science of The Total Environment, 2018: 1294 – 1303.

[173] D. Diakoulaki, M. Mandaraka. Decomposition analysis for assessing the progress indecoupling industrial growth from CO_2 emissions in the EU manufacturing sector [J]. Energy Economics, 2007 (29): 636 – 664.

[174] Dong F. , Wang Y. , Su B. , et al. The process of peak CO_2 emissions in developed economies: A perspective of industrialization and urbanization [J]. Resources, Conservation & Recycling. 2019 (141): 61 – 75.

[175] Duan H. , Zhang G. , Zhu L. , et al. How Will Diffusion of PVAs Solar Contribute to China's Emissions-peaking and Climate Responses? [J]. Renewable and Sustainable Energy Reviews, 2016 (53): 1076 – 1085.

[176] European Union (EU) Council Community Strategy on Climate Change—Council Conclusions. CFSP Presidency Statement. Luxem-bourg Press: 188Nr: 8518/96, 1996 – 06 – 25 [EB/OL]. http://www.consilium.europa.eu/uedocs/cms_data/docs/pressdata/en/envir/011a0006.htm.

[177] Feng Dong, Ying Wang, Bin Su, Yifei Hua, Yuanqing Zhang. The process of peak CO_2 emissions in developed economies: A perspective of industrialization and urbanization [J]. Resources, Conservation and Recycling, Volume 141, 2019: 61 – 75.

[178] GGDC. Historical Statistics of the World Economy: 1 – 2006AD [EB/OL]. www.ggdc.net/.

[179] Global Carbon Project. CO_2 EMISSIONS [EB/OL]. http://www.globalcarbonproject.org/.

[180] G. Pleβmann, P. Blechinger. How to meet EU GHG emission reduction targets? A model based decarbonization pathway for Europe's electricity supplysystem until 2050 [J]. Energy Strategy Reviews, 2017 (15): 19 – 32.

[181] Guofeng Wang, Chengliang Wu, Jingyu Wang, Jiancheng Chen, Zhihui Li. Scenario analysis of CO_2 emissions from China's electric power industry [J]. Journal of Cleaner Production 2018 (203): 708 – 717.

[182] Guo Wenbo, Chen Yan. Assessing the efficiency of China's environmental regulation on carbon emissions based on Tapio decoupling models and GMM models. Energy Reports 2018 (4): 713 – 723.

[183] Gupta S. , Bhandari PM. An effective allocation criterion for CO_2 emissions [J]. Energy Policy, 1999: 27 (12): 727 – 736.

[184] Haibin Han, Zhangqi Zhong, Yu Guo, Feng Xi, Shuangliang Liu. Coupling and decoupling effects of agricultural carbon emissionsin China and their driving factors [J]. Environmental Science and Pollution Research, 2018, 25 (15): 25280 – 25293.

[185] Haitao Ma, Wei Sun, Shaojian Wang, Lei Kang. Resources, Conservation & Recycling, Structural contribution and scenario simulation of highway passenger transit carbon emissions in the Beijing-Tianjin-Hebei metropolitan region, China [J]. Resources, Conservation & Recycling, 2019, 140 (2): 209 – 215.

[186] H. Ali, S. Sanjaya, B. Suryadi, S. R. Weller. Analysing CO_2 emissions from Singapore's electricity generation sector: Strategies for 2020 and beyond [J]. Energy 2017 (124): 553 – 564.

[187] Han S. , Chen H. , Long R. , et al. Peak coal in China: A literature review [J]. Resources Conservation & Recycling, 2016: S092134491630 204X.

[188] Hansen B. E. Threshold effect in non-dynamic panels: Estimation, testing, and inference [J]. Journal of Econometrics, 1999 (93): 345 – 368.

[189] Hedenus F. , Azar C. Estimates of trends in global income and resource inequalities [J]. Ecological Economics, 2005, 55 (3): 351 – 364.

[190] Heil M. T. , Wodon Q. T. Future Inequality in CO_2 Emissions and the Impact of Abatement Proposals [J]. Environmental & Resource Economics, 2000, 17 (2): 163 – 181.

[191] Heil M. T. , Wodon Q. T. Inequality in CO_2 Emissions Between

Poor and Rich Countries [J]. Journal of Environment & Development, 1997, 6 (4): 426 –452.

[192] Huanan Li, Quande Qin. Challenges for China's carbon emissions peaking in 2030: Adecomposition and decoupling analysis [J]. Journal of Cleaner Production 2019 (207): 857 –865.

[193] Intergovernmental Panel on Climate Change (IPCC). Climate Change 2007: The Physical Science Basis [M]. New York: Cambridge University Press, 2007.

[194] IPCC National Greenhouse Gas Inventories Programme. 2006 IPCC Guidelines for National Greenhouse Gas Inventories [EB/OL]. [2006 – 10]. http://www. docin. com/p – 40007066. html.

[195] Izzet Ari, Ramazan Sari, Differentiation of developed and developing countries for the Paris Agreement [J]. Energy Strategy Reviews, 2017 (18): 175 –182.

[196] Jean Engo. Decomposing the decoupling of CO_2 emissions from economic growthin Cameroon [J]. Environmental Science and Pollution Research, 2018, 25 (35): 35451 –35463.

[197] Jiandong Chen, Shulei Cheng, Malin Song, Yinyin Wu. A carbon emissions reduction index: Integrating the volume and allocation of regional emissions [J]. Applied Energy, 2016.

[198] Karmellos M., Kosmadakis V., et al. A decomposition and decoupling analysis [J]. Journal of Cleaner Production, 2019 (207): 857 –865.

[199] Ko F. K., Huang C. B., Tseng P. Y., et al. Long-term CO_2 emissions reduction target and scenarios of power sector in Taiwan [J]. Energy Policy, 2010, 38 (1): 288 –300.

[200] Leimbach Marian. Modelling climate protection expenditure [J]. Global Environmental Change, 1998, 8 (2): 125 –139.

[201] Lei Tian, Zhe Ding, Yongxuan Wang, Haiyan Duan, Shuo Wang, Jie Tang and Xian'en Wang. Analysis of the Driving Factors and Contributions to Carbon Emissions of Energy Consumption from the Perspective of the Peak Volume and Time Based on LEAP [J]. Sustainability, 2016, 8 (6): 513.

[202] Lei Wen, Yanjun Liu. The Peak Value of Carbon Emissions in the Beijing-Tianjin-Hebei Region Based on the STIRPAT Model and Scenario Design

[J]. Polish Journal of Environmental Studies, 2016, 25 (2): 823 – 834.

[203] Lin B. and X. Ouyang. Analysis of Energy-related CO_2 (Carbon Dioxide) Emissions and Reduction Potential in the Chinese Non—metallic Mineral Products Industry [J]. Energy, 2014, (68): 688 – 697.

[204] Lin B. , Liu H. CO_2 emissions of China's commercial and residential buildings: Evidence and reduction policy [J]. Building and Environment, 2015 (92): 418 – 431.

[205] Lin C. S. , Liou F. M. , Huang C. P. Grey forecasting model for CO_2 emissions: a Taiwan study [J]. Applied energy, 2011, 518 – 523 (11): 1664 – 1668.

[206] Lin J. Y. , Kang J. F. , Khanna N. , et al. Scenario analysis of urban GHG peak and mitigation co-benefits: A case study of Xiamen City, China [J]. Journal of Cleaner Production. 2018 (171): 972 – 983.

[207] Lin Zhu, Lichun He, Peipei Shang, Yingchun Zhang, Xiaojun Ma. Influencing Factors and Scenario Forecasts of Carbon Emissions of the Chinese Power Industry: Based on a Generalized Divisia Index Model and Monte Carlo Simulation [J]. Energies, 2018 (11): 2398.

[208] Liu Z. , Guan D. , Moore S. , et al. Steps to China's Carbon Peak [J]. Nature, 2015, 522 (7556): 279 – 281.

[209] Lu Y. , Cui P. , Li D. Carbon emissions and policies in China's building and construction industry: Evidence from 1994 to 2012 [J]. Building and Environment, 2016 (95): 94 – 103.

[210] L. Yu, Y. P. Li, G. H. Huang, Y. F. Li, S. Nie. Planning carbon dioxide mitigation of Qingdao's electric power systems under dual uncertainties [J]. Journal of Cleaner Production, 2016 (139): 473 – 487.

[211] Matthews H. D. , Gillett N. P. , Stott P. A. , et al. The proportionality of global warming to cumulative carbon emissions [J]. Nature, 2009, 459 (7248): 829 – 832.

[212] Nan Zhou, Nina Khanna, Wei Feng, Jing Ke and Mark Levine. Scenarios of energy efficiency and CO_2 emissions reduction potential in the buildings sector in China to year 2050 [J]. Nature Energy volume. 2018 (3): 978 – 984.

[213] Nie H. , Kemp R. Why did energy intensity fluctuate during 2000 – 2009?: A combination of index decomposition analysis and structural decomposition

analysis [J]. Energy for Sustainable Development, 2013, 17 (5): 482 –488.

[214] Niu S. , Liu Y. , Ding Y. , et al. China's Energy Systems Trans-formation and Emissions Peak [J]. Renewable and Sustainable Energy Re-views, 2016 (58): 782 – 795.

[215] Nnaemeka Vincent Emodia, Taha Chaiechia, A. B. M. Rabiul Alam Begb. Are emission reduction policies effective under climate change con-ditions? A backcasting and exploratory scenario approach using the LEAP-OSe-MOSYS Model [J]. Applied Energy, 2019 (236): 1183 – 1217.

[216] Padilla E. , Serrano A. Inequality in CO_2 emissions across coun-tries and relationship with income inequality: a distributive approach [J]. En-ergy Policy, 2006 (34): 1762 –72.

[217] Peerapat Vithayasrichareon, Iain F. MacGill. A Monte Carlo based decision-support tool for assessing generation portfolios in future carbon constrain-ed electricity industries [J]. Energy Policy, 2012, 41: 374 –392.

[218] Qiang Liu, Xiao-Qi Zheng, Xu-Chen Zhao, Yi Chen, Oleg Lugovoy. Carbon emission scenarios of China's power sector: Impact of control-ling measures and carbon pricing mechanism [J]. Advances in Climate Change Research, 2018, 1 (9): 27 –33.

[219] Ramírez A. , Keizer CD, Sluijs JPVD, et al. Monte Carlo Analysis of Uncertainties in the Netherlands Greenhouse Gas Emission Inventory for 1990 – 2004 [J]. Atmospheric Environment, 2008, 42 (35): 8263 –8272.

[220] Ren S. , Yin H. , Chen X. H. Using LMDI to analyze the decou-pling of carbon dioxide emissions by China's manufacturing industry [J]. Jour-nal of Central South University, 2014, 9 (1): 61 –75.

[221] Richard York, Eugene A Rosa, Thomas Dietz. STIRPAT, IPAT and ImPACT: analytic tools for unpacking the driving forces of environmental impacts [J]. Ecological Economics, 2003, 46 (3).

[222] Rogelj J. , Luderer G. , Pietzker R. C. , et al. Energy system transformations for limiting end-of-century warming to below 1. 5℃ [J]. Nature climate change, 2015, 5 (6): 519 –527.

[223] Seán Collins, Deger Saygin, J. P. Deane, Asami Miketa, Laura Gutierrez, Brian Ó Gallachóir, Dolf Gielen. Planning the European power sec-tor transformation: The REmap modellingframework and its insights [J]. En-ergy Strategy Reviews, 2018 (22): 147 –165.

[224] Shahiduzzaman M. , Alam K. Changes in energy efficiency in Australia: A decomposition of aggregate energy intensity using logarithmic mean Divisia approach [J]. Energy Policy, 2013 (56): 341 –351.

[225] Tang W. , Zhong X. , Liu S. Analysis of major driving forces of ecological footprint based on the STRIPAT model and RR method: A case of Sichuan Province, Southwest China [J]. Journal of Mountain Science, 2011, 8 (4): 611 –618.

[226] Tang Z. , Shang J. , Shi C. , Liu Z. , Bi K. Decoupling Indicators of CO_2 Emissions from the Tourism Industry in China: 1990 –2012 [J]. Ecol. Indic. 2014 (46): 390 –397.

[227] UNFCCC. Decision 1/CP. 21: Adoption of the Paris Agreement [EB/OL]. 2016 –03 –25.

[228] Vaninsky. A Factorial Decomposition of CO_2 Emissions: A Generalized Divisia Index Approach [J]. Energy Economics, 2014 (45): 389 –400.

[229] Voltes-dorta A, Perdiguero J, Jimenez J. L. Are car manufacturers on the way to reduce CO_2 emissions?: a DEA approach [J]. Energy economics, 2013, 38 (2): 77 –86.

[230] Wang K. , Wang C. , Lu X. , et al. Scenario analysis on CO_2 emissions reduction potential in China's iron and steel industry [J]. Energy Policy, 2007, 35 (4): 2320 –2335.

[231] Wang N, Phelan P E, Gonzalez J, et al. Ten questions concerning future buildings beyond zero energy and carbon neutrality [J]. Building and Environment, 2017: S0360132317301579.

[232] Wang T. , Lin B. China's Natural Gas Consumption Peak and Factors Analysis: a Regional Perspective [J]. Journal of Cleaner Production, 2017 (142) Part 2: 548 –564.

[233] Wang Z. , Zhang J. , Pan L. , et al. Estimate of China's Energy Carbon Emissions Peak and Analysis on Electric Power Carbon Emissions [J]. Advances in Climate Change Research, 2014, 5 (4): 181 –188.

[234] Wei Li, Yan-Wu Zhang, Can Lu. The impact on electric power industry under the implementation ofnational carbon trading market in China: A dynamic CGE analysis [J]. Journal of Cleaner Production, 2018 (200): 511 –523.

[235] Willenbockel Dirk. Structural Effects of a Real Exchange Rate Revaluation in China: A CGE Assessment [EB/OL]. https: //mpra. ub. uni-

muenchen. de/920/.

[236] Wold S. , Albano C. , Dunn WJ. , III. Pattern recognition: finding and using regularities in multi variate data. Food research and data analysis [J]. H Martens, H Russwurm. Applied Sciences Publishers, London 1983: 147 - 188.

[237] Wu C. B. , Huang G. H. , Xin B. G. , et al. Scenario analysis of carbon emissions' anti-driving effect on Qingdao's energy structure adjustment with an optimization model, Part I : Carbon emissions peak value prediction [J]. Journal of Cleaner Production. 2018 (172): 466 - 474.

[238] Xiangzheng Li, Hua Liao, Yun-Fei Du, Ce Wang, Jin-Wei Wang, Yanan Liu. Carbon dioxide emissions from the electricity sector in major countries: a decomposition analysis [J]. Environmental Science and Pollution Research, 2018, 25 (7): 6814 - 6825.

[239] Xi Zhang, Xingrong Zhao, Zhujun Jiang, Shuai Shao. How to achieve the 2030 CO_2 emission-reduction targets for China's industrial sector: Retrospective decomposition and prospective trajectories [J]. Global Environmental Change, Volume 2017 (44): 83 - 97.

[240] Xue-Ting Jiang, Rongrong Li. Decoupling and Decomposition Analysis of Carbon Emissions from Electric Output in the United States [J]. Sustainability, 2017, 9 (6), 886.

[241] Xunzhang Pan, Fei Teng, Gehua Wang. Sharing emission space at an equitable basis: Allocation scheme based on the equal cumulative emission per capita principle [J]. Applied Energy 2014 (113): 1810 - 1818.

[242] Xunzhang Pan, Fei Teng, Yuejiao Ha, Gehua Wang. Equitable Access to Sustainable Development: Based on the comparative study of carbon emission rights allocation schemes [J]. Applied Energy, 2014 (130).

[243] Xu R. , Lin B. Why Are There Large Regional Differences in CO2 Emissions? Evidence From China's Manufacturing Industry [J]. Journal of Cleaner Production, 2017 (140) Part 3: 1330 - 1343.

[244] Yan Qingyou, Yin Jieting, Tomas Bale Entis, et al. Energy-related GHG emission in agriculture of the European countries: an application of the generalized divisia index [J]. Journal of Cleaner Production, 2017 (164): 686 - 694.

[245] Ya Wu, K. W. Chau, Weisheng Lu, Liyin Shen, Chenyang

Shuai, Jindao Chen. Decoupling relationship between economic output and carbon emission inthe Chinese construction industry [J]. Environmental Impact Assessment Review, 2018 (71): 60 - 69.

[246] Yuan J. , Xu Y. , Hu Z. , et al. Peak Energy Consumption and CO2 Emissions in China [J]. Energy Policy, 2014 (68): 508 - 523.

[247] Yue-Jun Zhang, Ya-Bin Da. The decomposition of energy-related carbon emissionand its decoupling with economic growth in China [J]. Renewable and Sustainable Energy Reviews, 2015 (41): 1255 - 1266.

[248] Yuhong Wang, Tangyong Xie, Shulin Yang. Carbon emission and its decoupling research of transportation inJiangsu Province. Journal of Cleaner Production, 2016: 1 - 8.

[249] Yu H. , Pan S. , Tang B. , et al. Urban energy consumption and CO_2 emissions in Beijing: current and future [J]. Energy Effic, 2015 (8): 527 - 543.

[250] Yuhuan Zhao, Hao Li, Zhonghua Zhang, Yongfeng Zhang, Song Wang, Ya Liu. Decomposition and scenario analysis of CO_2 emissionsin China's power industry: based on LMDI method [J]. Nat Hazards, 2017 (86): 645 - 668.

[251] Zhai. f. Impacts of the Doha Development Agenda on China: The Role of Labor Markets and Complementary Education Reforms [J]. World Bank Policy Research Working Paper, 2005 (37): 2 - 5.

[252] Zhang X. , Wang F. Hybrid input-output analysis for life-cycle energy consumption and carbon emissions of China's building sector [J]. Building and Environment, 2016 (104): 188 - 197.

后　记

为了积极应对全球气候变化，中国向世界郑重提出了 2030 年实现碳达峰目标和 2060 年实现碳中和目标，彰显了中国应对气候变化的决心和负责任的大国形象。目前，"碳达峰"和"碳中和"也已经成为政府、学术界和全社会广泛关注的减排目标，已逐渐成为全社会的共识，是中国未来经济转型过程中必须实现的宏伟减排目标。本书的主要内容是对中国目前最重要的两大减排目标之一的碳达峰目标进行研究。

我对中国碳达峰问题的关注和研究实属巧合。记得我博士毕业留校工作后的第三年，暨 2016 年夏天，我的博士生导师蒋萍教授找到我，告知有个国家发改委的碳达峰项目需要申报，该项目是由高校与地方政府联合申请，而且导师希望以我为项目总负责人的身份申请。接到这个任务后，我非常惶恐，不仅是因为该项目级别非常高，由一名刚刚参加工作的年轻老师去申报实属以卵击石，更是由于在此之前我对碳达峰问题完全没有了解（本人博士期间的研究方向为国民经济核算）。在推辞了几番后，导师还是坚持由我负责申报，并告诫我说这是非常难得的学习机会，让我认真准备去北京参加现场答辩，接受本领域多位大牛专家甚至院士的提问。此后我赶紧恶补碳达峰的研究内容，虽然后来的现场答辩过程比较顺利，但是项目最终还是没有中标，自己为此还内疚了很长时间，感觉辜负了恩师的期望。项目申报结束后，我并没有抽身离开碳达峰领域，而是更多的查阅碳达峰的研究资料，随着了解内容的增多，我对中国碳达峰问题的研究兴趣与日俱增。在随后的几年时间里，一直在围绕碳达峰主题进行深入研究。此后，我整理了本人近年来关于碳达峰主题的研究成果申报了 2019年度的国家社科基金后期资助项目"中国实现碳达峰目标的可行性评估与实践路径"并成功获批（项目编号：19FTJB004），本书暨是在该项目最终成果基础之上修改而成。

值得欣慰的是，本书在研究过程中取得了较为显著的学术成果，众多阶段性成果发表于相关领域的国内外高水平学术刊物，目前，共有 9 篇阶段性成果发表于《资源科学》《中国人口资源与环境》《环境科学学报》《中国环境科学》、*Environmental Science and Pollution Research*、*Science of The Total Environment* 等期刊。这些研究成果受到本领域学者的关注，使笔者深受鼓舞，也激励着我们继续深入研究。

尤其需要指出的是，本书是集体智慧的结晶。全书的框架设计和章节安排由王勇总负责。在此，特别感谢我的研究生团队，在我近年来对中国碳达峰问题研究过程中，本人指导的多位研究生参与其中，并做出了大量实质性贡献。其中，许子易同学为本书第二章做了大量工作，王恩东同学为本书第三章做了大量工作，贾雯同学为本书第四章做了大量工作，王颖同学为本书第五章做了大量工作，张飞同学为本书第六章做了大量工作，王惠君同学为本书第七章做了大量工作，许子易同学为本书第八章做了大量工作，苗婷婷同学为本书第九章做了大量工作，毕莹同学为本书第十章做了大量工作，宿雪莲同学为本书第十一章做了大量工作，韩舒婉同学为本书第十二章做了大量工作，李博同学为本书第十三章做了大量工作。此外，东北财经大学蒋萍教授和王建州教授、江西财经大学罗良清教授、北京师范大学王亚菲教授等学者在本书诸多阶段性成果和后期资助项目的研究过程中给予了学术上的详细指导和无私帮助，在此一并致谢。

本书的出版还得益于经济科学出版社的帮助，尤其是编辑细心、认真的编校让我们非常感动，在此向经济科学出版社和编辑表示感谢。感谢国家社科基金对本书的资助，感谢国家社科基金后期资助项目申报过程中五位匿名评审专家对本书提出的修改建议。感谢辽宁省"兴辽英才"计划青年拔尖人才（XLYC1907012）项目对本书出版的资助。

在本书即将付梓之际，我们能很高兴地看到，围绕碳达峰主题，学术界近年来取得了越来越多的研究成果，这些理论研究成果也在切实推动着中国碳达峰目标的实现。在此过程中，我们很荣幸能在中国碳达峰研究领域做了一点点工作，成为中国实现碳达峰目标的亲历者和见证者，我们也坚信，中国一定能实现 2030 年碳达峰目标。希望本书的出版能起到抛砖引玉的作用，吸引更多的学者关注和从事中国节能减排的研究工作。

最后，应该指出的是，由于水平有限，错误或不当之处在所难免，诚恳地欢迎同行专家和读者批评指正，并提出宝贵的意见。

王勇
2021 年 3 月于东财

图书在版编目（CIP）数据

中国实现碳达峰目标的可行性评估与实践路径／王勇
著 . —北京：经济科学出版社，2020. 12
国家社科基金后期资助项目
ISBN 978 - 7 - 5218 - 2121 - 5

Ⅰ. ①中… Ⅱ. ①王… Ⅲ. ①二氧化碳 - 排气 -
研究 - 中国 Ⅳ. ①X511

中国版本图书馆 CIP 数据核字（2020）第 239044 号

责任编辑：杨　洋　卢玥丞
责任校对：王苗苗
责任印制：范　艳　张佳裕

中国实现碳达峰目标的可行性评估与实践路径
王　勇　著
经济科学出版社出版、发行　新华书店经销
社址：北京市海淀区阜成路甲 28 号　邮编：100142
总编部电话：010 - 88191217　发行部电话：010 - 88191522
网址：www. esp. com. cn
电子邮件：esp@ esp. com. cn
天猫网店：经济科学出版社旗舰店
网址：http：//jjkxcbs. tmall. com
北京季蜂印刷有限公司印装
710 × 1000　16 开　18 印张　310000 字
2021 年 4 月第 1 版　2021 年 4 月第 1 次印刷
ISBN 978 - 7 - 5218 - 2121 - 5　定价：71. 00 元
（图书出现印装问题，本社负责调换。电话：010 - 88191510）
（版权所有　侵权必究　打击盗版　举报热线：010 - 88191661
QQ：2242791300　营销中心电话：010 - 88191537
电子邮箱：dbts@ esp. com. cn）